AF356733

TRAITÉ PRATIQUE

DE

LA CULTURE ET DE L'ALCOOLISATION

DE

LA BETTERAVE

Paris. — Typographie HENNUYER ET FILS, rue du Boulevard, 7.

BIBLIOTHÈQUE DES PROFESSIONS INDUSTRIELLES ET AGRICOLES.
Série G. Nº 1.

TRAITÉ PRATIQUE

DE

LA CULTURE ET DE L'ALCOOLISATION

DE

LA BETTERAVE

RÉSUMÉ COMPLET

DES MEILLEURS TRAVAUX FAITS JUSQU'A CE JOUR

SUR LA BETTERAVE ET SON ALCOOLISATION

RENFERMANT

Toutes les notions nécessaires au cultivateur et au distillateur,
ainsi que l'examen critique des méthodes de pulpation, de macération,
de fermentation et de distillation employées aujourd'hui

PAR

N. BASSET

TROISIÈME ÉDITION

REVUE, CORRIGÉE ET CONSIDÉRABLEMENT AUGMENTÉE
Accompagnée de nombreuses gravures dans le texte.

PARIS

LIBRAIRIE SCIENTIFIQUE, INDUSTRIELLE ET AGRICOLE
Eugène LACROIX, Éditeur
LIBRAIRE DE LA SOCIÉTÉ DES INGÉNIEURS CIVILS
Quai Malaquais.

AVANT-PROPOS.

Cette nouvelle édition du petit livre que nous avons publié en 1854 et réédité en 1858 sur la *Culture et l'alcoolisation de la betterave* contient tout ce qui formait la matière des éditions précédentes, mais nous n'avons pas cru devoir nous borner à une simple reproduction, en face de la situation actuelle, qui réclame des éclaircissements plus complets et plus détaillés en rapport avec de nouveaux besoins.

En effet, lors de la crise de 1853-54, le premier devoir dont nous avons tenté l'accomplissement consistait à mettre sous les yeux du public agricole et industriel un aperçu des moyens par lesquels on pouvait conjurer le fléau, à faire voir par quelle multitude de matières premières on pouvait remplacer la vigne pour la production de l'alcool, en indiquant des méthodes simples et rationnelles de traitement, conformes aux principes de la chimie d'observation.

C'est à l'ensemble des besoins de cette époque que répondaient notre *Traité d'alcoolisation générale* et notre livre sur la *Betterave*, le premier, destiné à une étude d'ensemble, le second, s'adressant plus particulièrement à la ferme.

Les faits sont venus nous démontrer que nous étions rigoureusement dans la vérité. Malgré l'imperfection de notre ouvrage sur l'alcoolisation en général, dans lequel une partie seulement de notre plan avait pu être exécutée, nous avons eu la satisfaction de voir que notre méthode de généralisation offre une certaine valeur, puisque les écrivains qui ont abordé le même sujet se sont empressés d'utiliser cette idée. Nous sommes fort loin de songer à leur en faire le moindre reproche, mais il est de notre droit de constater les faits. Avant nos travaux, on n'avait pas encore généralisé l'étude de l'alcoolisation ; on écrivait sur des sujets spéciaux et l'on s'occupait de la distillation du vin, ou de la betterave, ou de la pomme de terre, etc.

Nous avons, le premier, groupé les matières alcoolisables en deux grandes classes, selon qu'elles sont naturellement sucrées et fermentescibles, ou qu'elles doivent être préalablement transformées en sucre par la saccharification. Nous avons constitué les méthodes générales qui se rattachent à ces deux groupes et nous avons assez multiplié les faits et les détails sur un nombre considérable de matières premières pour que la marche à suivre pût être considérée comme définitivement assise.

Aussi MM. Lacambre, Payen et Duplais, en particulier, ont-ils fait usage de notre groupement, ce dont nous leur savons un gré infini, sous le mérite de quelques observations.

Ces messieurs n'auraient rien compromis en indiquant la source où ils avaient puisé cette marche rationnelle ; c'est ce qu'ils n'ont pas fait, et M. Lacambre est le seul des trois qui ait cru devoir citer certains passages de nos travaux avec des appréciations diverses, toujours bienveillantes et quelquefois même élogieuses. Quant à M. Payen, il aura cru nous honorer, sans doute, en nous faisant jouer le rôle de ses préparateurs. Soit ; ce n'est pas, en effet, un résultat à dédaigner que celui que nous avons obtenu avec l'illustre professeur. Nous lui avions reproché le peu de valeur de son livre, dont la première idée reposait exclusivement sur l'*annonce* du système Champonnois, relativement à la betterave seule ; nous avions prétendu que l'on était en droit de lui demander de la perfection et, dans une autre édition, il s'empare de notre classification ; quant au fond, il se complète par notre travail et il cherche à s'amender à l'aide de nos recherches et de nos idées, sans indiquer toutefois la source où il puise.

Nous l'en remercions très-sincèrement ici et nous

sommes heureux d'avoir pu contribuer à son instruction et à l'amélioration de son œuvre.

Il va de soi que nous nous bornons à une simple
réclamation de priorité.

En ce qui touche la question spéciale de l'alcoolisation de la betterave, nous en avions fait l'objet
d'une étude de bien public et d'intérêt cultural,
sans avoir à nous faire l'agent complaisant d'aucun
système. Voici ce que nous écrivions en tête de notre
première édition (4 mars 1854) :

« La betterave a produit deux révolutions industrielles dont les conséquences sont presque incalcu-
lables, en devenant la matière première du sucre
indigène et de l'alcool. Le dernier surtout, qui vient
d'occuper en quelques mois une place si avantageuse
dans le commerce et l'industrie, nous paraît appelé
au plus brillant avenir. En effet, dès que, par une
méthode simple et applicable, on sera arrivé à détruire complétement l'odeur assez désagréable de cet
alcool et à lui donner les qualités de l'alcool de vin,
la question sera entièrement tranchée en sa faveur
et, quelle que soit la récolte en vins, on sera certain
d'éviter désormais le déficit des alcools non-seulement quant à la quantité, mais encore quant à la
qualité.

« La fabrication sucrière, qui, cette année, a été
au-dessous de la normale, reprendra bien vite ses
proportions, soit par une culture plus vaste de la

betterave, soit par l'application à l'extraction du sucre ou à la production de l'alcool d'un certain nombre d'autres plantes. Mais cette considération est en dehors de notre but, que nous allons indiquer au lecteur le plus brièvement qu'il nous sera possible de le faire.

« Exposer le plus succinctement et de la manière la plus complète tout à la fois ce que l'on a dit ou écrit de sérieux sur la culture et l'alcoolisation de la betterave ; discuter les méthodes brevetées ou tombées dans le domaine public, quand elles seront discutables ; en établir la véritable valeur par l'opinion des autorités les plus recommandables, en y joignant nos observations et nos recherches personnelles, et en nous plaçant constamment au double point de vue agricole et industriel, tel est l'ensemble que nous voulons embrasser dans cet opuscule.

« Nous n'avons pas la prétention de faire un ouvrage complétement original ; nous prendrons les bonnes idées partout où nous les trouverons, en indiquant les sources avec soin ; tout ce qui est bien doit être propagé quand même, en réservant les mérites de ceux qui peuvent revendiquer la priorité d'une idée. Les ouvrages d'agriculture pratique, d'histoire naturelle et de chimie, les journaux agricoles et industriels, les notes scientifiques, seront mis à contribution par nous, et notre rôle se bornera à faire un ensemble complet, homogène et succinct des idées applicables, des principes vrais que nous rencontrerons disséminés partout. »

Nos tendances et nos sympathies bien connues, qui nous portent à rechercher la vérité par tous les moyens, ne nous permettaient pas d'accepter les ovations que se faisaient mutuellement les créateurs de vieilles méthodes rajeunies et les écrivains chargés de la publicité commerciale des systèmes; ce n'était pas dans des éloges, trop pompeux et trop outrés pour être vrais, que les agriculteurs pouvaient rencontrer l'expression rigoureuse des faits utiles et applicables; aussi avions-nous fait tous nos efforts pour démontrer au public agricole le but réel de la plupart des inventions ronflantes qu'on lui proposait. Nous avions surtout cherché à faire voir que, avec une instruction ordinaire et du bon sens, on pouvait, en ferme, se passer des systèmes brevetés pour faire de l'alcool avec la betterave, tous les faits essentiels de l'alcoolisation étant du domaine public. Ce n'est pas à nous, certes, que la culture doit s'en prendre, si elle a dépensé plusieurs millions en payement de ce qui était déjà bien à elle et nous lui avions suffisamment indiqué le danger.

Nous en trouvons la preuve dans les passages suivants de l'**Avertissement** à notre seconde édition (1858) :

« ... Notre *Traité pratique de la culture et de l'alcoolisation de la betterave* était loin, bien loin de la

perfection. Il s'y rencontrait de nombreux défauts ;
des erreurs même s'y étaient glissées , et cependant
la faveur publique l'a accueilli avec une préférence
marquée. La raison de ceci est facile à trouver ; elle
consiste en ce que , lors du mouvement industriel
qui s'est opéré en faveur de la betterave, notre travail était le seul où les cultivateurs industriels pus-
sent puiser des renseignements certains.

« Depuis cette époque, il n'a été rien publié sur
le même sujet qui ait pu infirmer ce que nous avions
écrit, et une seule brochure fort incomplète a été
livrée à la publicité par un savant officiel bien connu.
Nous n'avons pas à contester le mérite de l'auteur,
mais il est évident qu'il n'avait pas le même but que
nous nous étions proposé ; en sorte que, malgré des
titres analogues, les deux ouvrages diffèrent essentiellement quant à la tendance et surtout relativement à la manière de voir. MM. Dubrunfaut et
Champonnois, et leurs systèmes, ont fourni la matière du travail de l'honorable professeur, et il n'a
pas abordé de front les questions importantes qui
sont d'un si haut intérêt pour l'agriculture. La
culture de la plante et les méthodes qui sont du domaine de tous font l'accessoire dans son livre ; dans
le nôtre, c'est le contraire : nous n'avons jamais
songé à écrire l'apologie d'aucun système, à plus
forte raison ne le ferions-nous pas pour ceux qui
donnent tant de prise à la critique, malgré les

médailles et les distinctions qu'ils ont obtenues.

« Tant mieux, certes, que des récompenses flatteuses aient été accordées même à des systèmes mauvais ou imparfaits; cela prouve que les commissions s'occupent un peu des grandes idées et qu'elles ont voulu couronner les efforts relatifs à l'alcoolisation, tout en ne tenant pas assez de compte, peut-être, des détails et des questions secondaires. Mais l'écrivain n'a pas de palmes à décerner; il n'a que le droit et le devoir de dire la vérité, de la démontrer, de la constater, de la faire toucher du doigt, dût-il blesser pour cela la susceptibilité des gens qu'il blâme.

« Nous tenons donc à répéter au commencement de ce livre, à la correction duquel nous avons apporté le plus grand soin, que nous n'avons fait aucune question de personnalité dans les appréciations que nous avons cru devoir faire des systèmes et des opinions. Des hommes très-honorables peuvent tous les jours commettre des erreurs et les prendre pour des vérités démontrées; des chercheurs, frappés par une idée qui les a précédés de longtemps, peuvent très-bien s'en croire les inventeurs réels et soutenir leurs droits prétendus; cela ne touche pas à la personnalité morale et n'implique rien autre chose qu'une erreur d'entendement. Ce sont précisément ces sortes d'erreurs que l'auteur impartial a mission. non pas d'encenser, mais de poursuivre, et c'est à cette tàche que nous ne faillirons pas, préférant mille fois l'intérêt public à celui des auteurs de méthodes.

« Nous avons suivi les mèmes principes dans notre *Traité d'alcoolisation générale*, et cet ouvrage a obtenu, à sa seconde édition, la mème bienveillance qui l'avait accueilli lorsqu'il a paru. Nous ne rappelons pas ces circonstances dans un but de vanité satisfaite, mais afin de faire voir que le public lui-mème nous a encouragé dans la voie de sincérité et d'indépendance où nous étions entré, sans nous préoccuper des conséquences matérielles qui pouvaient en résulter à notre désavantage. Contrairement aux habitudes reçues, nous sommes donc fermement résolu à ne louer que ce que nous trouverons de réellement utile, et à critiquer nettement et sans ambages tout ce qui nous semblera mauvais ou incomplet.

« Notre livre est destiné à ceux qui peuvent le moins reconnaître par eux-mèmes les fautes de systèmes, les erreurs scientifiques ; nous n'avons rien négligé pour faire de cette seconde édition une *monographie* assez complète pour que le lecteur puisse se passer de tout autre travail. C'est la betterave seule que nous avons eue en vue, et si nous avons corrigé nos erreurs personnelles, nous n'en avons pas moins cherché à compléter notre œuvre en l'augmentant considérablement. Un travail spé-

cial sur la fabrication du sucre brut par le cultivateur et sur les avantages qui pourraient en résulter
en ferme a été annexé à la fin de notre brochure,
ainsi que diverses notes sur des objets de moindre
importance, qui ne présentent pas moins une utilité
réelle au cultivateur-distillateur, et nous avons
cherché à mettre notre travail à la hauteur des progrès atteints depuis trois ans.

« C'est avec l'espoir d'avoir réussi à détourner les
principales difficultés qui attendent l'homme de pratique dans l'alcoolisation de la betterave que nous
livrons à la publicité cette seconde édition; mais
nous n'épargnerons rien pour tenir constamment ce
livre au niveau des résultats acquis, afin qu'il reste
toujours un véritable *manuel* destiné à l'homme
des champs, qui n'a guère le temps de parcourir les
pages des gros livres. »

Depuis l'époque à laquelle nous écrivions ces lignes, l'agriculture s'est familiarisée avec la plupart
des questions qui se rattachent aux industries annexes de la ferme; les cultivateurs en sont arrivés à
discuter par eux-mêmes le mérite des systèmes qui
leur sont proposés; l'opportunité même de l'alcoolisation de la betterave a été mise en question et l'on
s'est demandé s'il ne serait pas utile de la remplacer
par l'industrie sucrière. Les partisans les plus fou-
gueux des méthodes tant vantées en reconnaissent
les inconvénients et il nous semble que l'industrie

agricole entre définitivement dans une phase nouvelle relativement à la betterave.

Les uns se plaignent que, aux cours actuels et
sous l'empire des traités de commerce, il n'est plus
possible de faire de l'alcool ; les autres prétendent
que l'usage des pulpes n'est pas sans inconvénients
pour le bétail ; quelques-uns hasardent sur toutes
choses des opinions absurdes ; d'autres appuient les
leurs de raisons excellentes au fond ou en apparence,
et l'on éprouve qu'il s'opère en ce moment un travail
de transformation agricole, dont il est assez difficile
de prévoir les conséquences.

C'est en raison de ces circonstances que nous
avons voulu étudier plus à fond les principales questions relatives à la betterave, afin d'apporter au dé-
bat notre contingent par les données que l'expérience nous a fournies. Nous avons cherché à mettre
sous les yeux des agriculteurs les faits techniques,
scientifiques ou pratiques, dans la plus grande simplicité d'expression, et à les tenir ainsi en garde
contre toutes les exagérations.

Ce livre est donc un livre agricole ; il n'a pas
d'autre but que de porter dans la ferme les saines
notions qui se rapportent à la culture et à l'alcoolisation de la betterave, de faire voir quels sont les
avantages immenses, incontestables, qui dérivent
de l'accroissement progressif de la culture de cette
plante et de faire connaître les méthodes simples et

rationnelles qui sont à la portée de tous pour en extraire l'alcool.

Nous n'avons pas négligé le point que nous regardons comme le plus important, la valeur et l'utilisation des pulpes comme nourriture du bétail, et nous nous sommes attaché à élucider les conditions dans lesquelles un véritable agriculteur doit se placer pour réussir dans la grande industrie de l'engraissement des animaux de vente.

Il y a là des questions d'hygiène qui ne peuvent être résolues que par une observation patiente des faits jointe à la connaissance approfondie des lois physiologiques.

La transformation des distilleries agricoles en sucreries nous paraît appelée à se réaliser forcément sur une certaine échelle ; mais il ne faut pas perdre de vue que, s'il se crée des sucreries agricoles, cette création tournera au profit des distilleries non transformées, et nous ferons voir que la question bénéfice, laquelle est la grande question du jour, offre une marge très-suffisante en alcoolisation pour que nombre d'agriculteurs se décident à ne faire aucune modification à leur industrie annexe avant d'avoir vu les événements et surtout avant que les prix de vente aient été sensiblement modifiés par les circonstances.

En résumé, le travail que nous offrons au public agricole renferme l'étude de la plupart des pro-

blèmes importants qui se rattachent à la culture de
la betterave tant au point de vue cultural qu'au
point de vue de l'alcoolisation et de l'entretien des
animaux ; nous le soumettons avec d'autant plus de
confiance à son appréciation que nous savons personnellement combien la vérité franche est favorable-
ment accueillie par l'agriculture française.

TRAITÉ PRATIQUE

DE

LA CULTURE ET DE L'ALCOOLISATION

DE

LA BETTERAVE

CHAPITRE I.

CULTURE DE LA BETTERAVE.

La betterave est assez connue de tout le monde, pour que nous n'ayons pas ici à en faire la description botanique : disons seulement que cette plante appartient à la famille des *chénopodiacées*, et qu'elle est voisine de la poirée, dont on mange les côtes en guise de cardes. Nous n'entrerons dans aucun détail sur les genres nombreux que comporte la famille où l'on place la betterave et la bette poirée, ce serait oiseux et complétement inutile.

La betterave paraît être une plante indigène des parties méridionales de l'Europe; car, d'après un passage du *Théâtre d'agriculture* de notre Olivier de Serres, elle aurait franchi les Alpes pour s'acclimater en France vers 1595. Les auteurs anciens, et parmi eux Pline et Dioscoride, font mention de la bette et de la betterave.

qu'ils rangent parmi les plantes médicinales. Aujour-
d'hui, elle est bien déchue de sa réputation sous ce
rapport et pourrait à peine entrer dans la médecine à
titre de plante émolliente et adoucissante : ses feuilles
sont encore employées comme telles dans les remèdes
de la médecine populaire. Mais elle est loin d'avoir
perdu de son importance en devenant une plante industrielle, car elle est appelée à alimenter la production
du sucre et de l'alcool, lesquels deviennent tous les
jours d'un usage de plus en plus répandu et indispensable ; par elle, la pratique des assolements judicieux
est destinée à entrer dans notre agriculture ; l'augmentation des produits agricoles par la multiplication des
fumiers, l'accroissement des produits alimentaires en
viande, lait, beurre, etc., sont aujourd'hui reconnus
pour être une dépendance forcée de sa culture.

Nous ne rappellerons pas ici les circonstances qui
donnèrent l'impulsion aux recherches des savants et des
praticiens sur les plantes sucrières ; mais c'est de ces
travaux, propriété glorieuse de notre siècle, que datent
les investigations sérieuses sur la nature et la production
de l'alcool, dont nous donnons plus loin le résumé dans
notre chapitre sur l'alcoolisation en général.

§ I. — VARIÉTÉS DE LA BETTERAVE.

On connaît bon nombre de variétés cultivées de la
betterave, telles sont :

1° *La betterave commune.*

2° *La betterave du Palatinat* ou *disette*,
3° *La grosse jaune*,
4° *La grosse rouge*,
5° *La betterave champêtre, veinée de rouge*,
6° *La jaune-blanche de Castelnaudary*,
7° *La globe jaune*,
8° *La rose à chair blanche*,
9° Enfin, *la betterave blanche de Silésie*.

Ces neuf variétés sont les plus importantes du groupe ; mais, comme nous le verrons plus loin, le sucre étant la base de l'alcool, il importe de choisir celles qui contiennent le plus de principes sucrés. Ce sont la *globe jaune*, la *rose à chair blanche* et la *blanche de Silésie* qui justifient le mieux cet objet ; la *jaune-blanche de Castelnaudary* est également très-sucrée, mais elle est moins convenable, parce qu'elle est moins juteuse, plus fibreuse et plus dure. Nous conseillons donc de cultiver de préférence la *globe jaune*, la *silésie* ou la *rose à chair blanche*, qui contiennent de 11 à 19,50 de sucre sur 100 parties de racine séchée à $+120°$, et de 5 à 11 pour 100 de la racine fraîche.

Au demeurant, les cultivateurs doivent moins s'attacher à produire de grosses betteraves, très-aqueuses le plus souvent, que des racines moyennes, d'un tissu plus sec et plus dense, lesquelles leur sont beaucoup plus avantageuses sous les divers rapports de la richesse alimentaire et de la richesse saccharine. Nous verrons d'ailleurs, dans l'étude culturale de la betterave, quelles sont les conditions agricoles à réaliser pour obtenir des betteraves d'un poids moyen de 750 à 800 grammes, qui sont préférables sous tous les points de vue.

Amélioration des betteraves. — Quelle que soit la variété dont on parte comme point d'origine, il est toujours possible d'arriver à perfectionner notablement une plante ou un animal. Le problème sera atteint d'autant plus rapidement, sans doute, que l'on partira d'un type déjà perfectionné. Il existe, en effet, un principe, ou plutôt un fait général dont les conséquences sont applicables à l'amélioration des races dans les êtres vivants ; ce fait consiste dans la transmission héréditaire plus ou moins constante des qualités et des défauts. C'est de ce fait général que l'on a tiré parti pour créer dans les animaux domestiques les qualités spéciales, utiles aux besoins de l'humanité, et la loi de transmission est également applicable aux végétaux. Il y a plus, cette loi se fait remarquer par une constance et une fixité beaucoup plus grandes chez la plante que chez l'animal, et les espèces végétales, ou plutôt les variétés obtenues, en conséquence de la transmission héréditaire habilement dirigée, sont moins sujettes à dégénérer et à retourner au type primitif que les variétés animales.

Prenons pour exemple la rose sauvage ou l'églantine.

Sur des milliers de graines que nous allons semer, nous obtiendrons à peine deux ou trois produits tendant à donner des fleurs doubles ou semi-doubles. Si nous semons les graines de ces produits doubles, nous remarquerons dans les produits une tendance bien caractérisée à doubler ; cette tendance sera beaucoup plus prononcée encore si nous semons les graines de roses très-doubles.

Cet exemple suffit pour faire comprendre comment on a pu parvenir, en agriculture et en horticulture, à se procurer les variétés, si nombreuses aujourd'hui, des types primitifs.

C'est au semis méthodique que l'on est redevable de toutes ces acquisitions, que l'on peut souvent reproduire et fixer par le semis lui-même, mais que la greffe perpétue invariablement et sans nuances.

Si nous passons à l'étude spéciale de la betterave, nous verrons que la loi de transmissibilité lui est applicable comme aux autres plantes et que, par un travail convenable de perfectionnement, nous pouvons arriver à constituer des sous-espèces, présentant les propriétés cherchées.

Si nous semons de la graine de *disette*, nous récolterons des racines dont la richesse sucrière égalera 4,5 à 5 pour 100, et dont les graines reproduiront à très-peu près le même type. Si nous semons la graine de silésie, nous reproduirons également le type et nous obtiendrons des racines dont la richesse sucrière moyenne sera de 10 pour 100. Mais, si nous rencontrons des individus plus riches en sucre, n'avons-nous pas des raisons d'espérer que leur descendance reproduira en partie cette richesse excédante? N'y a-t-il pas lieu de croire que, par le semis des graines venant des individus les plus riches, on pourra arriver à perfectionner et à enrichir encore la silésie, qui est déjà le produit notablement perfectionné de la betterave commune, ou du type primitif?

Les faits ont donné raison à ces déductions théoriques et, dans une série remarquable d'essais sur la betterave, M. Vilmorin était parvenu à une richesse saccharine exceptionnelle, supérieure à celle de la canne à sucre.

La méthode à suivre est très-simple. Elle repose sur ce que les racines les plus lourdes ou les plus denses contiennent le plus de sucre. Si donc la densité moyenne du jus de la silésie est de 5° B., on préparera un bain d'eau salée à 5° B., puis deux ou trois autres bains à 6°, à 7° et à 8° de densité. En plongeant les betteraves destinées à servir de porte-graines dans le premier bain, puis successivement dans les suivants, on n'emploiera comme porte-graines que les racines qui, plongeant dans une solution plus dense que les autres, accusent une densité plus considérable.

Il est évident que ces porte-graines très-riches reproduiront en grande partie leur propriété saccharifère et, en procédant ainsi d'année en année, on arrivera infailliblement à créer des variétés de grande richesse. Il est également certain que l'on peut parvenir ainsi à la pérennité ou tout au moins à une grande fixité des races obtenues, puisque celles que nous possédons aujourd'hui, très-fixes et très-constantes, ne peuvent provenir d'une origine différente, bien que le hasard soit peut-être pour la plus grande partie dans la cause de leur production [1].

---

[1] Voir, dans les *Notes*, quelques observations sur deux variétés de betteraves présentées à l'Exposition de 1867 par M. Knauer, de Grochers, près de Halle (Prusse).

§ II. — CULTURE DE LA BETTERAVE.

1° Choix du sol. — La culture de la betterave est celle de la plupart des plantes sarclées et repose sur les mêmes principes : sa racine pivotante hait les sols tenaces, les loams argileux, mais elle prospère dans les terrains dits argilo-sablonneux, terres franches à blé, perméables à l'eau, meubles et chargées d'éléments nutritifs à une certaine profondeur. Qu'on ne la place ni sur des sols calcaires inertes qui admettent à peine le sainfoin, ni sur des fonds trop argileux : cependant, il convient de dire que ceux-ci, bien amendés, produisent quelquefois une bonne récolte, et que la betterave elle-même, par les cultures qu'elle exige, contribue à l'ameublissement de ces sols. Il est de principe agricole que l'argile emmagasine, en quelque façon, les matières azotées; cela est parfaitement exact en fait, et l'on doit comprendre facilement que les betteraves qui croissent dans ces terrains sont toujours remarquables par une surabondance d'albumine. Hâtons-nous de dire que cette circonstance, pernicieuse pour la sucrerie, n'offre pas le même inconvénient lorsqu'il s'agit de distiller les racines. Nous avons entendu dire, chez un honorable propriétaire du Midi, que la betterave acquiert de très-bonnes dimensions dans les terrains sablonneux des Landes; mais nous sommes porté à croire que ces terrains sont loin, dans ce cas, d'être composés de beaucoup de sable ou de silice en excès; dans un tel sol, la betterave végéterait, il est vrai, mais sa racine resterait fibreuse et petite, et elle n'atteindrait jamais des proportions suffisantes.

Il est, en effet, à remarquer combien les plantes à racines pivotantes ou tuberculeuses ont de la tendance à rester fibreuses dans les sols peu riches en principes nutritifs; c'est que ces plantes proviennent, en général, de types à racines fusiformes, ne prenant naturellement que peu d'accroissement. Cette raison est grandement suffisante pour faire voir comment la culture raisonnée peut amener un produit supérieur et de quelle façon le manque de soins ou de connaissances ramène facilement un végétal à son type primitif. Ceci n'offre que peu d'exceptions.

Nous ajouterons ici que l'on devra éviter les sols trop pierreux ou caillouteux, dans lesquels on n'obtiendrait que des racines irrégulières, bifurquées et difficiles à nettoyer et à diviser. Il convient de redouter également les terrains trop riches en matières salines, mais surtout en chlorures, dont l'excès est nuisible, même à l'alcoolisation, et rend impossible une tentative de sucrerie. Dans ces terrains, on cultivera de préférence des racines destinées à l'alimentation directe du bétail, jusqu'à ce que l'excès de chlorures ait disparu.

2° **Préparation du sol**. — Le terrain choisi pour le champ de betteraves, quelle culture proprement dite doit-on adopter? Pour répondre à cette question, il faut, au préalable, établir la préparation du sol.

Nous empruntons ce qui suit à la *Maison rustique du dix-neuvième siècle* (t. II, ch. III, p. 39):

« Les *préparations préliminaires du sol* varient en raison de la nature et de l'état dans lequel il se trouve; mais, en général, on peut prendre pour modèle ce qui se pratique dans le département du Nord, que nous allons citer d'après MM. Baudrimont et N. Grar. Que ce soit au blé, comme cela est le plus ordinaire dans ce pays, à l'avoine ou à toute autre culture que la betterave doive succéder, aussitôt que la récolte est fauchée, on forme les gerbes, on les réunit en petites meules, les épis en haut, sur des bandes de terre étroites et longitudinales, et on met la charrue dans le champ, dans les trois ou quatre jours après la fauchaison ; pour ce labour, on se sert du *binot*, espèce de *charrue-cultivateur* qui joue, dans l'agriculture flamande, le rôle d'extirpateur. Il résulte de cette pratique que le sol, auquel on n'a pas laissé le temps de se dessécher, n'offre pas de difficulté au labourage ; toutes les mauvaises herbes sont retournées et leurs racines exposées au soleil, qui les dessèche ; un coup de herse donné quelque temps après produit le même effet sur celles qui ont échappé; de plus, la chaleur étant encore fort grande, les graines de ces mauvaises herbes germent très-vite et, avant qu'elles arrivent en graine, on les détruit de nouveau par un second *binotage* et un second hersage. — On laboure alors avec la charrue ordinaire, et souvent le temps est encore assez doux pour que les graines de mauvaises herbes, amenées du fond, puissent germer pour être détruites au printemps. — Cette manière de préparer le terrain assure l'ameublissement parfait du sol, qui est essentiel sous tous les rapports, et spécialement utile, en ce qu'il permet à la betterave de pivoter et ne point se ramifier. Au printemps, on donne un nouveau labour à la terre ; on la travaille quelquefois encore au binot, puis on herse, on roule et l'on *ploutre* : le *ploutrage* consiste à faire passer sur la terre la herse retournée sur le dos, et son effet est de briser toutes les mottes de terre en les saisissant entre les barres qui servent de traverses à la herse. — Tel est le mode général d'arranger le sol. Dans les terres sablonneuses et blanches, on préfère binoter plusieurs fois avant l'hiver et ne labourer qu'au printemps. »

Assurément, cette préparation est excellente sous tous les rapports et de tout point applicable, sauf pourtant la recommandation de placer les gerbes dans le champ, sur une bande étroite et longitudinale. Il nous paraît plus convenable et moins embarrassant de ne binoter le sol qu'après la rentrée de la récolte, et deux ou trois jours de délai n'empêchent pas la terre d'être facile à labourer. C'est là une de ces futiles recommandations, comme on en trouve tant dans les livres, qui n'ont d'autre mérite que de faire quelques lignes ou quelques phrases de plus. Leur plus grand inconvénient est de dégoûter de la lecture l'homme des champs, auquel il ne faut rien offrir d'inutile et dont on doit ménager le temps. D'ailleurs, ce conseil peut être bon quand il s'agit d'une vaste pièce de terre, d'un terrain immense ; mais il faut bien se rappeler que l'on doit écrire pour tout le monde et que la division de la propriété ne permet pas l'exécution de ces petites choses.

Ainsi, cette manière d'ameublir le sol est très-bonne,

en ce sens qu'elle extirpe complétement les mauvaises
herbes, en les enfouissant aussitôt après la moisson; elle
présente cet avantage de les faire périr et d'amender,
d'engraisser la terre, par les détritus de ces plantes.

3° **Engrais.** — On ne doit jamais donner de fumier à
la betterave : l'oignon, les plantes bulbeuses, les racines
sont dans le même cas. Le fumier nouveau leur cause
un dommage considérable et, quoi qu'on puisse en
penser au premier abord, on perd à peu près son fumier
et sa récolte. L'engrais de la même culture fait pousser
à la betterave une énorme quantité de racines latérales
et de chevelu, augmente sa proportion d'eau et lui
donne une saveur désagréable. Il n'y a nul intérêt à
avoir de *grosses betteraves mauvaises*, au lieu de *petites* et
de *moyennes*, contenant, sous un moindre volume, plus
de matière saccharine. La terre doit avoir été fumée
l'année précédente, ou, si l'on tient à y mettre de l'engrais, on ne doit employer que du fumier transformé en
terreau, du compost ou un engrais chimique bien préparé. Nous indiquons plus loin une composition extrêmement avantageuse sous tous les rapports, laquelle a le
mérite d'amender le terrain et de préserver la betterave
de la maladie.

En proscrivant, en thèse générale, les fumures nouvelles, trop abondantes en matières azotées, pour la
culture des plantes à sucre, nous sommes fidèle aux
principes dérivés de l'observation et aux règles qui dépendent de la chimie végétale, dont nous cherchons,
depuis près de vingt ans, à populariser l'application en
matière agricole. Ce n'est donc pas sans un vif sentiment

de plaisir que nous mettons sous les yeux du lecteur le passage suivant de M. A. Payen, l'un des apôtres les plus fervents de l'azote :

« On a constaté l'influence défavorable des engrais trop abondants ou trop actifs sur la sécrétion du sucre dans les betteraves, et comme c'est ce principe immédiat qui, par une fermentation appropriée, se convertit en alcool, il serait utile de favoriser la sécrétion sucrée en appliquant la fumure à la culture qui, dans l'assolement, devrait précéder la betterave ; telle est la méthode employée avec un grand succès en Prusse pour accroître la richesse saccharine des betteraves. Cette méthode est évidemment applicable à la production de l'alcool, toujours dépendante des proportions de sucre que la matière première recèle ; et cependant on conçoit que les inconvénients d'un excès de substances azotées et salines dans le sol qui, réagissant sur la composition de la betterave, rendent très-difficile l'extraction du sucre, ces inconvénients disparaissent lorsqu'il s'agit de cultiver les betteraves destinées à la fabrication de l'alcool : celui-ci n'est pas plus difficile à obtenir ; il s'en produit moins, mais les résidus applicables à l'alimentation des bestiaux sont plus abondants et doués d'un pouvoir nutritif plus considérable. »

Voilà, certes, la plus étrange palinodie qui soit jamais sortie de la plume d'un écrivain ; mais, comme la formule dont elle est enveloppée pourrait donner le change au lecteur, comme la phrase peu française de M. Payen ne permet pas de soupçonner ses erreurs antérieures, nous nous permettrons ici de rétablir la vérité sur la théorie actuelle, ou plutôt sur la conversion du secrétaire perpétuel de la Société d'agriculture.

L'opinion que nous venons de citer mérite l'adhésion de tous les agriculteurs ; mais cette opinion n'est pas et ne peut pas être de M. Payen, qui ne nous dit pas où il l'a trouvée, ni à qui il l'a empruntée, ni encore à quelles opinions précédentes il la fait succéder.

Nous dirons donc ce que nous ne pouvons espérer d'entendre dire par l'éminent professeur.

L'opinion de M. Payen, la *sienne*, était diamétralement opposée à ce que nous venons de lire. M. Payen est le *savant* qui a conseillé l'emploi du *sang desséché* pour la culture coloniale de la canne. M. Payen avait toujours été l'homme du guano, de la poudrette, du noir animalisé, de l'engrais flamand et de tous les engrais violemment azotés. Pourquoi a-t-il abandonné ces objets de son culte et pourquoi reproduit-il aujourd'hui la doctrine que nous professons depuis quinze ans ? Pourquoi M. Payen ne vient-il pas nous dire avec franchise que, pendant des années, il nous a induits en erreur, mais que, depuis lors, il a reconnu cette erreur et qu'il se range désormais du côté des saines idées ? Pourquoi, enfin, M. Payen, qui copie presque textuellement notre opinion, répétée dans nombre de nos ouvrages, ne donne-t-il pas une raison d'un changement aussi radical ?

Quoi qu'il en soit, la betterave *semée pour sucrerie* ne doit jamais être placée sur une fumure fraîche ; elle ne comporte ni guano, ni sang desséché, ni poudrette, ni aucune de ces drogues dans lesquelles l'azote se trouve amoncelé sous une forme plus ou moins assimilable. Cela tient à ce que la *sucrerie* doit éviter, par-dessus tout, les produits albuminoïdes, dont la proportion est exaltée par ces sortes d'engrais ; ces matières azotées rendent le travail très-difficile et s'opposent à l'extraction complète du sucre.

Il n'en est pas de même absolument lorsque la betterave est cultivée spécialement pour l'alcoolisation ; car, dans ce cas, les matières albuminoïdes sont beaucoup moins nuisibles au travail industriel. On peut même dire avec justesse que, la présence de ces matières augmentant la valeur nutritive des pulpes, il sera toujours avantageux d'obtenir une certaine proportion de matière albuminoïde dans les betteraves destinées à produire l'alcool, pourvu que, d'ailleurs, on accomplisse convenablement les règles qui conduisent à une bonne fermentation.

On pourra donc, sans le moindre inconvénient, fumer les betteraves dont on veut extraire de l'alcool, tandis que l'on doit s'interdire toute fumure nouvelle et tout engrais azoté pour les racines dont on veut extraire le sucre cristallisable.

C'est là une règle invariable, démontrée par la science et l'observation pratique, que nous livrons aux nouvelles méditations de M. Payen, comme complément et résumé de la ligne de conduite des agriculteurs attentifs, désireux du progrès réel et ennemis de la routine aveugle autant que du charlatanisme scientifique.

4° **Époque des semailles.** — L'époque à laquelle on sème la betterave varie et, à ce sujet, nous transcrirons ici une notice curieuse due à M. Minangoin :

« Il y a quelques années, un agriculteur du Haut-Rhin, M. Kœchlin, annonçait avoir trouvé le moyen d'augmenter considérablement le produit de la betterave en donnant à sa végétation une plus longue durée. Sa méthode consistait à semer sur couche dès le mois de janvier et à repiquer, au commencement d'avril, à une époque où l'humidité du sol et de l'atmosphère rend la reprise du plant facile et assurée. Les résultats annoncés par l'auteur étaient de nature à encourager les cultivateurs à essayer une méthode qui promettait jusqu'à 300,000 kilogrammes à l'hectare.

« La réussite d'un premier essai, en 1851, a engagé la direction des cultures de la colonie à en tenter, en 1852, un second, que j'ai été chargé de surveiller, et dont je viens aujourd'hui constater les résultats.

« Le 18 janvier, il a été fait un semis sur couche qui a donné du plant le 30 mars suivant ; il a été repiqué sur un sol argilo-siliceux, à sous-sol imperméable, qui avait été préparé par un bon labour d'hiver et des hersages énergiques au printemps. Le champ, d'une fécondité moyenne, avait reçu 60 mètres cubes de fumier d'étable à l'hectare. La température était douce et la terre suffisamment humectée par une pluie du jour précédent; néanmoins, nous avons jugé à propos d'assurer par un léger arrosage la réussite du plant, qui se trouvait très-faible le diamètre des racines ne dépassait pas 2 millimètres.

« La plantation a été faite en quinconce à 65 centimètres en tous sens; ainsi il a fallu 23,668 betteraves

2.

par hectare. La température des jours suivants a été douce et humide, mais elle est devenue, plus tard, froide et sèche et, le 30 avril, le thermomètre est descendu à 4° au-dessous de zéro. Les jeunes plantes ont parfaitement résisté à cet abaissement de température, ce qui s'explique surtout par l'état de dessiccation du sol et de l'atmosphère, produit par un vent nord-est qui soufflait avec violence depuis quelques jours.

« Un léger binage a été donné le 11 mai, dès le moment où les racines étaient suffisamment assujetties ; deux autres binages, dans le courant de l'été, ont complété les façons.

« Au commencement de juin, nous n'avons pas tardé à nous apercevoir de la tendance à monter que manifestait la moitié des betteraves ; aussi nous nous sommes hâté de refouler la séve par un pincement aussi rapproché que possible du collet. Cette opération, répétée aussitôt qu'il paraissait de nouvelles tiges, a eu un succès complet, et les betteraves qui avaient eu d'abord cette funeste disposition n'ont pas présenté de différence notable au moment de l'arrachage.

« Voici les résultats de la récolte, constatés sur quelques ares, dans différentes conditions :

Rendement de la betterave d'après la méthode Kœchlin.

DATE de la récolte.	ÉTAT DE L'EMBLAVURE.	SURFACE dont la récolte a été pesée.	NOMBRE de betteraves.	POIDS sur la surface observée.	POIDS par hectare.	POIDS MOYEN d'une betterave.
24 sept.	Médiocre ; il existe 34 lacunes.......	m. 133	288	kil. 842	kil. 63,308	k. g. 3 »
18 oct.	Médiocre ; il existe 26 lacunes......	100	210	933	93,300	4,443
18 oct.	Très – satisfaisant ; pas de lacunes...	100	236	1,503	151,000	6,398

« Des betteraves cultivées dans le même champ, dans les mêmes conditions de fumure, par la méthode du semis sur place, ont produit 50,000 kilogrammes à l'hectare.

« On peut tirer du tableau et des faits précédents les conclusions suivantes : .

« 1" La betterave, repiquée dans les mois de mars et avril, peut résister, dans certaines circonstances, à un abaissement de température de 4° au-dessous de zéro.

« 2° Elle prend son principal développement dans les derniers temps de sa végétation. En effet, si l'on compare la récolte du 24 septembre à celle du 18 octobre, dans des conditions identiques, on reconnaît que le poids de la racine a doublé dans les vingt-quatre derniers jours.

« 3° La méthode Kœchlin donne des produits qui peuvent s'élever jusqu'au triple de ceux que fournit la méthode ordinaire du semis sur place.

« 4° Un pincement fait avec intelligence et suffisamment répété peut atténuer et même faire disparaître complétement la perte qui résulterait de la disposition à monter à graine. »

La seule conséquence que nous tirerons de cette observation intéressante consistera dans la nécessité absolue de donner à la betterave la plus longue végétation possible, si l'on veut en obtenir de bons résultats. Pour cela, le semis sur couche en janvier ou février, et le repiquage en avril ou mai, d'après la méthode de M. Kœchlin, nous paraissent fort convenables, mais ce ne peut être que pour une petite exploitation. En effet, il serait impossible de pratiquer ce moyen si l'on avait besoin de plant pour plusieurs hectares.

Nous prendrons donc pour point de départ le conseil suivant : *Semez le plus tôt possible, d'après la température de votre localité, quelle que soit d'ailleurs la méthode de votre choix.*

Il y a deux modes de culture pour la betterave : on emploie le *semis sur place*, ou bien le *semis en pépinière et la transplantation.*

Si l'on sème à demeure, il est évident que, dans beaucoup d'années, on ne pourra pas obtenir les avantages d'une longue végétation, et que l'on perdra nécessairement beaucoup de temps par la crainte des derniers froids, auxquels la betterave est fort sensible.

Cependant, nous ne prétendons pas qu'on doive rejeter complétement la méthode des *semis à demeure ;* nous la considérons, au contraire, comme la meilleure. quand elle est pratiquée de bonne heure et dans les circonstances que nous indiquerons. Il faut avouer que le semis en pépinière et la transplantation offrent certains avantages dans d'autres cas, et que souvent elle est préférable. Nous allons donc exposer les deux méthodes, afin d'être aussi complet que possible et de n'avoir aucune négligence à nous reprocher.

5° **Préparation de la graine.** — On peut préparer la semence au préalable par différents moyens, dont nous allons citer les principaux. Les graines de betterave, rugueuses, à coques épaisses, présentant un *épicarpe* fort résistant, germeraient avec difficulté si on ne les soumettait pas à l'action ramollissante de certaines préparations.

Dans un traité de la culture de la betterave, publié par la Société industrielle de Hanovre et traduit de l'allemand par M. Sarrazin, nous trouvons sur cet objet quelques observations dignes d'intérêt et que nous croyons utile de faire connaître à nos lecteurs.

« Pour que la semence germe plus promptement, on la fait tremper pendant environ quarante-huit heures dans du jus de fumier étendu avec une pareille quantité d'eau. On peut, après cette opération, la mêler avec des cendres qu'on fait ensuite passer dans un crible, la mettre dans un sac sans la serrer et la déposer dans une cave jusqu'à ce que le terrain soit préparé et que le temps soit favorable pour les semailles. Elle se garde ainsi, au besoin, jusqu'à quinze jours ; mais il faut la faire sécher à l'air avant de l'employer, pour que les grains ne tiennent pas ensemble.

« Quelques personnes font germer les semences en les

mêlant avec du sable; mais les germes sont sujets à être endommagés par l'ensemencement, surtout quand on dépose successivement chaque grain dans la place que doit occuper la plante. D'autres ne leur font subir aucune de ces préparations, parce que les froids qui surviennent souvent après les semailles nuisent aux plantes qui ont levé trop tôt, tandis que celles dont la germination n'a été accélérée par aucun moyen artificiel deviennent plus vigoureuses quand le temps leur est favorable. On prétend aussi que le jus de fumier engendre les vers et le chaudepied.

« En France, on arrose la semence avec de l'eau jusqu'à ce que la main se mouille en en serrant une poignée. Ensuite on la met en tas de 6 pouces de hauteur et on la laisse en cet état jusqu'à ce qu'il s'y manifeste un peu de chaleur, après quoi on procède à l'ensemencement. Plusieurs recommandent de mettre les graines pendant vingt-quatre à trente heures dans l'eau de chaux claire, sans les faire échauffer. D'autres font dissoudre 4 à 5 livres de chlorure de chaux dans 200 livres d'eau, et y font amollir 100 livres de semence pendant vingt-quatre à trente heures. »

« Crespel fait amollir la semence dans de l'eau chaude et la sèche en la mêlant avec de la chaux en poudre. Il prétend que ce procédé garantit la betterave des insectes. »

Le procédé suivant présente sur ceux qui viennent d'être indiqués un avantage incontestable : il prévient ou arrête cette funeste maladie des betteraves si bien décrite par M. Payen, auquel nous empruntons, du reste, plus loin, un passage intéressant. Cette maladie paraît être due à une variété particulière de champignon parasite, analogue à celui qui attaque la pomme de terre. Le moyen que nous conseillons nous ayant complétement réussi pour combattre l'affection de ces dernières, nous avons cru devoir l'essayer sur la betterave et la série d'expérimentations auxquelles nous nous sommes livré à ce sujet a confirmé entièrement nos prévisions.

On prend 1 kilogramme de chaux vive pulvérisée, autant de soufre en canon également pulvérisé ; on dispose ces deux substances par couches alternatives de 20 à 25 millimètres d'épaisseur dans un vase en fer, en ayant soin de commencer par le soufre et de finir par la chaux. On fait chauffer ensuite le mélange, jusqu'à ce que le soufre soit en liquéfaction complète ; on agite et l'on mêle intimement. Il faut alors retirer du feu, laisser refroidir le vase et verser dans la matière 5 litres de lessive très-forte de cendres de bois, en agitant soigneusement. Il se forme une solution très-chargée d'une espèce de sulfure double de chaux et de potasse, que l'on passe à travers un gros linge, avec expression. En étendant le liquide obtenu dans cent cinquante à deux cents fois son volume d'eau, on a une liqueur éminemment propre à faire subir aux pommes de terre et à la graine de betterave une sorte de chaulage qui hâte les progrès de la végétation, s'oppose à celle des plantes parasites, et arrête les ravages occasionnés par la plupart des animaux nuisibles.

Cette même préparation, un peu plus étendue d'eau, est très-utile pour l'arrosement des plantes et touffes malades ; les principes alcalins qu'elle contient, étant solubles, sont immédiatement utilisés pour la nutrition de la plante[1]. Elle nous a réussi de la manière la plus complète pour la destruction de l'*oïdium de la vigne*, dont nous n'avons pas, du reste, à nous occuper ici.

Nous croyons devoir citer, à l'appui de notre manière de voir, les observations de M. Payen, dont nous parlions tout à l'heure :

« La méthode générale d'amélioration du sol, dans les localités atteintes, devant consister dans une aération plus complète à une plus grande profondeur, elle pourrait être réalisée pour certaines terres à l'aide de défonçages énergiques ou bien par la culture en ados.

« Parmi les ustensiles aratoires qui se prêteraient le mieux à une aération de la terre se trouvent les charrues *fouilleuses* ou *sous-sol* et peut-être mieux encore la nouvelle *défonceuse Guibal*.

« Cet ustensile ingénieux, qui représente en quelque sorte une double série de fortes dents de fourche fixées sur une monture circulaire semblable à une très-large roue de charrette, pénètre et divise le sol à une profon-

---

[1] Dans cette phrase, que nous laissons subsister textuellement, l'expression *nutrition* pourrait donner lieu à un malentendu contre lequel nous devons nous élever. Les principes alcalins ne doivent pas être considérés comme des *aliments* pour la plante, bien qu'ils interviennent dans la nutrition. Il en est de même de tous les principaux minéraux à l'état libre. Cependant ces matières minérales sont nécessaires à la vie végétale comme à la vie animale, soit pour la formation de certains sels, soit pour certaines réactions intimes, soit pour la solidification du squelette ou des tissus. On doit donc les regarder comme des aliments complémentaires.

deur de 35 à 40 centimètres. Si donc on le faisait agir au fond des raies d'une charrue ordinaire, on pourrait atteindre et aérer la couche de terre jusqu'à 60 et même 70 centimètres de profondeur.

« Toutefois, ce puissant défonçage serait insuffisant, sans doute, dans les terrains trop compactes, qui retiennent l'eau et sont susceptibles de se tasser promptement après les labours.

« On pourrait, dans ce cas, avoir recours à un moyen plus radical, en plaçant, à $1^m,33$ ou $1^m,50$ de profondeur, des tubes de drainage qui aboutiraient tous vers la partie la plus déclive du terrain à un tube plus large, récepteur des eaux et, vers la partie la plus haute, à un deuxième tube récepteur qui faciliterait l'introduction de l'air atmosphérique sous les racines.

« Ces deux effets d'égouttage des eaux en excès et d'introduction de l'air à une profondeur dépassant un mètre, contribueraient à rendre la terre plus perméable aux radicelles, tout en réalisant une condition indispensable de leur développement : l'introduction de l'air, qui favorise aussi la désagrégation et la fermentation utile des engrais.

« La végétation, devenue dès lors plus active, donnerait aux betteraves la vigueur nécessaire pour leur permettre de résister aux différentes causes d'altération qui, chaque année, diminuent les récoltes et appauvrissent dans les racines la sécrétion sucrée.

« On soutiendrait cette vigueur de la végétation en adoptant un assolement qui ne ramènerait que tous les cinq ans la culture des betteraves dans un même champ.

« Parmi les moyens qu'il conviendrait d'essayer comparativement, dans la vue d'assurer et de compléter les bons résultats des labours profonds, du drainage et d'un assolement élargi, nous rappellerons ceux-ci :

« 1° L'usage adopté généralement, avec un grand succès, aux environs de Magdebourg, d'*appliquer les fumures au moins une année d'avance sur d'autres cultures* afin que la betterave trouve dans le sol des engrais plus consommés, moins actifs, exigeant moins d'oxygène dans un temps égal pour fermenter, et dégageant *moins d'acide carbonique*;

« 2° Le repiquage, en coupant le bout du pivot, du moins sur les terres dans lesquelles les moyens d'aération n'auraient pu être pratiqués à temps pour rendre le sol fertile jusqu'à la profondeur que les racines pivotantes doivent atteindre ;

« 3° On pourrait essayer encore, comparativement, de renouveler ou d'échanger les graines, comme on le fait utilement pour d'autres plantes ;

« 4° L'essai comparé d'un chaulage énergique dans les terrains bien défoncés conduirait peut-être à découvrir le moyen de combattre la maladie dans les terres où elle a laissé les germes d'une nouvelle invasion ; en tout cas, ce chaulage ne pourrait qu'être favorable à la végétation dans les terres sablo-argileuses, généralement trop pauvres en calcaire, des localités où le mal sévit encore ;

« 5° *Enfin, l'addition des vinasses aux fumures, ou d'engrais salins de potasse et de chaux, capables de restituer les bases enlevées au terrain par la végétation des betteraves.*

« On ne doit cependant pas oublier que le défaut de
bases alcalines n'est qu'un fait exceptionnel ; qu'au contraire un grand nombre de terrains en France contiennent des sels ou composés alcalins (de *soude* ou de *potasse*) en trop fortes proportions pour que la culture de
la betterave y donne des racines abondantes en sucre et
faciles à traiter. J'ai eu l'occasion de signaler, il y a
longtemps déjà, des terrains de cette nature (*aux environs de Naples*) où la proportion des sels, parmi lesquels
l'*azotate de potasse* dominait, était presque égale à la proportion, faible d'ailleurs, du sucre pur ; dans ce cas, il
est impossible d'extraire ce dernier avec profit.

« Quelques terres emblavées depuis peu de temps en
betteraves ou vierges de cette culture se rencontrent
encore sur quelques points du département du Nord et
donnent des betteraves assez volumineuses, mais pauvres en sucre, et offrant des tissus sacchariffères (ceux
qui entourent les vaisseaux) peu développés. De sem-
blables matières premières embarrassent beaucoup parfois les établissements récemment formés, et peuvent
entraver complétement leur marche.

« Dans chaque localité, on devrait donc s'assurer, par
une culture préalable et par des essais, ou par des analyses sur les récoltes, de la qualité moyenne des betteraves que l'on pourrait obtenir. Si, dans les racines
récoltées, les sels alcalins étaient trop abondants, il faudrait ou s'abstenir de fonder l'établissement, ou cultiver
pendant plusieurs années sur ce fonds des plantes avides
de sels de cette nature, telles que les pommes de terre,
les betteraves à vache, le colza, etc., avant d'y intro-

duire la culture des betteraves destinées à fournir la matière à des fabriques de sucre. »

Assurément, ces remarques de M. Payen sont justes et vraies ; cependant, il nous semble qu'il est en contradiction avec les faits observés, lorsqu'il conseille d'adopter un assolement qui ne ramènerait la culture des betteraves dans un même champ que tous les cinq ans. Que ce conseil soit utile peut-être à titre de moyen curatif contre l'affection des betteraves, nous ne le contestons pas ; mais au point de vue agricole de l'assolement et de la rotation, il est parfaitement constaté que, pendant plusieurs années, quelquefois même dix à douze ans, on a vu prospérer des betteraves dans le même champ. Nous sommes loin, d'ailleurs, de vouloir faire de ceci une règle générale, et nous regardons comme un progrès l'élargissement des assolements.

Quand le sol est convenablement préparé, que l'on a fait subir à la graine le chaulage dont nous avons parlé, il ne s'agit plus que d'opérer l'ensemencement, soit qu'on sème sur place ou qu'on sème en pépinière.

6° **Semis sur place.** — Le semis sur place se fait à la volée ou en ligne ; mais la première de ces deux méthodes présente tant d'inconvénients de toute nature, qu'à moins d'impossibilité absolue de faire autrement, un cultivateur intelligent ne doit jamais l'admettre.

Nous avons cependant remarqué, dans quelques départements essentiellement agricoles, que l'on rencontre parfois des semeurs assez habiles pour être presque sûrs de leur main ; mais ce fait est tellement rare que l'on ne peut guère y compter, et en agriculture, plus encore que partout ailleurs, il faut employer seulement les moyens les plus sûrs. On emploie environ 12 kilogrammes de graine par hectare dans le semis à la volée. Nous allons maintenant décrire les différentes opérations du *semis sur place, en lignes*, qui est le procédé auquel nous donnerons la préférence, toutes les fois qu'on pourra l'employer de *très-bonne heure*. D'après les observations faites par M. Minangoin sur la méthode Kœchlin, il est incontestable qu'il y a tout avantage à procurer à la betterave une longue végétation, et nous ne comprenons pas comment certains agronomes peuvent conseiller les semis tardifs. Pour nous, nous ne voudrions pas retarder l'ensemencement sur place au delà de la fin d'avril au plus tard, quand une température moyenne et un sol suffisamment préparé le permettent. Cependant, il faut convenir d'une vérité pratique, qui est que, si l'on sème trop tôt, la graine est arrêtée dans sa germination par les derniers froids; mais, si l'on sème trop tard, on s'expose à reculer l'époque de la récolte et à la rendre beaucoup moins fructueuse sous l'empire de la sécheresse.

C'est donc à la sagacité du cultivateur et à sa connaissance du sol que l'on doit en appeler pour que cette opération de l'ensemencement sur place se fasse à l'époque convenable. L'avantage le plus considérable qu'elle présente est celui de ne pas arrêter la végétation, comme cela a lieu dans la transplantation et, en outre, de ne pas rompre le pivot des betteraves. Nous lisons à ce sujet dans le travail déjà cité de la Société industrielle de Hanovre, dont les idées sont à cet égard parfaitement d'accord avec les nôtres, que, pour que le procédé auquel nous accordons la préférence présente de véritables avantages, il faut que la terre soit bien ameublie et parfaitement nettoyée, sans quoi les jeunes plantes la pénétreraient difficilement ou seraient dépassées par les mauvaises herbes, dont l'arrachement, lorsque le semis commencerait à lever, présenterait de grandes difficultés.

Elle ajoute : « Il est d'autant plus nécessaire d'employer cette méthode pour les betteraves destinées à la fabrication du sucre (*et par conséquent à la fabrication de l'alcool*), que celles qui ont été transplantées n'ont pas ordinairement de pivot, mais plusieurs racines latérales : ce procédé, *surtout lorsque l'ensemencement a lieu de bonne heure,* donne aussi à la plante plus de temps pour se développer et attirer les sucs propres à former la matière saccharine. *Le terrain destiné à produire les betteraves pour la fabrication du sucre, ne devant pas être fraîchement fumé*[1], sera moins sujet à se remplir de mauvaises herbes et, par conséquent, plus tôt en état de recevoir les semences. »

Le semis en lignes ou en rayons n'exige guère plus de 6 kilogrammes de graine par hectare, c'est-à-dire environ moitié moins que dans le semis à la volée. Voici la méthode indiquée par les auteurs de la *Maison rustique* : « On trace sur le sol bien préparé, à l'aide d'un rayon-

---

[1] Nous appelons de nouveau l'attention du lecteur sur cette règle, à laquelle la société de Hanovre attache autant d'importance que nous-même. Nous avons déjà vu (p. 38) que, avant d'être entièrement converti à cette opinion, M. Payen conseillait d'éviter les fumures nouvelles, comme moyen préservatif contre la maladie spéciale.

neur pourvu de socs distants les uns des autres de 1 pied
et demi à 2 pieds et demi, de petits sillons parfaitement
droits et parallèles entre eux, qui doivent avoir environ
2 pouces de profondeur ; des femmes suivent l'instrument et déposent les graines dans les rayons, au nombre
de trois ou quatre par chaque pied de longueur dans la
ligne ; chacune d'elles peut en répandre de la sorte environ 7 000 par jour. Dans la petite culture, où tous les
binages devront avoir lieu à la main, 18 pouces entre
les lignes, et même de 12 à 15 dans les terres maigres,
suffisent, et l'on peut mettre trois ou quatre graines par
touffe, à chaque longueur de 9 à 15 pouces, ce qui
offre l'avantage de garnir le champ d'une manière plus
égale.

« *L'emploi d'un semoir* pourvu de pieds rayonneurs
et suivi d'une chaîne, d'un râteau ou rouleau, comme
il en existe plusieurs, notamment celui de M. Hugues,
serait encore plus convenable et plus économique pour
cette opération. Dans l'usage de toute espèce de semoir,
la graine de betterave roulant très-difficilement, à cause
de sa légèreté et de ses aspérités, il est essentiel de
n'employer que de la semence préalablement nettoyée
et exempte de tout corps étranger.

« C'est pour remédier à cet inconvénient que M. Char-
tier a fait connaître tout récemment qu'*il pile les graines*
dans une sébile de bois, puis les crible et pile de nouveau jusqu'à ce qu'elles soient débarrassées des aspérités
et qu'on n'en trouve plus que très-peu adhérentes les
unes aux autres ; une livre de graine ainsi nettoyée
perd environ un tiers de son poids. Par cette méthode,

on évite le dépôt et la germination de trois ou quatre graines à la même place et, conséquemment, la nécessité de faire enlever à la main les plants surabondants; opération coûteuse, minutieuse et qui n'est pas sans inconvénients; en plaçant les rayons à une distance de 2 pieds et la graine à 10 à 11 pouces sur les lignes, le kilogramme contenant de 40000 à 50000 graines, il faudrait, par la méthode ordinaire, environ 3 kilogrammes par hectare, tandis qu'après les avoir pilées 2 suffisent; il y a donc ainsi économie de main-d'œuvre et de graines. Par là, on facilite aussi beaucoup l'emploi des semoirs.

« C'est à cause du même inconvénient que M. de Dombasle recommande particulièrement, pour la semaille des betteraves, *le semoir à brosses et à brouette*, avec lequel on n'a pas à craindre les interruptions dans la chute de la graine, dont il est difficile de s'apercevoir dans les grands semoirs, qui ont l'inconvénient de laisser des lignes entières non semées. La brosse ne doit être serrée que très-légèrement.

« *Lorsqu'on n'a ni rayonneur, ni semoir*, on peut, comme dans le Palatinat, mettre à la suite de la charrue deux personnes, dont l'une pratique avec la main ou avec un bâton un petit enfoncement dans la bande retournée. et dont l'autre dépose dans ce creux les graines de betteraves et les recouvre; on fait ensuite passer un rouleau.

« *Dans les terres humides*, on fait, à l'aide du buttoir, des sillons espacés de 2 pieds environ, et c'est sur la crête de ces sillons qu'on place les graines.

« Dans le département du Nord, *la semaille à la houe* est la plus usitée ; un cordeau, tendu au moyen de deux piquets, guide un ouvrier qui, faisant entrer un des angles d'une petite houe dans la terre, pratique une raie de quelques pouces de profondeur, et ainsi de suite. Une femme suit et dépose dans la première ligne les graines qu'elle prend d'une main dans un panier, les répartit également en faisant constamment jouer le pouce sur les doigts ; une seconde femme recouvre les graines, en promenant alternativement les deux pieds sur la raie. L'homme et la première femme doivent marcher en sens contraire, afin qu'arrivant en même temps aux deux extrémités du champ, ils puissent ôter ensemble les piquets du cordeau et les reporter à la ligne suivante. »

7° **Semis en pépinière.** — Nous voici arrivé au second mode de la culture de la betterave, à la culture en pépinière, seule convenable lorsqu'on ne peut pas espérer les avantages d'une longue végétation par la culture sur place en rayons. Si nous n'avons pas parlé de l'éclaircissage du plant en indiquant les modes de culture sur place, tant à la volée qu'en lignes, c'est parce que, ce travail ne se faisant que lors du premier sarclage, nous préférons n'en parler qu'en décrivant cette opération. Nous ferons cependant observer qu'un cultivateur intelligent et sérieux doit profiter de tous ses avantages, et que, s'il a pu parvenir à semer de bonne heure sur place, en lignes ou autrement, il se souviendra de conserver pour la transplantation tous les plants provenant de l'éclaircissement. On peut calculer, dans ce cas, que

1 hectare fournit à la plantation de 3 autres, tout en conservant la quantité qui lui est nécessaire.

Dans le semis en pépinière, il faut choisir une terre extrêmement bien préparée et très-féconde en principes nutritifs; la terre de jardin, de chenevière, en un mot, un excellent sol est nécessaire dans cette méthode. On peut même, dans ce cas, fumer la pépinière, parce que l'influence du fumier ne se fera sentir que sur les jeunes plants, qu'elle fera grossir rapidement, sans cependant pouvoir agir sur la proportion de matière sucrée. Nous pensons, avec la Société industrielle de Hanovre, dont nous avons déjà cité le travail, que l'endroit le plus convenable pour cet objet, surtout quand on ne cultive pas la betterave en grand, est un carreau de jardin bien exposé à l'air et au soleil, à l'abri des vents du nord et de l'est, et soigneusement cultivé en automne et au printemps. L'engrais frais rendant les plantes délicates, quand on les transporte dans un sol de qualité inférieure, une fumure ancienne et cependant énergique lui est préférable, quoique plusieurs agriculteurs de notre pays soutiennent le contraire. Si un jardin ne suffit pas pour la production des jeunes plantes, il faut y consacrer environ la quinzième partie des terres destinées à la culture des betteraves, en choisissant pour cela les plus fertiles.

Le meilleur moment pour opérer le semis en pépinière est le commencement du printemps ou plutôt la fin de mars et le commencement du mois d'avril, selon la température : on sème à la *volée* ou en *lignes*, et on emploie de 30 à 40 kilogrammes par hectare. Si l'on sème en rayons, ce qui vaut infiniment mieux, on écartera les rayons de 20 à 25 centimètres au plus.

Les uns exigent que l'on consacre à la pépinière la quinzième partie des terres à betteraves, les autres la dixième : nous croyons que cette dernière quantité est trop forte et qu'un hectare de pépinière peut fournir du plant pour 12 à 15 autres ; c'est sur cette donnée qu'il faudrait se baser.

Aussitôt que le plant porte trois ou quatre feuilles, il convient de le sarcler, en s'arrangeant pour qu'il y ait 1 pouce à 1 pouce et demi de distance entre deux. Au bout de quinze jours, on renouvelle le sarclage avec la houe. Il ne faut arroser qu'avec beaucoup de réserve, car un arrosement en exige d'autres et leur fréquente répétition durcit le terrain. (*Société industrielle de Hanovre.*)

8° **Transplantation.** — Vers la fin de mai, lorsque les jeunes racines ont acquis au collet la grosseur du petit doigt, il s'agit de procéder à la transplantation, pour laquelle il faut, autant que possible, profiter d'un temps pluvieux et humide, sans quoi on serait obligé de pratiquer des arrosements soit avec l'eau, le purin, ou, mieux encore, avec la solution alcaline que nous avons indiquée, en l'étendant de deux cent cinquante à trois cents fois son poids d'eau. En arrachant les jeunes plantes, la première règle qu'on doit suivre est de conserver, autant que possible, le pivot, malgré l'opinion de M. Payen, qui prétend trouver dans le retranchement de ce pivot un remède à la maladie. En tout cas, si on le retranche, on ne doit, en quelque façon, que le rafraîchir par le bout. Il convient ensuite de couper les feuilles à 8 ou 10 centimètres du collet, en ménageant avec soin celles du cœur. Les feuilles extérieures, que l'on retranche, mourraient toutes après la transplantation et, en outre, s'opposeraient à la reprise du jeune plant, qu'elles priveraient de sucs nutritifs. On a dû conserver dans la pépinière le nombre de plants nécessaire pour la bien garnir, en gardant entre eux un intervalle de 25 centimètres en tous sens, si l'on a semé à la volée. Si, au contraire, on a semé en lignes, il conviendra d'arracher complétement le premier rayon, puis d'enlever dans le second la plus grande partie du plant, de manière à laisser entre les pieds restants la distance normale de 20 à 25 centimètres; on arrache ensuite complétement le troisième rayon; puis on agit pour le quatrième comme on a fait pour le second, et ainsi de suite.

Les plants de repiquage, préparés, comme nous l'avons dit, par le retranchement des feuilles extérieures et le pincement du pivot, *s'il y a lieu*, peuvent être conservés pendant plusieurs jours, en attendant la transplantation, si on les met la tête en haut, dans un baquet rempli d'un mélange de terre et de la solution alcaline dont nous avons parlé. C'est à l'aide de ce baquet qu'on les transporte sur le champ, au lieu où on doit les repiquer.

On connaît bien des méthodes de repiquage; nous allons en dire un mot, en nous arrêtant toutefois plus longuement à celle à laquelle nous donnons la préférence. On plante au plantoir, à la bêche ou à la charrue. La plantation au *plantoir* se fait en pratiquant un trou, à l'aide de cet instrument, le long de la ligne tracée à la distance convenable ; un ouvrier est chargé de ce soin, il place dans ce trou un plant contre lequel il resserre la terre, soit avec le pied, soit avec le plantoir même.

La plantation à la *bêche* exige le concours de deux ouvriers, dont l'un enfonce la bêche dans la terre et la pousse en avant de manière à former une ouverture, dans laquelle un autre ouvrier ou même un enfant glisse la plante. Le premier laisse tomber la terre et la presse du pied avec précaution contre la racine. Cette méthode est préférable à la précédente en ce qu'elle est plus expéditive et donne plus de facilité pour mettre la racine dans la terre et lui faire prendre une position convenable. (*Société industrielle de Hanovre.*)

La plantation à la *charrue* est, de toutes, la plus prompte et celle qui, lorsqu'elle est faite avec intelligence, donne le plus de facilité. Voici la manière la plus régulière de la pratiquer dans un champ, que nous supposons toujours convenablement préparé. Deux charrues sont nécessaires si l'on ne veut pas faire chômer les planteurs, et si la pièce de terre était très-vaste, on pourrait en employer plusieurs couples. La première retourne une bande de terre ; elle est suivie par le planteur, qui dépose contre cette bande les plants de betterave à la distance d'environ 25 centimètres. La seconde charrue vient ensuite et retourne la bande voisine, qui renferme dans la terre les racines des plants déposés. On a eu la précaution de laisser dépasser le collet, afin que la plante ne soit pas entièrement enfouie

On peut encore planter les betteraves sur des *ados* ou *billons* formés de deux bandes retournées l'une contre l'autre ; dans ce cas, il faut se servir du plantoir. Cette méthode, dont l'idée appartient à M. Valcourt, est excellente, en ce sens qu'elle donne plus de profondeur à la couche de terre meuble dans laquelle doivent pénétrer les racines, et qu'elle permet d'assainir complétement, d'ameublir et d'aérer les intervalles qui séparent les ados, ce qui place les racines dans des conditions parfaites.

Si le temps est sec, il conviendra de favoriser la reprise par un *léger* arrosement, qu'on fera de préférence avec notre *solution alcaline* étendue de trois cents fois son poids d'eau ; mais, en général, il faut, autant que possible, éviter les arrosements et, pour cela, on transplante par un temps humide ou avant la pluie si on peut la prévoir.

9° **Sarclages. — Éclaircissage.** — Si l'on a semé a demeure, il faut donner un *sarclage* à la *serfouette* ou *binette*, dès que le plant a trois ou quatre feuilles : c'est aussi à l'époque de ce sarclage que l'on doit éclaircir le plant, si l'on n'a pas de transplantation à faire. Dans le cas contraire, on ne fera cet éclaircissage que lors du second sarclage, lequel a lieu trois semaines plus tard ; il se fait à la *houe* ou même au *sarcloir* ou à la *houe à cheval*, selon que le semis a été fait à la volée ou en lignes.

Ces premiers sarclages sont de la plus haute importance, et aucune plante, assure M. DE DOMBASLE, ne souffre autant que la betterave du retard ou de la négligence apportée dans le premier sarclage ou dans ceux qui doivent le suivre. A cette pensée de l'illustre agronome nous n'avons rien à ajouter, et nous ne pouvons que dire, avec la *Maison rustique*, que la belle venue des racines obtenues par de nombreux remuements de la terre démontre qu'il n'y a pas de plus fausse économie que celle qui porte sur les soins de propreté et d'entretien.

Quand les plants repiqués sont bien repris, on leur donne un bon binage d'entretien; ce premier binage assure la prospérité du plant et garantit presque la récolte.

Nous considérons ces détails de culture comme si sérieux et si graves que nous croyons devoir transcrire ici les opinions de la Société de Hanovre sur ces divers objets, ainsi que sur le buttage, tant contesté, sur la récolte et l'arrachage, la conservation, l'assolement et la rotation. Nous devons avouer que *nulle part* nous n'avons rencontré de préceptes aussi sages. Nous terminerons ce chapitre si étendu par divers comptes de prix de revient établis par plusieurs auteurs. Nous citons textuellement, en n'omettant que les détails non relatifs à notre objet.

« Il est à observer, en général, qu'un champ de betteraves doit recevoir le nombre de sarclages et de houages nécessaires pour le nettoyer des mauvaises herbes et ameublir la couche superficielle, afin que l'air puisse y pénétrer, c'est-à-dire ordinairement deux ou trois, qui ne doivent jamais être différés trop longtemps. Ils sont indispensables jusqu'à ce que les feuilles des betteraves, couvrant entièrement le sol, étouffent les plantes qui nuisent à leur végétation. Un temps sec est le plus convenable pour le houage. Le sarclage, au contraire, est plus facile après la pluie, surtout dans un terrain compacte. Un houage profond aurait, pour les terres sablonneuses, l'inconvénient de les exposer à se dessécher trop promptement.

« Le champ dans lequel on a placé la semence à demeure, n'ayant pas été labouré aussi tard que celui où l'on a transplanté les betteraves, doit ordinairement être houé ou nettoyé une fois de plus. On le nettoie d'abord en éclaircissant les jeunes plantes.

« Chaque grain de semence pouvant produire plusieurs betteraves, tandis qu'il ne doit en rester qu'une seule à chaque place, il faut enlever les autres aussitôt qu'on le pourra, et au plus tard quand elles auront atteint la longueur du petit doigt, de crainte que, si elles étaient plus fortes, on n'arrachât en même temps celles qu'on a l'intention de laisser subsister. A moins qu'on ne veuille employer ces plantes superflues à remplir les places vides, le meilleur moyen de les détruire est de couper la racine dans la terre, avec un couteau, assez bas pour la faire périr.

« Il faut en même temps débarrasser le champ, au moyen d'une houe à main, des mauvaises herbes qui commencent à paraître ; mais l'instrument doit pénétrer au plus à 1 pouce de profondeur, pour ne pas soulever les jeunes plantes. Les houages suivants auront, si le sol le permet, de 2 à 3 pouces de profondeur.

« Les champs où l'on a planté des betteraves sont ordinairement houés pour la première fois quand les plantes dépassent un peu la longueur du doigt.

« Quand on cultive les betteraves en grand et qu'elles sont disposées en lignes droites, on peut se servir, pour abréger le travail. de la houe à cheval, pourvue d'un fer plat ou cintré. Ce fer doit être assez étroit pour ne pas endommager les plantes, et cependant assez large pour atteindre le but qu'on se propose en l'employant. On peut houer ainsi près d'un hectare par jour, mais il faut arracher les mauvaises herbes qui sont trop rapprochées des plantes.

« Le buttage est-il utile aux betteraves? Il n'est pas de question sur laquelle les agriculteurs de notre pays soient moins d'accord. Ceux-ci le regardent comme indifférent, ceux-là comme avantageux et d'autres comme nuisible. Plusieurs même prétendent que les betteraves qui croissent en grande partie hors de terre doivent être entourées d'un creux en forme de chaudron, pour qu'elles se développent davantage au-dessus du sol et attirent plus d'humidité.

« Il est certain que le buttage ne convient point aux betteraves destinées à servir de nourriture au bétail, et surtout à celles qui croissent hors de terre, puisqu'il leur enlève l'affluence de l'humidité ; mais il est, au contraire, avantageux pour celles qu'on veut employer à la fabrication du sucre : car il contribue à rendre leur partie supérieure plus riche en matière saccharine. Il peut aussi fournir un moyen de remédier au défaut de profondeur de la couche végétale, en réunissant autour de la plante une quantité de terre dont autrement elle n'aurait pas profité.

« On ne doit effeuiller les betteraves destinées à la fabrication du sucre qu'une huitaine de jours avant la récolte ; car la privation de leurs feuilles, les exposant à toutes les ardeurs du soleil, ne permettrait pas à la racine d'acquérir la régularité de forme désirable et d'élaborer convenablement la matière saccharine. On peut néanmoins, dans le cas d'un pressant besoin de fourrage, enlever un peu plus tôt les feuilles dont les côtes commencent à se flétrir.

10° **Récolte. — Arrachage.** — « Quand les feuilles inférieures des betteraves se colorent fortement en jaune, se frisent et penchent vers la terre, ce qui arrive ordinairement à la fin de septembre et au commencement d'octobre, on reconnaît à ces signes que les racines ont acquis tout leur développement. Il n'est cependant pas nécessaire de hâter la récolte, les froids au-dessous de 4° Réaumur [1] étant peu à craindre pour la racine, surtout quand elle croît entièrement dans la terre. On prétend même que, pendant les dernières semaines, elle gagne encore en matière saccharine. Il suffit donc que la récolte soit terminée au commencement de novembre; il vaut mieux, néanmoins, la faire du 10 au 20 octobre.

« On doit choisir, pour séparer la betterave de la terre, un temps bien sec, l'humidité la rendant sujette à pourrir. On peut l'arracher de différentes manières ; voici le procédé en usage dans notre pays :

« On enlève d'abord la fane en la coupant, ou, ce qui

---

[1] Expression peu claire ; il faut comprendre que la betterave souffre peu quand le thermomètre ne descend pas au-dessous de +4° Réaumur ou + 5° centigrades.   N. B.

vaut mieux, en la tordant. On peut faire cette opération successivement et la commencer plusieurs jours à l'avance, afin d'avoir le temps d'employer les feuilles à la nourriture du bétail, et pour que les têtes des betteraves aient le temps de sécher. L'enlèvement de la fane au moyen d'un instrument tranchant est surtout nuisible quand la betterave doit rester encore quelque temps dans la terre, car il la rend sujette à se ratatiner à l'endroit de la coupure et plus sensible à la gelée.

« Si les betteraves sortent beaucoup de terre ou que le sol soit léger, on les tire avec la main et l'on frappe doucement deux racines l'une contre l'autre pour faire tomber la terre qui y est attachée. Mais si elles tiennent trop au sol, il faut les en séparer au moyen d'une bêche ou d'un autre instrument.

« Pour accélérer le travail, on peut mettre en lignes les betteraves arrachées, en tournant toujours la fane d'un même côté, après quoi un ouvrier exercé enlève, avec une bêche bien tranchante, la fane et l'extrémité supérieure de la racine. Plus la coupure est petite, moins la betterave est sujette à la pourriture. Si l'on est obligé d'employer la bêche pour tirer les betteraves et qu'en même temps on veuille enlever la fane par la méthode que nous venons d'indiquer, il faut toujours que deux ouvriers travaillent ensemble. Le plus fort arrache les plantes et l'autre les prend par les feuilles pour les placer en lignes.

« En Bohême, on arrache les betteraves avec la charrue, puis on les dispose par rangées et l'on coupe la fane au moyen d'une faucille. En France, on a renoncé à cette méthode, parce qu'on a trouvé que la charrue et les pieds des chevaux endommageaient trop les racines.

« Il faut surtout prendre garde de meurtrir les betteraves en les frappant l'une contre l'autre pour en séparer la terre, la moindre lésion les exposant à la pourriture. On doit donc bien se garder d'en retrancher les racines chevelues. Quand les betteraves ont crû dans un sol meuble et léger, le chargement et le déchargement détachent une grande partie de la terre qui tient à ces radicules et, si l'on veut les employer comme fourrage, on peut faire tomber le reste avant de les donner au bétail ; elles seront alors assez propres pour ne lui faire aucun mal. Celles qu'on destine à la fabrication du sucre doivent être nettoyées avec plus de soin avant la manipulation. Si les betteraves ont été cultivées dans un terrain compacte, il est indispensable d'en séparer la terre qui s'y est attachée en grande quantité et qui pourrait nuire à leur conservation en développant leur faculté végétative ; mais ce nettoiement exige beaucoup de précaution.

« On met les betteraves et la fane en tas séparés, et on les enlève du champ. Lorsque le temps est beau et qu'on n'a pas de gelées à craindre, on y laisse les racines pendant quelques jours pour les faire sécher[1]. Si l'on

[1] Les agriculteurs français ont appris, par l'expérience, que les betteraves qui restent exposées au soleil s'échauffent et entrent ensuite en fermentation dans les magasins où on les conserve. C'est pourquoi ils ont pris l'habitude de les couvrir de feuilles pendant les heures les plus chaudes de la journée et de les enlever le matin de bonne heure. (SCHUBARTH, p. 5.)

conserve la moindre inquiétude à l'égard de la gelée ou qu'on éprouve du retard faute de moyens de transport, on en forme des pyramides de 3 pieds de hauteur, que l'on couvre soigneusement avec des feuilles ou de la paille pour les garantir du froid, qui leur est pernicieux aussitôt qu'elles sont hors de terre.

« Quelques agriculteurs font jeter sur la voiture les racines avec leurs feuilles, trouvant plus commode de les séparer et de nettoyer les premières à la maison. Mais alors les feuilles sont malpropres, s'échauffent facilement et deviennent ainsi moins profitables au bétail.

« Si les betteraves ne sont pas assez sèches lorsqu'on les enlève du champ, il faut les décharger d'abord dans un hangar bien aéré et où elles soient suffisamment garanties du froid. Là, on sépare, pour s'en servir de suite, les betteraves meurtries, creuses ou attaquées de la gelée, si on ne l'a pas déjà fait dans le champ. On doit aussi, dans le même but, mettre de côté celles qui sont très-grosses, comme plus sujettes à la pourriture.

§ III. — CONSERVATION DE LA BETTERAVE.

« Il n'est pas facile de conserver longtemps les betteraves sans qu'elles perdent rien de leur qualité. La difficulté ne consiste pas à les garantir du froid et de la lumière, mais à les tenir constamment dans une température telle qu'elles ne puissent ni pourrir ni développer leur force végétative.

« Les caves remplissent assez bien ces conditions quand elles sont sèches et peuvent être convenablement aérées, pourvu qu'on n'y introduise pas les betteraves par une trop grande chaleur. On les y dispose en tas de 6 pieds carrés, en laissant 1 pied et demi de distance entre eux et 2 pieds d'espace libre le long des murs, afin que les renouvellements de l'air remplissent complétement leur but et qu'on puisse aller partout en cas de pourriture. Le sol doit être couvert de sable sec qu'on aura soin de changer tous les ans. Quand la température est au-dessus du point de gelée, on ouvre chaque jour les soupiraux, mais on les ferme pour la nuit.

« Un procédé aussi bon, et même préférable, consiste à entasser les betteraves en plein air et à les couvrir ensuite de paille et de terre. La cave est alors réservée pour celles qu'on veut immédiatement employer. Il est bon que les tas ne soient pas trop gros, afin qu'on puisse, en hiver, par un temps doux, les rentrer successivement, à mesure qu'on en a besoin. Les betteraves se conservent ainsi jusqu'au mois de mai sans rien perdre de leur qualité comme fourrage. Ces tas se font de deux manières différentes, que nous décrirons chacune en particulier, après avoir indiqué ce qui concerne en même temps l'une et l'autre.

« *Indications générales.* — On choisit, dans un jardin ou dans un champ, mais à peu de distance de la maison, un terrain sec, un peu élevé et abrité autant que possible du côté de l'est et du nord. On creuse la surface de

6 à 12 pouces de profondeur, on la bat et on la couvre d'un peu de paille.

« 1. *Dos d'âne.* — On entasse les betteraves avec soin, en forme de dos d'âne, sur une longueur quelconque, une hauteur de 3 à 4 pieds et une largeur de 4 à 6, de manière que les bouts, et non les côtés, soient exposés aux vents froids. On tourne ordinairement les racines en dehors ; cependant, quelques-uns croient qu'il vaut mieux les tourner en dedans. Ensuite on étend sur le tas une couche de 4 à 6 pouces de paille, qu'on fait descendre jusque dans le fossé pour que la terre qu'on doit mettre par-dessus ne touche pas immédiatement les betteraves, et en même temps afin de les garantir des fortes gelées. On fera bien d'employer à cet usage de la paille qui ait été quelque temps devant des moutons, pour qu'elle n'attire pas des souris. On recouvre le tout, en commençant par le bas, de 6 à 12 pouces de terre, en la foulant et en la battant par couches, afin de la rendre imperméable à l'air. Pour que cette couverture soit plus solide, on peut la battre de nouveau après une pluie. Il est bon de ne la monter d'abord qu'à 1 pied de hauteur, afin que les betteraves aient le temps de se débarrasser, par l'évaporation, d'une grande partie des principes qui les rendent si sujettes à s'échauffer. On peut l'achever au bout de deux à trois semaines, en laissant de 3 pieds en 3 pieds, sur la longueur, des ouvertures que l'on bouche avec de la paille et que l'on couvre de fumier long aussitôt qu'on voit commencer les fortes gelées.

« 2. *Cônes.* — On choisit un espace circulaire d'environ 12 pieds de diamètre. On enfonce au milieu, mais de manière à pouvoir l'arracher sans peine, un pieu de 7 pieds, autour duquel on entasse les betteraves, en rétrécissant les couches à mesure que l'on monte ; de sorte que le tas présente enfin la forme d'un cône dont le pieu dépasse un peu le sommet, et qui contient environ 100 quintaux de betteraves. On le couvre ensuite de la manière indiquée ci-dessus, on enlève le pieu avec précaution et l'on bouche l'ouverture avec un tampón de paille qui puisse garantir les betteraves de la gelée sans empêcher l'évaporation.

« Tant que le froid ne dépasse pas 10° Réaumur, les betteraves ainsi entassées n'ont rien à craindre ; mais si les gelées deviennent plus fortes, qu'il n'y ait pas de neige et que le vent du nord ou de l'est souffle avec violence, il est bon de les couvrir d'une couche mince de fumier long et d'en mettre même un peu plus à l'est et au nord, surtout vers le pied. Il faut enlever ce fumier aussitôt que le dégel commence.

« Si la conservation des betteraves est une chose importante dans tous les cas, elle l'est à plus forte raison pour celles qu'on destine à la fabrication du sucre. Il serait trop long de décrire ici les différentes méthodes qu'on a essayées ou qu'on pratique encore, en France et en Bohême, dans le but de garder le plus longtemps possible sans altération les betteraves dont on veut extraire la matière saccharine.

« Nous ne croyons cependant pas devoir passer sous silence un perfectionnement que l'on a apporté, l'année dernière, aux procédés employés en Bohême pour conserver les betteraves hors des maisons, en longs tas de 5 pieds de largeur et de 3 à 4 pieds de hauteur : il consiste en ce que le tas est traversé, dans toute sa longueur, par un tuyau en planches posé sur le sol et coupé de 2 en 2 ou de 3 en 3 toises par de plus courts. Ces tuyaux ont, en dehors du tas, chacun deux orifices en forme de toit qui dépassent la couverture, et qu'il est facile de boucher hermétiquement au besoin. A chacun des points où les tuyaux horizontaux se rencontrent, est placé un tuyau perpendiculaire fait avec de fortes verges d'osier, sortant par le haut, et dont l'ouverture, large d'environ 6 pouces, peut être fermée comme celle des premiers.

« Ces espèces de soupiraux offrent le moyen d'introduire des thermomètres dans l'intérieur des tas, pour en observer la température, et de la maintenir toujours au même degré en les ouvrant ou en les fermant à propos.

« Outre ces avantages, le procédé que nous venons de pécrire devait permettre de couvrir les betteraves immédiatement après la récolte, sans que l'évaporation pût leur nuire, lors même qu'il y aurait de fortes chaleurs à la fin de l'automne, puisqu'on peut boucher les orifices pendant le jour et les ouvrir pendant la nuit. On se promettait même de pouvoir entasser sans inconvénient des betteraves humides et les faire sécher en établissant des courants d'air.

« Nous ne savons pas encore si l'on a obtenu de cette méthode les succès que l'on espérait. Du reste, il faut employer le plus tôt possible les betteraves destinées à la fabrication du sucre, et l'on ne pourrait les garder au delà du mois de mars sans avoir à craindre l'altération de la matière saccharine [1]. »

Il faut remarquer ici, à la suite de ces judicieuses considérations, que la betterave perd, en effet, beaucoup de sa valeur saccharine pendant l'hiver, le sucre *cristallisable* se changeant facilement en un autre sucre qui ne peut cristalliser; mais ce changement ne constitue une perte notable que pour le fabricant de sucre, et non pour le distillateur ; ceci résulte des données que nous exposerons dans le chapitre suivant.

Il y a peu d'agriculteurs qui ne sachent l'emploi utile que l'on fait des *silos* pour la conservation des plantes-racines ; nous allons en dire un mot, mais nous appellerons l'attention sur les principes suivants, qui sont la base de cette conservation :

Règles à suivre. — 1° Ne jamais serrer de racines humides ou meurtries;

2° Maintenir à tout prix dans les tas une température égale, qui peut varier entre $+ 8°$ et $+ 12°$ Réaumur, ou de $+ 10°$ à $+ 15°$ centigrades ;

3° Faciliter l'évaporation des gaz et des vapeurs qui se forment dans les tas, par une circulation méthodique de l'air ;

4° Détruire et livrer aussitôt à la consommation les parties dans lesquelles on remarquerait un commencement de décomposition.

A l'aide de ces règles, la conservation des betteraves et de toutes les racines devient facile.

---

[1] *Société industrielle de Hanovre.*

Nous venons de voir que la Société industrielle de Hanovre indiquait, en somme, la plupart des moyens de conservation utiles, parmi lesquels on peut retrouver tout ce qui se pratique aujourd'hui. Conservation dans les caves ou les celliers, formation de pyramides sur le champ même, entassement en plein air, sous forme de dos d'âne ou de cônes, avec cheminées d'aération, mise en tas allongés, avec soupiraux d'aération, tels sont les principaux procédés qui dérivent des renseignements fournis par les *Mémoires* de cette Société.

La mise en *silos* constitue aussi un excellent moyen de conservation, dont la pratique économise en grande partie les couvertures. Voici la manière de préparer un bon silo, dans lequel on pourra conserver toutes les racines industrielles.

On choisit un emplacement élevé, pour éviter l'infiltration des eaux, et l'on creuse sur cet emplacement un

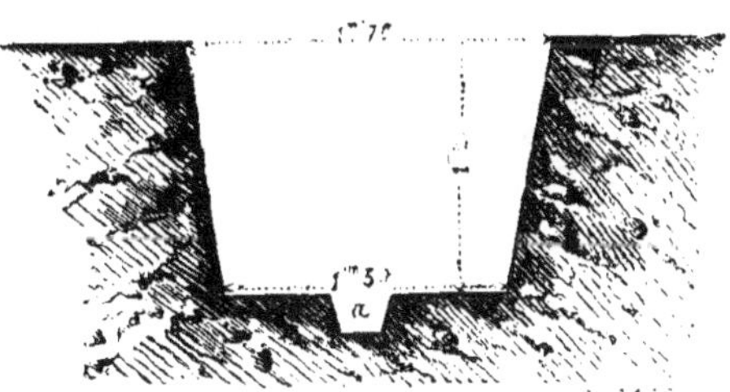

Fig. 1.

fossé de 1ᵐ,50 de largeur moyenne sur 1ᵐ,20 de profondeur, et une longueur arbitraire. La figure 1 ci-dessus donne une coupe transversale de ce fossé. Dans le fond, on pratique un fossé plus petit ou une rigole *a*, qui règne dans toute la longueur, et à laquelle on donne environ 30 centimètres de largeur et de profondeur. Cette rigole sert de carneau d'écoulement pour les gaz et pour les eaux qui pourraient pénétrer accidentellement dans le silo. On la remplit de fascines, dont on dispose également une couche de 10 centimètres sur le fond même du silo.

Cela fait, on dispose les betteraves dans le silo, avec le plus de régularité possible, en plaçant les plus grosses en dessous : on a soin de dresser à chaque extrémité, et de 2 mètres en 2 mètres, une fascine verticale, qui repose sur la fascine de la rigole *a* et s'élève jusqu'au sommet du tas. Ces fascines sont destinées à servir de cheminée d'aération. Lorsque les racines sont placées

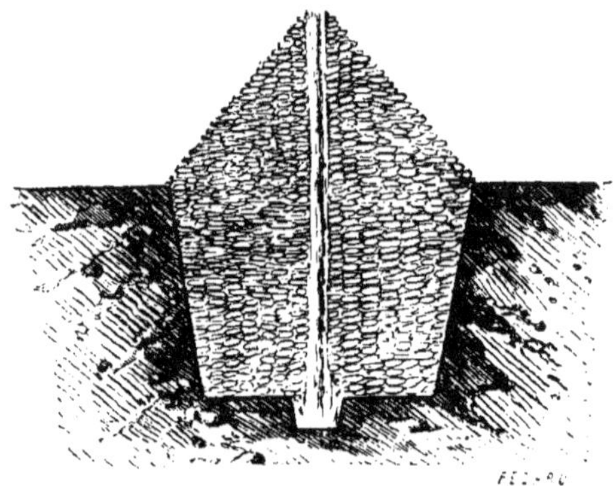

Fig. 2.

jusqu'au niveau du sol, on continue le tas au-dessus de ce niveau, mais en le disposant en forme de toit incliné à 45° ou 50°, comme l'indique la figure 2. Cette figure fait également apercevoir la disposition d'une fascine verticale servant de cheminée d'aération.

Lorsque les choses sont ainsi disposées, on recouvre la partie hors de terre, formant toit, à l'aide de 30 centimètres de terre que l'on bat fortement avec le dos de la pelle en commençant par le bas. On établit alors de chaque côté une rigole parallèle au silo et qui est destinée à l'écoulement des eaux, en sorte que la coupe dé-

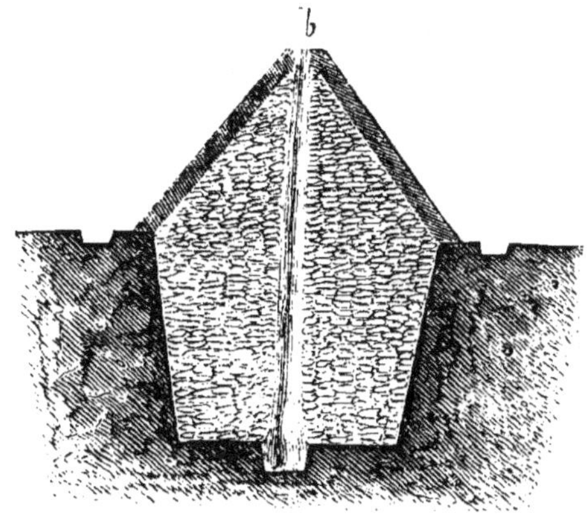

Fig. 3.

finitive peut être parfaitement représentée par la figure 3. Un orifice *b* reste découvert au-dessus de chaque cheminée d'aération. Ces orifices, ainsi que les deux extrémités de la rigole *a* correspondant aux cheminées extrêmes d'aération, sont bouchés, pendant les froids, à l'aide d'un tampon de paille, appliqué avec soin ; mais on a soin d'enlever ces bouchons toutes les fois que le temps le permet.

Ce mode de conservation est peut-être le plus convenable, et il serait le plus parfait si l'on avait soin d'interposer entre les betteraves du poussier de charbon de

4.

bois, comme nous l'avons conseillé depuis bien des années.

On commence à prendre les betteraves par l'extrémité la plus déclive et l'on a soin de recouvrir la brèche avec une couche épaisse de paille lorsque l'on a des froids à redouter.

Certains fabricants de sucre ou d'alcool se contentent de disposer leurs racines en tas quadrilatères plus ou moins considérables et de les placer directement sur le sol. Il est clair que, si les betteraves des côtés sont bien disposées en murailles, si le sol est sec et offre une pente suffisante, si l'on a pratiqué des rigoles d'assainissement, si l'on a disposé des cheminées d'aération en nombre suffisant, si l'on a constamment à sa disposition les pailles nécessaires et des bras nombreux pour abriter en peu d'instants une masse considérable, cette méthode, vantée par M. A. Payen, offrira un certain mérite d'économie. Nous ne croyons pas cependant à sa valeur pratique, et voici la raison que nous apportons de notre opinion, après avoir vu de nos yeux, en fabrique, autrement que dans les salles du Conservatoire. Moins on demande de précautions à la pratique ordinaire et moins elle en prend. Il n'appartient guère qu'aux exceptions, aux industriels hors ligne, de prêter une attention suffisante aux circonstances de détail, et nous avons vu les effets les plus déplorables de cette mise en tas insouciante. Ainsi, pour n'en citer qu'un exemple, dans une fabrique du département de Seine-et-Oise, dirigée par un homme d'intelligence ordinaire, nous avons pu constater, pendant la campagne de 1865-1866, que debetteraves ainsi conservées étaient profondément altérées dès le commencement de décembre.

On avait placé un énorme tas de racines dans un coin de la cour, sur un terrain peu perméable, sans assainissement préparatoire, avec une couverture insuffisante ; l'emplacement de la fabrique présentait par lui-même cette mauvaise condition, qu'elle est située au pied d'un monticule et sur un sol argileux et mouillasse ; aussi les tas de betteraves avaient-ils *le pied dans l'eau*, et l'on faisait d'exécrable besogne.

Peut-être pourra-t-on répondre que l'incurie de notre fabricant est exceptionnelle et que c'est là un fait très-rare ; mais, malheureusement, cette réponse est sans valeur en présence des faits. Nous dirons donc aux cultivateurs que, en matière de conservation, deux précautions valent mieux qu'une et trois mieux que deux ; qu'il faut se méfier autant de certaines simplifications apparentes que de certaines complications ; enfin, que toute méthode de conservation est bonne quand elle met rigoureusement en pratique les précautions exigées par les principes exposés précédemment. La conservation en silos ou sous hangars nous paraît donc être la plus certaine ; mais les silos sont moins dispendieux.

Parmi les divers procédés de conservation, il en est encore un sur lequel nous désirons appeler l'attention des agriculteurs : nous voulons parler de celui qui a pour base la division des racines en cossettes et la dessiccation de ces cossettes. Ce procédé, prôné en Allemagne sous le nom de procédé Schutzembach, a été expérimenté en

France et l'industrie l'a jugé sous des points de vue très-divers.

Il est évident qu'il ne peut y avoir ici qu'une question de main-d'œuvre et de combustible à étudier pied à pied. Or, on évalue à 5 francs environ la dépense occasionnée par la dessiccation de 1 000 kilogrammes de betteraves. C'est donc une augmentation de 5 francs par 1 000 kilogrammes qu'il s'agit de faire subir au prix de revient de la matière première, après quoi il ne sera pas difficile, au moins en apparence, de décider si les avantages de la méthode compensent cette dépense excédante. Nous disons que la solution de la question sera facile *en apparence*, parce que ce chiffre de 5 francs, applicable aux frais de dessiccation, main-d'œuvre et combustible, nous semble de nature fort peu constante. Quoi qu'il en soit, cette méthode procurerait certainement une conservation très-convenable des racines; elle permettrait de les traiter pendant toute l'année et de pouvoir diriger à son gré la nourriture et l'entretien du bétail. Ces avantages fort importants doivent peser d'un grand poids dans la balance partout où le bas prix de la main-d'œuvre et du combustible rend possible l'application de ce procédé. Il n'y a qu'une seule règle qui doive intéresser l'agriculteur à cet égard, et elle consiste à tout subordonner, dans les industries annexes, à l'entretien économique et facile du bétail et à sa multiplication.

Le bétail produit l'engrais, l'engrais produit les récoltes abondantes, et jamais on ne doit perdre de vue ce point fondamental de toute question agricole. C'est donc à nourrir le bétail et à le multiplier que doit s'appliquer avant tout le véritable cultivateur : car si, par le bétail, il fabrique le fumier, s'il multiplie par là même ses récoltes en tout genre, il crée encore, par le même instrument, le lait, le beurre, la laine, la viande, et l'argent comme conséquence infaillible.

§ IV. — ASSOLEMENT.

Nous n'avons plus qu'un mot à dire sur la place que doit occuper la betterave dans l'assolement, afin de finir ce long chapitre, destiné à tenir lieu d'un traité spécial sur notre plante. Nous aborderons ensuite la question de la production de l'alcool, après avoir toutefois initié ceux de nos lecteurs qui n'ont pu s'occuper de ces questions à la théorie et aux principes de l'alcoolisation en général, qui formera le sujet de notre second chapitre.

La seule règle que nous puissions considérer comme utile dans la pratique de l'assolement de la betterave est dictée par l'expérience ; la voici :

Ne placez jamais vos betteraves sur un sol fraîchement fumé, ou contenant des racines non encore décomposées.

La conséquence pratique de cette règle est que la place de la betterave n'est ni après un trèfle ni une luzerne, ou même un sainfoin ; mais elle succède bien à une avoine de défrichement ou à une récolte fumée, quelle qu'elle soit. Nous ne pouvons que blâmer l'assolement triennal, dans lequel il est indispensable de placer la betterave sur du fumier nouveau, et, comme nous l'avons indiqué précédemment, cette fumure nouvelle est nuisible aux qualités saccharines de la betterave, lorsqu'elle est destinée à la sucrerie. L'inconvénient est loin d'être le même lorsque la betterave est cultivée pour l'alcoolisation, car, dans ce cas, la fumure sera plutôt avantageuse que nuisible, pourvu que, d'ailleurs, on prenne, dans le traitement, toutes les précautions convenables pour éviter les dégénérescences.

De ce que M. Payen conseille l'assolement quinquennal de la betterave, il ne faut pas, comme nous l'avons dit précédemment, tirer de conclusion absolue. En effet, on a vu la betterave donner des produits avantageux dans le même sol pendant dix et même douze années successives. Le point capital est de consulter sa terre, de la tenir en bonne culture, bien amendée, fécondée par des engrais convenables et, à ce sujet, nous renvoyons le lecteur à notre dernier chapitre, pour la composition d'un excitant de la plus grande énergie, qui peut être appliqué à la betterave.

Il est, du reste, assez difficile de se prononcer en matière d'assolement, si l'on n'a pas sous les yeux les circonstances déterminantes particulières. On se heurte parfois contre des obstacles insurmontables qu'il est souvent à peu près impossible de tourner ou de franchir. Nous nous contentons donc de donner quelques exemples d'assolements, parmi lesquels le lecteur pourra choisir, ou qu'il pourra modifier au gré des circonstances. Faisons remarquer seulement l'absolue nécessité de faire intervenir, dans un assolement moyen, les *céréales*, les *prairies artificielles*, les *racines fourragères* et les *plantes industrielles* proprement dites ; ajoutons que l'entretien du sol exige au moins une forte fumure de 50 000 kilogrammes par hectare en quatre ans, soit 12 500 kilogrammes par an, et que l'on doit toujours faire remplacer une plante donnée par une culture dont les exigences et les besoins soient différents.

1re année : Blé, sur trèfle retourné, avec demi-fumure.
2e   —   Betterave, non fumée.
3e   —   Avoine ou orge, avec trèfle.
4e   —   Trèfle, à retourner à l'automne.

1re année : Blé, sur betterave.
2e   —   Fourrage printanier, trèfle incarnat, etc.
3e   —   Colza, ou autre oléagineuse, avec forte fumure.
4e   —   Betterave.

1re année : Seigle d'hiver.
2e   —   Féveroles, fortement fumées.
3e   —   Avoine avec trèfle.
4e   —   Trèfle.
5e   —   Blé sur trèfle, avec demi-fumure.
6e   —   Betterave, non fumée.

Nous pourrions, sans doute, multiplier ces exemples, et faire voir que, dans toutes les conditions agricoles où le sol admet la betterave, un assolement régulier peut toujours être mis en pratique ; mais nous croyons d'autant plus utile de nous borner à ce qui précède, que nous ne nous adressons pas aux agriculteurs de théorie, mais aux hommes de la terre, aux praticiens, qui se rendent un compte exact de ce qu'ils peuvent demander à

leur sol. Pour ceux-ci, des principes bien posés et nettement démontrés sont largement suffisants pour qu'ils en
appliquent les conséquences, tandis qu'aux autres, des
volumes entiers ne pourraient inculquer des notions qui
demandent surtout l'appui de l'observation.

Si l'on en juge par ce que disent les vendeurs de betteraves, les agriculteurs et les fermiers qui font de la
betterave pour la céder aux fabriques de sucre et aux
distilleries, le prix de revient de cette racine doit être fort
élevé, et ils ne sont pas loin de proclamer qu'ils sont en
perte lorsqu'ils ne la vendent pas à un prix impossible.
Nous allons chercher à faire la part de l'exagération et à
nous rendre compte du prix de revient *réel* des 1 000 kilogrammes de betteraves, afin de pouvoir apprécier plus
loin les questions qui en dépendent.

§ V. — FRAIS. — PRIX DE REVIENT.

Tableau des frais de culture d'un hectare de betteraves
semées en place, d'après M. de Dombasle.

Loyer de la terre..................	60 fr.	» c.
Frais généraux, intérêt du capital, entretien des instruments, dépenses de ménage, etc., évalués par hectare à.............	60	»
Deux labours à 15 francs............	30	»
Deux hersages à 5 francs...........	6	».
Fumier, vingt-cinq voitures à 5 francs, dont la moitié à la charge des betteraves........	62	50
Semence, 5 kilogrammes à 2 francs........	10	»
Rayonnage et semaille au semoir.........	5	»

A reporter. ..... 251 fr. 50 c.

Report	251 fr.	50 c.
Premier sarclage à la main, trente jours de femme à 75 centimes.	22	50
Deuxième sarclage et éclaircissement du plant, vingt jours de femme.	15	»
Deux binages à la houe à cheval.	4	»
Arrachage et nettoyage, en tout.	34	25
Transport.	9	»
Emmagasinage, etc.	8	»
	524 fr.	**25 c.**

M. de Dombasle n'admettant que 20 000 kilogrammes de rendement, le prix du mille se trouve être fixé à 16 fr. 21 c. Mais, les fabricants de sucre et d'alcool ne payant guère que ce prix, le cultivateur n'aurait rien à gagner. Or, il est admis aujourd'hui par la pratique qu'un hectare de betteraves contenant 80 000 plants de betterave au minimum et 100 000 au maximum, en supposant 40 centimètres entre les rayons et les plants écartés à 25 centimètres, chaque betterave donne un poids moyen en racines de 750 grammes environ. Ce résultat théorique conduit à un produit de 60 à 75 000 kil. par hectare, ce qui triple la valeur du rendement et divise par trois le prix de revient, qui serait alors de 5 fr. 45 c. pour 1 000 kilogrammes. Sans admettre cette base, qui n'offre cependant rien d'impossible, nous pouvons dire que, dans la plupart de nos provinces agricoles, les frais sont à peine égaux à ceux que M. de Dombasle admet et que le rendement est de 40 000 kilogrammes au moins par hectare en moyenne, ce qui donne pour valeur de revient des 1 000 kil. $\frac{16,21}{2} = 8$ fr. 10 c.

M. J. Garola a donné le compte de dépenses suivant pour la culture d'un hectare de betteraves sur la ferme d'Echénay, près Joinville (Haute-Marne) :

Loyers et impôts.	56 à 40 fr.
Labours et hersages.	54 à 60 »
Engrais.	105 à 125 »
Graine	4 à 5 »
Ensemencement.	3 à 4 »
Sarclages et binages.	75 à 80 »
Arrachement, transport et mise en silo.	56 à 50 »
Ensemble.	315 à 364 fr.

La moyenne entre ces deux chiffres est de 338 fr. 50, et il conviendrait d'ajouter à ce chiffre une somme égale à celle que M. de Dombasle attribue aux frais généraux, soit 60 fr., ce qui porterait les dépenses à 398 fr. 50. Or, avec le produit de 40 000 kilogrammes par hectare, ce chiffre conduit à 9 fr. 96 pour la valeur de revient de 1 000 kilogrammes de racines.

M. Payen n'a pas donné de prix de revient, dans son livre sur la distillation; mais nous trouvons, dans un autre ouvrage de cet auteur, un compte de fabrication sucrière, dans lequel il n'évalue le prix de vente des betteraves à la sucrerie qu'à 13 francs les 1 000 kilogrammes.

Des documents fort nombreux que nous avons consultés et par la comparaison des diverses valeurs attribuables au loyer du sol, à la main-d'œuvre, à la fumure, etc., nous avons pu déduire comme conséquence pratique que, à moins d'un désastre agricole, on ne saurait établir le prix de revient des 1 000 kilogrammes de betteraves, en bonnes conditions ordinaires, au-dessus de 8 francs.

C'est à ce chiffre normal, moyen, que nous rapporterons les différentes appréciations que nous aurons à faire sur la question des frais et bénéfices de l'agriculteur qui alcoolise ses propres betteraves.

Quant à l'industriel qui achète les racines, il ne peut compter évidemment sur une position aussi avantageuse : on a payé les betteraves jusqu'à 32 francs en 1854 et, en 1866-67, beaucoup de fabriques ont fait des marchés à 16 francs les 1 000 kilogrammes. L'alcoolisateur de betteraves achetées ne peut donc abaisser son prix que par la vente des pulpes ou leur utilisation directe à l'engraissement du bétail.

CHAPITRE II.

Dans le chapitre qui précède, nous avons réuni les notions d'agronomie, nous avons traité l'agriculture de la betterave : dans celui-ci, nous laissons de côté le travail de la ferme, pour ne plus considérer que l'alcoolisation, la transformation chimique de la matière sucrée renfermée dans la betterave.

Les principes sur lesquels repose la production de l'alcool sont du plus haut intérêt pour le fermier et le distillateur et nous allons les exposer, en n'omettant rien d'important, car ils sont à nos yeux la base fondamentale d'une méthode applicable, d'une pratique judicieuse.

Les *substances sucrées* sont la matière première de toute production de l'*alcool ;* mais leur transformation ne peut avoir lieu sans ce qu'on appelle *fermentation.* Voilà le premier degré d'une série de termes que nous allons successivement développer. Une seconde question très-importante, que nous devons nous contenter d'effleurer, repose sur cette seconde proposition que les matières non sucrées, qui ne peuvent se changer directement en alcool, deviennent aptes à subir cette modification lorsqu'on les a préalablement transformées en sucre, lorsqu'on leur a fait subir la saccharification. Les matières féculentes sont sous la dépendance de cette réaction préparatoire, ainsi que plusieurs autres substances végétales du même groupe et dont nous n'avons pas à nous occuper dans ce livre, spécialement consacré à l'étude de la betterave.

Si pourtant nous jetons un coup d'œil sur l'ensemble des corps sucrés ou saccharifiables, nous pourrons acquérir en quelques instants, par la réflexion et l'observation, les connaissances générales qui nous sont le plus indispensables. Rien n'est plus propre à étonner l'esprit des vrais observateurs que l'extrême simplicité des faits naturels, qu'il suffit de regarder avec les yeux du bon sens et de la raison, lorsque l'on veut en comprendre l'immense portée et les innombrables conséquences.

C'est, en effet, un objet digne d'admiration que cette simplicité des actes naturels, même de ceux qui nous semblent les plus compliqués : addition ou retranchement de certains principes, transformation de quelques autres, tels sont les grands moyens chimiques de la nature.

Voyons, en effet, ce qui se passe dans le cas dont nous voulons parler : voilà de l'*eau* et du *charbon* passés à l'état d'acide carbonique ; ces éléments se groupent en diverses proportions, se combinent de manière à ne plus présenter que telles ou telles formes, que telles ou telles quantités d'*eau* et de *charbon* ou *carbone*, et avec eux, il se forme dans la plante une foule de corps ou principes immédiats dont nous citerons les principaux :

CELLULOSE, ou tissu végétal proprement dit.

MATIÈRE *amylacée*, *fécule* ou *amidon*,
INULINE, fécule particulière de l'*Aunée*,
LICHÉNINE, ou gelée des lichens,
GOMMES arabique et de pays,
SUCRE de canne et de betterave, cristallisable,
SUCRE non cristallisable des fruits acides,
SUCRE de raisin, etc.

Les *huit* principes immédiats que nous venons de nommer ont une composition frappante d'analogie, car ils ne différent que par la proportion d'*eau* qui s'y trouve combinée ; la *Cellulose*, la *Fécule*, l'*Inuline*, la *Lichénine* et les *Gommes* sont identiques sous le rapport de leurs éléments proportionnels, qui sont : *douze proportions de Carbone et dix proportions d'Eau.*

Rien n'égale la facilité avec laquelle, dans la vie végétale, les éléments perdent ou acquièrent de l'eau : ainsi, admettons *une seule proportion d'eau* venant se combiner avec l'un des *cinq corps* qui viennent d'être désignés, et nous aurons un corps nouveau, le *sucre de canne cristallisable; une autre proportion de plus* nous donnera le *sucre des fruits acides incristallisable;* enfin, *deux nouvelles proportions d'eau* et nous avons le *sucre de raisin.* De l'eau et du charbon, quoi de plus simple et de plus fécond en résultats !

On donne à cette série de corps formés par la nature à l'aide du charbon et de l'eau, le nom de corps *hydrocarbonés.* Il en existe bien d'autres que les huit que nous avons mentionnés ; la plupart sont susceptibles des plus curieuses transformations par le retranchement de l'un ou de l'autre de leurs éléments ; mais nous ne nous arrêterons pas à cette étude, qui sort un peu de notre objet.

Les huit corps cités plus haut peuvent produire de l'*alcool* par une transformation nouvelle qui se fait à l'aide d'un *ferment* ou *levain;* mais, au préalable, il est bon d'insister sur ce point capital, que l'alcoolisation à l'aide de la fermentation ne se peut faire que sur le *sucre de fruits* et le *sucre de raisin*, encore appelé *glucose*, en sorte que les autres corps ne seront alcoolisables qu'après avoir été changés en sucre fermentescible.

D'après ce qui vient d'être dit tout à l'heure, on conçoit la nécessité et la possibilité de transformer les *fécules*, les *gommes* et le *sucre ordinaire* en *glucose* si l'on veut obtenir de l'*alcool;* cette transformation s'exécute tous les jours dans le tissu même des plantes, et la chimie nous donne facilement les moyens de l'opérer nous-mêmes, dans des conditions similaires.

Si l'on met les *fécules* en contact avec l'orge germée (contenant un principe transformateur appelé *diastase*) dans de l'eau chauffée entre + 65° et + 75°, pendant un certain temps, toute la *matière employée* est changée en *glucose* ou *sucre fermentescible*.

Le résultat est le même si l'on fait *bouillir* la fécule, etc., dans de l'eau contenant 2 à 3 pour 100 d'acide sulfurique, que l'on détruit ensuite à l'aide de la craie en poudre ou d'un lait de chaux.

L'action des acides très-étendus d'eau sur les fécules a donc pour résultat de les changer en *glucose* ou sucre *fermentescible*, c'est-à-dire susceptible d'éprouver un nouveau changement par ce qu'on appelle fermentation.

Fermentation. — La fermentation consiste, pour l'alcoolisateur, dans le dédoublement du sucre en alcool et acide carbonique, dédoublement qui ne se produit que sous l'influence d'un corps particulier, d'un ferment, dont la levûre de bière est le type.

Mais comme, dans la plupart des circonstances, ce premier dédoublement est suivi de la transformation de l'alcool en acide acétique, puis de la putréfaction de la masse, on distingue trois espèces de fermentations, ou plutôt trois phases de la fermentation, auxquelles on a donné les noms de *fermentation vineuse ou alcoolique*, *fermentation acéteuse ou de vinaigre*, et *fermentation putride*.

La fermentation vineuse ne peut avoir lieu que sur le sucre de fruits ou de raisin, ou fermentescible ; elle est la conséquence d'une simple transformation ou plutôt d'un dédoublement : en effet, le sucre, composé de douze proportions d'eau et d'autant de carbone, se décompose sous l'influence du ferment en quatre proportions d'acide carbonique et deux proportions d'alcool, dont la valeur est absolument identique. Si la fermentation se prolonge, l'alcool, formé de quatre proportions de carbone, deux proportions d'eau et quatre d'hydrogène, se modifie à son tour et devient de l'acide acétique ou vinaigre radical. Ces deux fermentations se succèdent toujours, pourvu que l'on prolonge les causes de transformation, c'est-à-dire l'action d'un levain et une chaleur suffisante en présence de l'eau.

Si la fermentation putride se produit à la suite des deux autres, ou même de prime abord, la décomposition complète du corps hydrocarboné a lieu, et il se forme des produits de nature diverse.

De ce que nous venons de dire, on peut déduire les conclusions suivantes :

1° Les fécules et le sucre ordinaire deviennent fermentescibles par l'action d'un acide faible.

2° Le sucre fermentescible éprouve la fermentation vineuse ou alcoolique, quand on le met en présence d'un ferment et de l'eau.

3° Si l'on prolonge la fermentation, l'alcool se change en acide acétique et il se produit du vinaigre en présence de l'eau.

4° Si la fermentation est encore prolongée, elle passe à la putridité ou pourriture, et il y a décomposition complète.

La plupart des corps hydrocarbonés, féculents ou sucrés, sont plus ou moins mélangés de principes albuminoïdes, qui font la fonction des levains et déterminent facilement la fermentation [1] ; mais on emploie généralement 2 ou 3 pour 100 de levûre de bière que l'on mélange avec la solution sucrée. Si l'on a élevé la température entre $+20°$ et $+30°$, on aperçoit promptement le dégagement du gaz acide carbonique, lequel s'échappe

---

[1] Il résulte de cette proposition, qui ne nous appartient pas plus qu'à beaucoup d'autres, une conséquence facile à déduire et dont l'application doit se faire dans le chapitre suivant, à propos d'une *idée* de M. Dubrunfaut ; c'est qu'on peut se passer de levûre de bière pour obtenir la fermentation. M. Dubrunfaut est loin d'être l'auteur de cette idée ; il a seulement le mérite incontestable de l'avoir appliquée, ainsi que plusieurs autres, à un procédé industriel. Il est bon de constater la *vérité absolue* partout où on la rencontre.　N. B.

sous forme de bulles nombreuses ; la cessation de ce dégagement du gaz annonce la fin de la fermentation alcoolique. Ici nous appellerons l'attention du lecteur sur
une observation de la plus haute importance. Si l'on prolonge la fermentation, une partie de l'alcool éprouve la
fermentation *acéteuse*, et l'on fait une perte irréparable.
D'autre part, si la fermentation n'est pas complète, tout
le sucre n'est pas transformé en alcool, et on n'en retire
pas la quantité indiquée par la théorie ; mais, dans cette
circonstance, le liquide encore sucré pouvant servir à
une nouvelle opération après la distillation de l'alcool
produit, l'inconvénient est moindre, sinon complètement nul. Nous reviendrons plus loin sur la conséquence
pratique de ceci.

Le sucre se transforme en alcool dans des proportions
telles que 100 parties en poids de sucre de fruits ou fermentescible donnent 51,12 d'alcool et 48,88 d'acide carbonique.

§ I. — DU FERMENT.

En prenant pour type du ferment la levûre de bière,
nous pouvons, par une étude très-sommaire, acquérir les
notions suffisantes pour diriger l'action de ce corps remarquable sur les matières sucrés alcoolisables.

La levûre de bière est formée de petites ves-
sies ou vésicules de forme sphéroïdale ou ovoïde
(fig. 4), dont le diamètre est de 2 millièmes de millimètre

environ. Ces vésicules, creuses à l'intérieur, et dont les parois sont formées par une membrane perméable aux liquides, doivent être regardées comme de véritables corps vivants, et la transformation qu'elles font subir au sucre n'est rien que le résultat d'une véritable digestion. Pour bien comprendre ce fait capital, nous allons supposer que nous plaçons une de ces cellules dans une liqueur sucrée renfermant de l'albumine, c'est-à-dire la substance nutritive alimentaire nécessaire à l'accroissement des cellules, dont les parois sont de nature albuminoïde. Cette cellule commence par absorber le liquide qui pénètre dans l'intérieur. Aussitôt, le sucre se trouve soumis à une réaction de simplification qui le décompose en alcool et acide carbonique ; l'albumine absorbée sert à l'accroissement du tissu des parois, et bientôt on voit apparaître, en un point donné, une petite hernie ou un gonflement, dont la figure 5 donne l'idée.

Fig. 5.

A mesure que l'action se continue, que de nouvelle matière alimentaire est absorbée, cette hernie se développe au point de présenter en très-peu de temps la forme indiquée par la figure 6, et il ne reste plus entre la cellule-mère et la cavité herniaire qu'une sorte de canal rétréci, un étranglement qui finit par s'oblitérer, en raison de l'adhérence contractée par les parois intérieures qui finissent par se souder, en sorte que la seconde cellule ne tient plus à la première que par accolement ou juxtaposition (fig. 7), et qu'elle peut même s'en séparer. Si l'on continue à mettre de la matière alimen-

Fig. 6.

Fig. 7.

taire à la disposition de ce corps, la cellule-mère et la nouvelle cellule reproduisent de nouvelles hernies et de nouvelles cellules, au point de finir par former une grappe de plusieurs individus, qui restent accolés (fig. 8) ou se séparent les uns des autres.

Fig. 8.

L'observation de cette multiplication du ferment en présence d'une matière alimentaire albuminoïde nous conduit à diverses conséquences, savoir, que le ferment *naît*, qu'il *s'accroît* et se *reproduit*, en sorte que ce petit corps remplit toutes les fonctions vitales les plus importantes. Il *meurt* également, car, outre qu'il se décompose dans un grand nombre de circonstances, nous pouvons le rendre malade, le tuer, l'empoisonner, à l'aide d'une foule de substances délétères, qui agissent également sur des êtres plus élevés dans l'échelle de la vie.

Nous en conclurons que la *digestion alcoolique* du ferment doit être régulière lorsque le ferment est sain et bien portant, lorsque les substances mises en contact avec lui ne peuvent lui être nuisibles ; il n'en sera plus de même lorsqu'il sera malade, lorsque les matières en contact paralyseront son action physiologique. Ceci nous expliquera facilement comment il se fait que la fermentation ne suit pas toujours une marche régulière et comment les produits qui en dérivent sont parfois si différents.

En ce qui touche la décomposition du sucre qui s'opère dans les cellules, notre opinion, corroborée par une longue expérience et des faits très-nombreux, est que cette décomposition est sous la dépendance de l'électricité développée par les parois des cellules. Nous ne perdrons pas notre temps à faire valoir ici les considérations qui rendent cette opinion irréfutable et nous nous bornerons à l'exposé des faits pratiques qui dépendent de ce que nous venons d'indiquer sommairement.

Le ferment peut transformer 50 fois son poids de sucre en alcool et acide carbonique.

La fermentation exige le concours de l'eau, de l'air et d'une température moyenne de + 20° à + 25° centigrades.

Le ferment redoute les matières alcalines, la potasse, la soude, la chaux, etc., surtout en présence des matières grasses. Son activité en est tellement amoindrie, que la transformation du sucre en alcool ne s'opère plus que très-imparfaitement dans cette circonstance et qu'il se forme des produits divers, de la matière glaireuse, des acides lactique ou butyrique, etc., qui constituent une perte sèche pour le distillateur.

Lorsque la température est supérieure à + 25°, il y a tendance à la production de l'acide acétique, en proportion d'autant plus considérable, que la température se rapproche plus de + 35° à + 40°.

Une petite dose d'acide, 0,5 à 1 pour 100 du sucre. favorise l'action du ferment, mais une dose plus considérable lui est nuisible [1].

---

[1] Nous renvoyons ceux de nos lecteurs qui désireraient approfondir ces questions à l'ouvrage complet que nous avons publié sous le titre de *Guide pratique du fabricant d'alcools et du distillateur* ; ils y trouveront les détails nécessaires à l'intelligence de toutes les questions relatives à l'étude des alcools.

Lorsque l'on introduit du ferment dans une liqueur sucrée, à une température suffisante, le liquide ne tarde pas à se troubler ; il s'établit un mouvement violent dans la masse, et une mousse plus ou moins considérable monte à la surface. C'est à cette mousse que l'on donne le nom de *chapeau*. Le liquide prend l'odeur vineuse, en même temps qu'il se dégage une quantité considérable d'acide carbonique. Lorsque tout le sucre est détruit, la liqueur a perdu sa densité, le dégagement d'acide carbonique cesse, le chapeau s'affaisse et la liqueur se clarifie. Une allume de papier cesse de s'éteindre à la surface, comme cela avait lieu pendant le travail, lorsque l'acide carbonique se dégageait en abondance. La fermentation est alors terminée et il ne s'agit plus que de distiller, c'est-à-dire d'extraire l'alcool formé, lequel est resté en dissolution dans la liqueur.

Nous avons déjà dit quelle est notre opinion sur la cause de l'action du ferment ; les systèmes et les théories n'expliquent pas encore cette action d'une manière satisfaisante ; ces choses d'observation sont, en effet, beaucoup trop simples pour messieurs les savants, qui ne peuvent se faire à l'idée que la nature soit moins complexe, moins embrouillée et moins enchevêtrée que leurs propres conceptions.

Dans les faits de la fermentation du sucre, nous remarquerons que le ferment supérieur ou *chapeau* qui se forme à la surface du liquide en fermentation est de nouvelle formation, tandis que celui qui se précipite au fond du vase est *usé* et n'a plus d'action utilisable. Il en résulte la nécessité de nettoyer avec soin le fond des cuves à fermentation ; c'est ce que nous établirons en exposant la méthode de M. Champonnois pour l'alcoolisation des betteraves.

Nous trouvons dans un ouvrage de Virey quelques observations fort justes ; les voici :

« La présence de l'air n'est pas indispensable pour cette fermentation (l'alcoolique), et il ne s'absorbe point d'oxygène. Il est au contraire avantageux d'empêcher l'accès de l'air dans les fermentations vineuses, car il tend à les faire passer à l'acétification. C'est pourquoi l'on recouvre ou l'on ferme les cuves ; par ce même procédé, l'on perd moins d'alcool, dont une portion se dissiperait toujours avec le gaz acide carbonique émané de cette fermentation. Ce fait est constaté.

« La fermentation vineuse a besoin de sucre et de ferment, non pas toujours d'air atmosphérique ou d'oxygène.

« Du moût de raisin, conservé une année entière par le procédé d'Appert, entre en fermentation lorsqu'on le transvase à l'air, et on fait ainsi des vins mousseux. Il faut donc la présence du gaz oxygène ; cela est prouvé par l'expérience, comme aussi pour les autres substances fermentescibles.

« Si le procédé d'Appert empêche la fermentation, c'est que les bouteilles qui contiennent ces substances n'ont plus d'oxygène dans l'intérieur, et que le peu qui y était a été absorbé.

« Au contraire, le sucre et la levûre de bière fermentent sans besoin de gaz oxygène.

« Le moût obtenu sans contact de l'air, et qui ne fermenterait pas ainsi, fermente en y faisant plonger les deux fils d'une pile galvanique. C'est aussi pourquoi le bouillon, le lait, se coagulent et entrent spontanément en accescence par l'état électrique de l'atmosphère.

« Les ferments sont variables selon la nature diverse des matières fermentescibles. Le moût sans contact de l'air ne fermente pas, mais il fermente à l'air de $+15$ à $+30°$. Dans le gaz oxygène, la fermentation s'opère bien, mais le moût ne fermente pas dans l'hydrogène. Du moût bouilli ne fermente plus, car le ferment est alors coagulé.

« Le gaz oxygène est donc nécessaire pour exciter la fermentation, mais non pour être absorbé, puisque le produit d'acide carbonique est bien plus considérable que l'oxygène absorbé. Des matières animales très-putrescibles à l'air, renfermées dans un vase clos et chauffées à l'eau bouillante (méthode d'Appert), ne se putréfient pas, car l'oxygène du vase est absorbé; il reste le gaz azote pur. Si l'on débouche le vase, la putréfaction peut se rétablir. »

Nous devons ajouter que la production de l'alcool se continue dans les vases clos et fermés après qu'elle a été commencée à l'air; mais que la privation d'air ne permet pas la transformation de l'alcool en acide acétique. Continuons cependant notre citation :

« Le *ferment* se trouve dans la levûre de bière, dans le gluten de l'orge et des graines céréales, ou dans le raisin et tous les fruits sucrés, mais renfermé entre les membranes qui forment des cellules contenant le suc de ces fruits, selon l'observation de Fabroni : de là vient que ceux-ci ne peuvent pas fermenter si leurs cellules ne sont pas brisées. Il est nécessaire à toute fermentation alcoolique, et le sucre ne se décompose qu'à proportion de ce principe; mais le ferment n'est pas de nature identique dans toutes les substances, et celui du raisin est autre que celui de la bière, comme le pense M. Gay-Lussac; car s'il faut la présence de l'air pour la fermentation du moût de raisin et autres sucs de fruits, elle n'est pas nécessaire pour le sucre et la bière. L'acide sulfureux mute le ferment ou arrête son action, soit en se combinant à lui, soit en lui enlevant de l'oxygène.

« L'état électrique de l'atmosphère, ou l'électricité artificielle et galvanique, excite la fermentation dans les liquides sucrés, même sans la présence de l'oxygène. De là vient aussi l'acescence du bouillon, la coagulation du lait par l'électrité atmosphérique. La manne ne passe pas à la fermentation spiritueuse. Selon Proust, le gluten ou ferment cède de son azote, qui se dégage aussi dans la fermentation. A mesure que le ferment est privé d'une portion de ce principe, il devient insoluble, se précipite en lie, est incapable d'opérer alors la décomposition du sucre. Divisé par le tartre, le ferment n'en paraît que plus propre à opérer la conversion du sucre en alcool, la chaleur le concrète, c'est pourquoi le raisiné ou moût de raisin concentré au feu ne peut plus fermenter de lui-même. Le gluten de froment, la partie concrescible de plusieurs sucs de plantes, sont de vrais ferments; on en trouve même dans la fleur de sureau. Plusieurs expériences semblent constater que l'alcool ne peut pas être transformé en vinaigre, même avec diverses matières fermentescibles, telles que la gélatine animale ou la végétale, la mère de vinaigre, le gluten, la levûre, etc., selon quelques chimistes ; mais le fait contraire a paru plus vraisemblable.

« Selon Macbride, dans le nord de l'Europe, on obtient une liqueur enivrante au moyen du poisson et de l'eau qu'on fait fermenter dans des trous creusés en terre et garnis d'écorce de bouleau ; car les matières animales augmentent la fermentation spiritueuse des végétaux sucrés.

« S'il y a trop de matière sucrée dans le liquide, relativement au ferment, une partie du sucre reste indé-composé ; tels sont les vins liquoreux du Midi. Si le ferment surabonde, il décompose tout le sucre, et tend à faire passer la liqueur à l'état d'acide acétique, comme dans les vins des pays plus froids. C'est pourquoi il faut les séparer de leur lie, les clarifier en les collant, ou les *soufrer* pour coaguler le ferment surabondant, ou bien ajouter de la matière sucrée. Les liqueurs dans lesquelles on retient de l'acide carbonique sont fumeuses et mousseuses, comme le vin de Champagne et les bières. »

Nous résumons en quelques mots les notions les plus importantes sur la fermentation.

La fermentation *alcoolique* consiste dans la transformation *en alcool et en acide carbonique* que le sucre fermentescible éprouve quand on le met en présence d'un *levain* ou *ferment* et de l'eau, à la température de + 15 à + 30°, soit de + 20° à + 25° en moyenne.

La fermentation, commencée à l'air libre, doit se continuer à l'abri de l'air, afin d'éviter la perte d'une partie de l'alcool par évaporation et la transformation d'une autre portion en vinaigre. Il importe donc de couvrir les cuves.

Quoique la fermentation puisse avoir lieu sous l'action des *ferments naturels* ou des *matières albumineuses* contenues dans le liquide à fermenter, il vaut mieux, pour être plus sûr du résultat, la déterminer par l'addition de 2 ou 3 pour 100 de levûre de bière calculés sur le poids du sucre fermentescible.

Ainsi, on a placé dans une cuve 20 hectolitres de liquide contenant en dissolution 10 kilogrammes de matière sucrée par hectolitre ; c'est sur *deux cents* kilogrammes de sucre qu'il faut régler la quantité de levûre à ajouter ; cette quantité serait de 4 à 6 kilogrammes, en supposant la matière sèche, ce qui conduit à 7 ou 8 kilogrammes de levûre pressée au moins.

La fermentation est quelquefois *tumultueuse*, c'est-à-dire que les bulles se dégagent en si grand nombre que le liquide est exposé à déborder au-dessus de la cuve ; on remédie à cet inconvénient en y jetant de *l'huile*, ou une *dissolution de savon :* les corps gras s'opposent efficacement à ce développement inopportun du gaz et lui font prendre une marche uniforme.

Il vaut mieux arrêter la fermentation aussitôt après la cessation du dégagement gazeux, que d'attendre plus tard. Trois jours sont grandement suffisants ; si toute la matière sucrée n'est pas décomposée, on est sûr de la reprendre avec les *vinasses* dans une opération suivante, et de ne rien perdre, lorsqu'on utilise ces vinasses pour une nouvelle opération, ce qui offre *parfois* des avantages ; au contraire, par une fermentation trop prolongée, outre l'évaporation d'une partie de l'alcool formé, on en perd une certaine quantité qui se transforme en vinaigre.

On appelle *vinasses* les liquides fermentés qui ont subi la distillation : la base d'une méthode très-suivie en ferme consiste à faire servir ces vinasses pour la préparation d'une opération subséquente : nous en ferons connaître la valeur, tant en parlant de la méthode de M. Champonnois, qu'en indiquant notre manière de voir personnelle.

§ II. — DE L'ALCOOL.

L'alcool se sépare du liquide fermenté par la distillation à l'aide d'appareils variables dans leur forme, mais dont la construction repose sur un principe dont nous parlerons plus loin.

L'alcool est un liquide incolore, doué d'une odeur suave, beaucoup plus volatil que l'eau, et ceci dans une proportion d'autant plus grande qu'il contient moins d'eau. On donne à l'alcool le nom d'*absolu* ou *anhydre* lorsqu'il est complétement *pur* ; mais il est rare que l'on obtienne cette pureté absolue par des procédés distillatoires : on est obligé, pour y parvenir, d'employer des moyens chimiques. Ordinairement, l'alcool obtenu par les procédés de distillation les plus parfaits contient encore de 5 à 8 pour 100 d'eau ; en sorte que, dans cet état, la composition de 100 parties d'alcool représente assez généralement les valeurs suivantes :

Alcool réel. 94
Eau. 6
                                        ———
                                        100

Les *phlegmes* ou alcools faibles obtenus en ferme contiennent le plus souvent autant d'eau que d'alcool, et ils doivent être distillés de nouveau ou *rectifiés* pour parvenir à un degré de force commerciale suffisant.

Nous donnons plus loin, à la suite des moyens alcoométriques, une table où se trouvent indiquées les quantités proportionnelles d'eau et d'alcool renfermées dans les divers mélanges aux degrés commerciaux usités le plus souvent. En sorte que, au moyen de ces tables, il devient facile de comparer ensemble les différentes qualités des mélanges alcooliques.

Densité. — Ses conséquences. — Les différents corps solides et liquides se comparent à l'eau sous le rapport de leur densité; or, le poids ou la densité d'un volume donné d'eau étant représentée par le nombre 1 000, le même volume d'un liquide quelconque présentera un poids ou une densité dont le chiffre se rapprochera ou s'éloignera plus ou moins de cette normale. Sans entrer dans aucune espèce de détail de physique, il nous suffira, pour nous faire comprendre, de prendre pour volume de comparaison le décimètre cube ou litre : 1 litre d'eau *distillée*, c'est-à-dire *pure*, pèse exactement 1 kilogramme ; le poids de l'or, par exemple, est de 19 kil. 500 pour le même volume de 1 décimètre cube ;

celui de l'argent est de 10 kil. 500, celui du mercure liquide de 13 kil. 596 grammes.

Ces exemples suffisent pour faire sentir les nombreuses différences en plus ou en moins que l'on observe dans les poids ou densités des corps. La densité de l'alcool *pur* ou *anhydre* ou *absolu* est de 815,10 à 0° de température et de 802,10 à + 15°, sous la pression atmosphérique ordinaire. Cette densité n'est plus que de 793,30 à + 25°. Nous donnons aussi plus loin, à la suite de ce chapitre, une table indiquant la densité de cet alcool pur pour tous les degrés de température compris entre 0° et le point de volatilisation sous la même pression normale. Une autre table indique les bases de densité de divers mélanges d'alcool et d'eau.

Plus un corps liquide est dense, plus il contient de matière sous un volume donné, plus sa désagrégation est difficile, et plus son point d'ébullition ou d'évaporation est élevé. On a encore pris ici l'eau pour terme de comparaison, et l'on a fixé à + 100° le point de son ébullition ; les autres corps varient, à cet égard, selon leur densité, comme nous venons de le dire. Ainsi, la densité de l'éther sulfurique étant à 0° de 736,00, il bout à + 35°,5 sous la pression ordinaire de l'air atmosphérique ; l'alcool, dont la densité est de 815,10, comme nous l'avons vu, bout à + 78°,4. D'après cela, il est facile de conclure la possibilité de séparer, à l'aide de la chaleur, des corps liquides de densité différente : ainsi, si l'on suppose un mélange d'éther, d'alcool et d'eau, en portant la température à + 35 ou + 40° centigrades au plus, on séparera tout l'éther et une très-

petite quantité d'alcool et d'eau. Si l'on porte ensuite
la chaleur à + 80°, l'alcool se séparera à son tour avec
un peu d'eau, et il ne restera sensiblement que de l'eau
dans l'appareil distillatoire. C'est précisément sur cette
donnée que repose toute la théorie de la distillation.
En effet, soit donné un mélange d'eau et d'alcool, il est
évident qu'en portant la température à + 80°, on séparera la vapeur alcoolique contenue dans ce mélange.
D'un autre côté, comme il s'élève à toute température,
même à 0°, une certaine quantité de vapeur aqueuse,
on n'obtient en réalité qu'un mélange, lequel, par sa
condensation, ne donne jamais d'alcool absolu.

Il va sans dire que dans tout ce que nous venons d'exposer sur le point d'ébullition, relativement à la densité
des liquides,. nous n'avons eu en vue que les liquides
soumis à la pression ordinaire de l'air. Tout le monde
sait que l'air pèse d'un poids énorme sur toute la surface terrestre, et que cette pression, à peu près uniforme, est équivalente à une couche ou plutôt à une
colonne de mercure de 76 centimètres de hauteur, ou
bien à une colonne d'eau de 10^m,65. Il est constaté
qu'un liquide, bouillant à + 100° sous la pression
de l'atmosphère, entrera bien plus tôt en ébullition si
on le soustrait à cette pression normale. Sans nous
étendre davantage à ce sujet, nous complétons notre
pensée en ajoutant qu'il y aurait tout intérêt à faire
la distillation à l'abri de ce poids de l'atmosphère. En
effet, les huiles essentielles qui donnent aux alcools
une saveur et une odeur étrangères ne *passant* pas à
une basse température, on obtient des alcools plus purs,

exempts de *goût de feu*, etc. Malheureusement les appareils destinés à procurer la distillation dans *le vide* sont loin d'être assez parfaits pour être applicables, malgré leur prix élevé.

Nous avons dit que la distillation seule ne donne pas l'alcool absolu ; pour parvenir à l'avoir privé d'eau, il est nécessaire de recourir à l'action de certains agents chimiques, qui sont des corps très-avides d'eau en général ; en les mettant en contact avec le liquide produit, ils s'emparent d'une notable quantité de l'eau mélangée, et, si l'on répète cette opération un certain nombre de fois, on obtient l'alcool entièrement *anhydre*, c'est-à-dire sans eau ou absolu. Les corps que l'on emploie le plus fréquemment pour cet usage sont : le chlorure de calcium sec, la potasse caustique, la chaux vive et quelques autres alcalis. On pourrait même, d'après quelques expériences faites par nous, employer avec avantage pour cet objet la magnésie calcinée pulvérisée.

Voici les détails de l'opération : on prend de l'alcool à 85 ou 90° centésimaux, on y ajoute 0,1 à 0,2 de magnésie en poids ; on laisse macérer pendant douze heures, et l'on distille. Il est quelquefois nécessaire de répéter l'opération.

Ce moyen nous a paru également d'une utilité incontestable pour détruire certaines huiles essentielles particulières des alcools : dans ce cas, ces huiles jouent plus ou moins le rôle d'un acide, en formant avec la magnésie un sel insoluble dans l'eau et ne se décomposant pas à la chaleur nécessaire pour la distillation. Nous reviendrons ailleurs sur ce moyen et quelques autres dans le chapitre sous forme d'appendice, où nous examinons comparativement les degrés de pureté de plusieurs alcools.

Il ne nous reste plus qu'une observation à faire pour avoir donné tous les développements nécessaires aux principes qui régissent l'alcoolisation : nous voulons parler de la condensation de la vapeur alcoolique, ou du retour de cette vapeur à l'état liquide.

Il résulte de ce que nous avons dit précédemment sur la densité de l'alcool une conséquence aussi simple que fertile en applications : plus la chaleur s'élève, plus le corps soumis à son action perd de sa densité ; mais si cette première proposition est vraie, l'inverse est tout aussi incontestable. Pour ramener une vapeur à l'état liquide, il ne s'agit donc que d'en augmenter la densité par un refroidissement suffisant. C'est là précisément le but qu'on se propose d'atteindre dans la fabrication des divers appareils de distillation. L'alcool se vaporisant à $+78°,4$, l'eau se vaporisant à $+100°$, si l'on refroidit le mélange de vapeurs, par un moyen quelconque, au-dessous du premier de ces points, il y aura condensation, liquéfaction. Les appareils les plus parfaits sont ceux qui, tout en opérant d'une manière continue, produisent isolément la condensation des vapeurs aqueuses et celle des vapeurs alcooliques. C'est là ce qu'on a cherché à obtenir par les nombreuses modifications que l'on a apportées depuis nombre d'années à la forme des appareils. Nous allons entrer dans quelques détails à cet égard, bien que nous n'écrivions pas ici un traité de mécanique, afin de guider plus sûrement l'agriculteur vers une bonne pratique et vers l'obtention du résultat capital auquel on doit tendre, savoir l'extraction complète de l'alcool, faite le plus économiquement possible. Ce simple conseil devrait suffire, et chacun, suivant ses moyens d'action, devrait pouvoir créer et modifier son instrumentation. Le *fermier-distillateur* doit viser avant tout à l'économie : car, pour lui, l'alcool n'est que l'objet accessoire; l'engraissement des bestiaux est l'important. Les appareils devront donc être d'une simplicité telle que le dernier des valets de ferme puisse les diriger et les faire fonctionner, que le chaudronnier le plus arriéré puisse les démonter et les réparer; enfin, que tout soit calculé dans le but de faciliter le travail et d'économiser la main-d'œuvre.

§ III. — APPAREILS.

Le nombre des appareils distillatoires est si considérable, leurs différences sont parfois si peu importantes, que nous ne pouvons consacrer qu'une faible partie de notre cadre à l'étude des principes sur lesquels on doit se baser pour les faire construire.

On pourrait, à la rigueur, adopter *dans la petite ferme* l'ancien appareil, composé d'une *cucurbite* ou chaudière montée sur un fourneau en briques, d'un *chapiteau* avec son *allonge*, et d'un *serpentin*, dont la fig. 9 (p. 100) donne une idée très-suffisante. La distillation bien conduite donnera de l'eau-de-vie faible, à 30° ou 35° centésimaux, et il sera nécessaire de *rectifier*, c'est-à-dire de *redistiller* les produits. Le *distillateur* ou le fermier d'un domaine considérable devra employer un appareil à *distillation continue :* les plus avantageux dans la pratique sont ceux construits sur les principes que nous allons chercher à faire comprendre le plus clairement qu'il nous sera possible.

Pourvu que la masse liquide soit échauffée également, que l'évaporation se fasse par la plus large surface, que la condensation des vapeurs ait lieu avec promptitude, qu'on utilise la chaleur perdue, que l'on opère avec le moins possible d'intermittences ou d'interruptions, on est dans les conditions communes du bien, et une pratique judicieuse rapprochera de la perfection.

Quelle que soit la source de chaleur dont nous disposions, feu nu ou vapeur, la distillation doit absolument comprendre et effectuer les opérations suivantes :

1° Il faut appliquer la chaleur dans des conditions telles que l'alcool s'élève en vapeur avec le moins possible de vapeurs étrangères. Dans le cas, le plus commun et le plus pratique, où les différentes vapeurs s'élèvent ensemble, un vase *bouilleur*, construit de manière à économiser le calorique et à procurer une évaporation rapide, répondra à cette première indication, sur laquelle nous allons revenir.

2° Il est de première nécessité de séparer les vapeurs de diverse nature dans un vase intermédiaire qui en fasse l'analyse, c'est-à-dire qui produise la condensation de toutes les vapeurs non alcooliques, autant que possible. On parvient, en partie, à ce résultat par une *colonne analyseuse*.

3° Enfin, il importe de *condenser*, par une application intelligente du froid, les vapeurs alcooliques séparées des vapeurs étrangères. Cette condensation s'opère à l'aide d'un *serpentin réfrigérant*.

Ainsi, les trois phases d'une distillation bien comprise consistent dans l'ébullition du liquide, l'analyse ou la séparation des vapeurs et la condensation ou le retour à l'état liquide des vapeurs alcooliques.

Les trois vases fondamentaux sont donc un bouilleur, un analyseur et un condenseur.

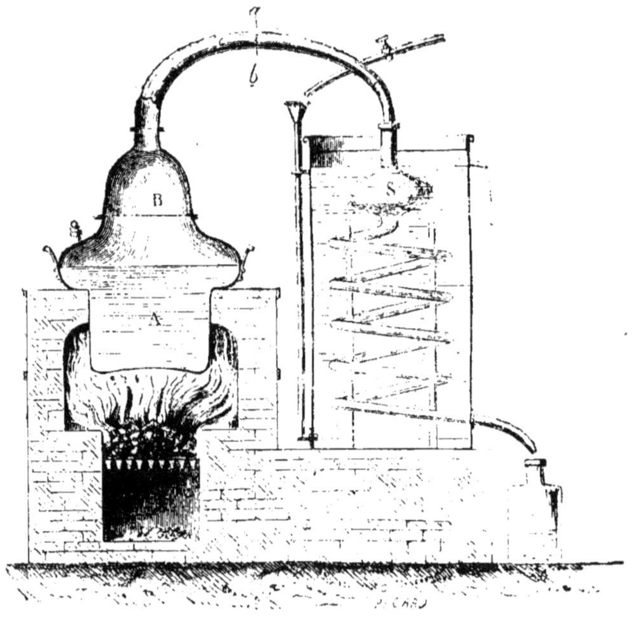

Fig. 9.

Dans l'appareil ancien (fig. 9), la cucurbite A fait fonction de bouilleur, le dôme B et le col de cygne C.

jusqu'en *ab* analyse très-grossièrement les vapeurs, en ce sens que, si la chaleur n'est pas exagérée, une partie des vapeurs aqueuses s'y condense et retourne dans la cucurbite ; enfin, le reste du col de cygne et le serpentin accomplissent la condensation.

Soit donc un bouilleur quelconque A (fig. 10) dans lequel le liquide alcoolique peut arriver à volonté par un tube D, et où il est chauffé par un serpentin de vapeur B ; on comprend que, lorsque la température sera suffisamment

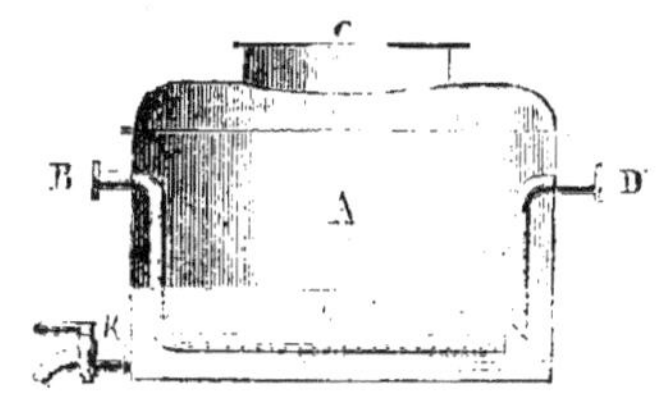

Fig. 10.

élevée, la liqueur entrera en ébullition et les vapeurs monteront en C.

Cette vaporisation sera d'autant plus rapide que le serpentin B aura un plus grand nombre de tours et une plus grande surface, que le liquide arrivé par D sera déjà chaud et qu'il formera une couche moins épaisse au-dessus de B.

Cela posé, si nous admettons un instant que la vapeur, arrivée en C, est dirigée par des tubes dans une série de vases E, F, G, H, etc. (fig. 11), il est certain que ces vases seront d'autant plus refroidis par l'air ambiant, qu'ils s'éloigneront davantage de C ou de la source de chaleur. Il s'y condensera donc à l'état liquide une certaine quantité de produits que l'on pourra séparer par les robinets inférieurs, et ces produits ne seront alcooliques dans aucun des vases, pourvu que la température ne tombe pas au-dessous de + 78°,4, point de vaporisation de l'alcool. Ce qu'on aura séparé par ces vases intermédiaires consistera donc en produits huileux, aqueux, etc., étrangers à l'alcool, bouillant à une

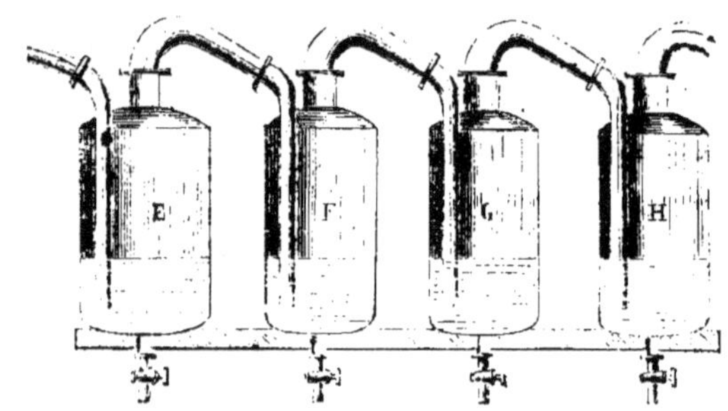

Fig. 11.

température plus élevée que ce corps, et qui en auraient altéré la pureté si les vapeurs avaient été condensées en mélange et sans analyse.

Mais il arrivera forcément que dans un vase I ou J quelconque de la série, la température sera très-voisine de $+78^{\circ},4$. Or, lorsqu'on est parvenu à ce point, la plus grande partie des vapeurs sont alcooliques; elles ne contiennent de vapeurs étrangères que celles qui sont entraînées mécaniquement; une analyse plus complète n'est plus possible par ce moyen, et il importe de procéder à la condensation des vapeurs parvenues à leur maximum de richesse alcoolique.

Une colonne analyseuse quelconque n'est autre chose que la reproduction, dans le sens vertical, de la série des vases analyseurs dont nous venons de parler, et elle se compose essentiellement, comme l'indique la figure 12, d'une série de vases E, F, G, H, I, J, K, superposés et fixés les uns aux autres par des brides, des armatures ou des pinces.

Ces vases sont réunis par l'intermédiaire d'une rondelle de carton imbibé d'empois, de charbon, ou de tout autre corps mauvais conducteur du calorique. Il en résulte une diminution progressive de température de C en L, à mesure que l'on s'éloigne de la source de calorique. Ainsi, la chaleur est moins forte en F qu'en E, en G qu'en F, etc. Nos expériences personnelles nous ont appris que, dans les bonnes conditions de construction, on constate une différence qui peut varier entre chaque plateau de 1° à 2° ou même 2°,5. La vapeur mélangée, partant de C, s'élève par le tube *s* et va frapper contre un obstacle ou une calotte *o* ; une partie se condense jusqu'au niveau du tube de retour à entonnoir *n*, par lequel la liqueur condensée retourne incessamment au bouilleur. Le même phénomène se reproduit dans les autres cases et la liqueur condensée retourne à la case inférieure et, de proche en proche, au bouilleur.

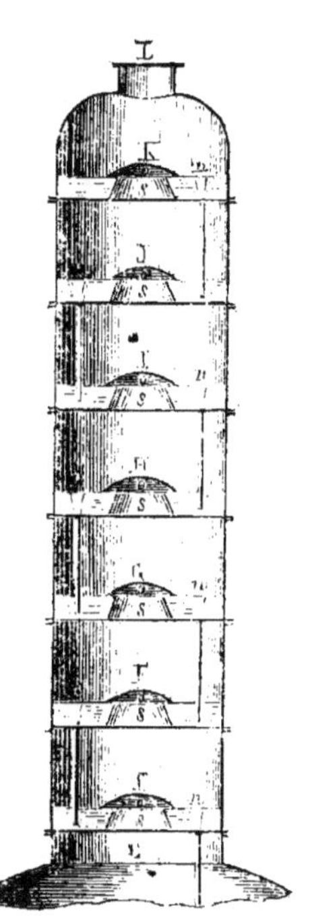

Fig. 12.

On comprend que ces condensations successives éliminent du produit définitif une foule de substances volatiles, dont le point de liquéfaction est supérieur à celui de l'alcool et, en somme, la vapeur parvenue en K n'est plus que de la vapeur alcoolique mélangée d'un peu d'eau et de quelques substances dont le point d'ébullition se rapproche de celui de l'alcool ou lui est inférieur. Ces vapeurs, soumises à la réfrigération dans le serpentin, fournissent une liqueur d'un haut titre et de bonne qualité.

Nous ne dirons rien de particulier sur le réfrigérant, soit qu'on le refroidisse avec de l'eau ou de la liqueur fermentée, ou, mieux encore, que la réfrigération se fasse à la fois avec du moût et de l'eau. Tout le monde comprend assez la forme et la disposition du vase réfrigérant (fig. 9) pour que nous ne nous y arrêtions pas.

Disons cependant un mot d'une disposition particulière qui rend de grands services et favorise puissamment l'analyse dans la colonne.

Si le vin à distiller, chauffé dans la partie supérieure du réfrigérant, divisé à cet effet en deux cases par un diaphragme étanche, est dirigé vers le bouilleur A par le tube D, pour la plus grande partie, et qu'un autre tube, de petit diamètre, en dirige une portion, convenablement réglée, dans la colonne analyseuse, en J ou en I, on comprend qu'il sera très-aisé d'amener la condensation des vapeurs, et, par conséquent, la purification ou l'analyse du produit à son point maximum, puisque l'on pourra ainsi produire presque rigoureusement en J le degré le plus rapproché de $+ 78°,4$, dont on aura besoin.

Nous bornons ici, quant à présent, l'exposé des principes les plus importants sur lesquels on doit se baser

pour obtenir une bonne distillation et pouvoir faire
construire soi-même un appareil convenable. Nous indiquerons plus loin les appareils les plus usités et ceux
auxquels la pratique reconnaît le plus d'avantages, en
faisant connaître la manière de les diriger.

Quel que soit l'appareil dont l'agriculteur aura à faire
usage, il devra se reporter aux principes que nous venons de tracer, s'il veut diriger convenablement son
instrument; ce sont encore les mêmes principes qui auront dû le guider dans le choix même d'un appareil, et
rien n'est possible en distillation si on les perd de vue.
L'outil n'est guère qu'un auxiliaire pour le bon ouvrier;
le mauvais travailleur voudrait que l'instrument fît toute
la besogne. C'est justement le contraire qui arrive, car
l'homme intelligent parvient toujours plus aisément à
diriger son outillage avec moins de peine et plus de profit, parce qu'il en connaît le mécanisme et les raisons
d'être, qu'il ne s'asservit pas à la forme, que l'accomplissement des principes est la chose capitale pour lui,
et qu'il apporte tous ses soins à éviter les fautes dues à
la négligence ou au manque d'observation.

CHAPITRE III.

ALCOOLISATION SPÉCIALE DE LA BETTERAVE. — GÉNÉRALITÉS.

Maintenant que nous avons traité en détail la culture de la betterave et exposé les principes généraux de l'alcoolisation, il convient d'appliquer ces principes à la production de l'alcool de betteraves.

Le sucre, avons-nous dit, est la matière première de toute production d'alcool, mais le sucre fermentescible seulement, nommé encore *glucose, sucre de raisin* ou *sucre de fruits.*

La fécule ne donne de l'alcool qu'en se transformant au préalable en glucose, et l'on peut poser en principe la proposition suivante : *le glucose seul est fermentescible.*

§ I. — STRUCTURE DE LA BETTERAVE.

C'est en raison du sucre qu'elle renferme, que la betterave nous donnera de l'alcool, et comme la richesse saccharine est étroitement liée à la structure intime de la plante, il ne sera pas sans intérêt pour le lecteur de pouvoir se rendre compte de la constitution chimique de notre racine saccharifère.

Si l'on prend une betterave et qu'on la divise dans le sens vertical, du collet à la radicule (fig. 13), on est tout d'abord frappé par l'apparence blanchâtre et opaque de certains sillons *aaaa* allongés et disposés avec une sorte de régularité du centre à la circonférence. Ces sillons

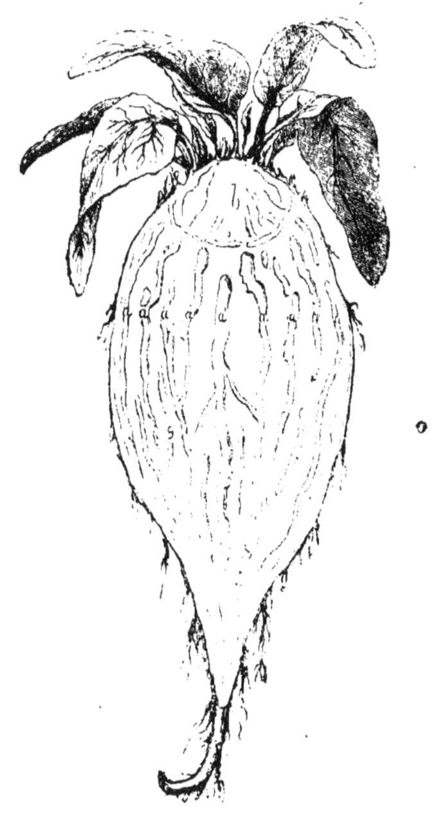

Fig. 13.

opaques, que l'on peut voir confusément à l'œil nu, mais beaucoup mieux à l'aide de la loupe, ne sont autre chose que des agglomérations de cellules saccharifères, et les espaces moins blancs et moins opaques qui les sé-parent sont remplis par des cellules qui ne renferment que très-peu de sucre.

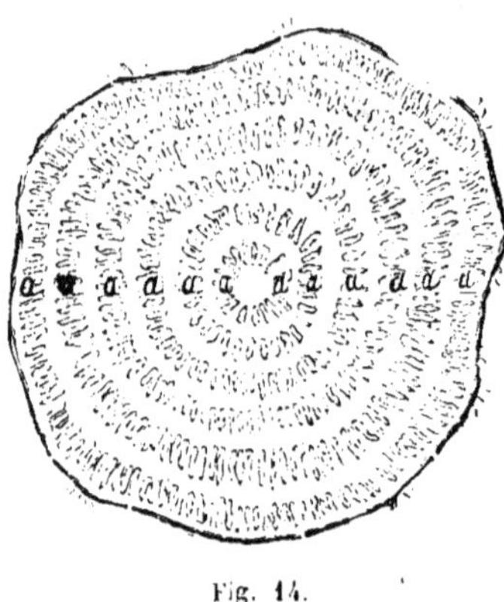

Fig. 14.

La disposition du tissu saccharifère est encore beaucoup plus visible dans une coupe transversale de la racine (fig. 14), laquelle fait distinguer très-nettement les zones concentriques *aaaa* de cellules saccharifères, séparées par des couches ou zones de tissu cellulaire peu sucré.

Ces dernières zones ne sont pas formées de cellules absolument dépourvues de sucre, car le suc propre de la betterave est essentiellement sucré, mais les zones saccharifères *aaaa* sont celles qui offrent le sucre emmagasiné, dans lesquelles il remplit presque entièrement les cellules.

Le tissu cellulaire aqueux séparant les zones saccharifères occupe d'autant plus d'espace que les betteraves sont plus grosses, qu'elles ont été fumées davantage, qu'elles ont crû dans un sol plus argileux et que l'année a été moins sèche.

Une betterave à tissu cassant et dense, offrant beau-coup de zones opaques saccharifères *aaaa*, est toujours reconnaissable à première vue, et il suffit d'en couper une tranche transversale pour se rendre compte de la valeur approximative d'une racine. Plus les zones blanches opaques sont serrées et abondantes, plus la betterave est riche en matière saccharine.

Nous ne nous étendrons pas ici sur des détails anatomiques dont l'intérêt serait nul pour nos lecteurs, et il nous suffit d'avoir indiqué, sous forme d'aperçu, la structure générale de la betterave, pour que nous soyons certain que cette connaissance sommaire offrira une certaine utilité pratique que nous ne voulons pas amoindrir par des descriptions oiseuses.

Voyons donc le parti que l'on peut tirer de la betterave au point de vue de la fermentation alcoolique, en examinant la composition de notre racine d'après les données fournies par l'analyse.

§ II. — VALEUR ET ANALYSE DE LA BETTERAVE.

M. A. Payen a indiqué l'analyse suivante de deux variétés de betterave, la blanche à peau rose et la globe jaune, sur cent parties en poids.

	Blanche à peau rose.	Globe jaune.
Eau.	85,5	86,10
Sucre et trace de dextrine (environ 0,1).	10,5	8,45
Cellulose et pectose.	0,8	0,75
Albumine, caséine et deux autres substances azotées.	1,5	1,17
Matières grasses.	0,1	0,09
Acides malique, pectique, pectine, substances gommeuses, matières aromatique, colorable et		
A reporter.	96,4	96,54

7

Report.	96,4	96,54
colorante, huile essentielle, chlorophylle, oxalate et phosphate de magnésie, chlorhydrate d'ammoniaque, silicate, azotate, sulfate et oxalate de potasse, oxalate de soude, chlorures de sodium et de potassium, pectates de chaux, de potasse et de soude, soufre, silice, oxyde de fer, etc.	5,6	3,46
	100,00	100,00

Il résulte de ces données analytiques que nous ácceptons pour ce qu'elles valent, c'est-à-dire pour les expressions de composition de deux sortes de betteraves, dans des circonstances particulières, que la betterave blanche à peau rose contient 6 pour 100 de matières étrangères au sucre et la globe jaune 5,47 pour 100 seulement. Pour la première, le sucre est représenté par 10,5 pour 100, et pour la seconde par 8,43.

Sans vouloir élever de critique inutile, nous prenons bonne note de ces chiffres, dont nous aurons besoin dans quelques instants. Nous ferons remarquer seulement que ces analyses ont été prises au sérieux par un grand nombre de personnes peu habituées à l'observation, lorsque, dans la réalité, elles ne prouvent qu'une seule chose, c'est que, dans telle circonstance, M. Payen aurait trouvé les valeurs que nous venons de reproduire. On ne peut rien en inférer sur la composition stable de la betterave, car cette composition est très-variable, non-seulement à raison de la différence des espèces, mais encore, dans la même espèce, selon la température moyenne de l'année, la culture, la fumure, le sol, la durée de la végétation, etc. On ne doit donc en déduire que des conséquences générales, par approximation.

On peut dire, en moyenne, que la betterave contient sur 100 parties :

Eau.	quantité variable.
Sucre cristallisable.	de 4 à 15.
Glucose.	0.2 à 1.
Fécule..	0,25 à 0,60
Sels de potasse et autres.	
Matières albuminoïdes. . . . . } quantité variable.
Cellulose et matières insolubles diverses. }

Cette analyse présente des chiffres moyens sur lesquels nous croyons devoir faire quelques observations : la fécule donnant 110 parties pour 100 de glucose après sa conversion par l'orge germée ou par un acide faible, le chiffre de glucose correspondant au chiffre moyen 0,4 p. 100 est réellement 0,44 p. 100. Mais il se peut faire que le mode de culture et d'engrais, que la variété de betterave cultivée, que les différences des sols donnent un résultat moyen un peu inférieur à celui de cette analyse, qui n'a d'autre valeur pour la distillation que celle indiquée par le tableau suivant :

Valeur moyenne de la betterave en sucre fermentescible.

Sucre de canne. . . . . 9,5 p. 100 }	
Glucose (moyenne).. . 0,4 — } ensemble : 10,34 p. 100	
Fécule, 0,4 p. 100, soit. 0,44 — }	

Mais ce chiffre de 10,34 p. 100 nous paraît un peu élevé d'après un certain nombre d'observations et d'analyses que nous avons cru devoir faire à cet égard :

nous le réduirons donc un peu et nous prendrons pour base moyenne le chiffre 10, indiquant la quantité de sucre fermentescible ($C^{12}H^{12}O^{12}$) de toute provenance contenue dans 100 parties de betterave.

Nous avons dit plus haut, dans notre chapitre sur l'alcoolisation en général, que 100 parties de sucre fermentescible se dédoublent en :

$$\left. \begin{array}{l} \text{Acide carbonique.} \quad 48{,}88 \\ \text{Alcool } pur . \qquad\quad 51{,}12 \end{array} \right\} = 100 \text{ parties.}$$

Il est facile de calculer, sur cette donnée, la quantité d'alcool que l'on doit produire avec la récolte d'un hectare de betteraves, récolte que nous évaluerons en moyenne à 50 000 kilogrammes, si toutefois nous acceptons comme vrai le chiffre base de 10 pour 100 de matière alcoolisable.

En effet, 50 000 kilogrammes de racines représentant, à ce compte, 5 000 kilogrammes de matière sucrée, en y faisant entrer tous les éléments fermentescibles, nous aurons à établir la proportion

$$100 : 51{,}12 :: 5\,000 : x = 2\,556$$

et la réponse mathématique est de 2 556 kilogrammes, représentant la quantité d'alcool pur que doit donner une récolte de 50 000 kilogrammes, à raison de 10 pour 100 de matière sucrée de toute provenance.

Ainsi, 1 000 kilogrammes de betteraves doivent produire, sur cette base, 51^k,12 d'alcool *anhydre* ou *absolu*, ou d'alcool à 100°.

Mais, si l'on ajoute à ce chiffre de 51,12 d'alcool pur

les 10 pour 100 d'eau qui le ramènent au degré commercial de 90° centésimaux, on aura 56^k,8 d'*esprit* ou d'alcool commercial. D'un autre côté, l'alcool ayant une densité de 802,10 à la température moyenne de $+$ 15°, on trouvera, si l'on applique ce que nous avons dit précédemment sur les densités, que 51^k,12 d'alcool *pur* représentent 63^{lit},73 à $+$ 15° centigrades de température et, au même degré de température, 70^{lit},81 d'alcool commercial à 90° centésimaux de force alcoolique.

Tous ces résultats théoriques sont d'une vérité palpable et que personne ne peut contester, en admettant, nous le répétons, la normale de 10 pour 100 de matière sucrée fermentescible. Mais la pratique est loin d'atteindre ces mêmes résultats, soit par l'imperfection des procédés employés, soit par les différences de qualité des betteraves ou de leur valeur saccharine.

Voici, à ce sujet, les produits moyens de la pratique, sur lesquels on fera bien de se baser, afin d'éviter toute cause d'erreur volontaire.

1 000 kilogrammes de betteraves donnent, en moyenne, 45^{lit},25 d'alcool à 94° centésimaux, ce qui produit, pour 50 000 kilogrammes ou pour la récolte d'un hectare, un total de 23^{hect},62, pendant que la théorie indique, pour 1 hectare, 35^{hect},95, c'est-à-dire une différence en plus de 12 hectolitres un tiers.

Le résultat obtenu par M. Dailly, en 1854-1855, avec la méthode Champonnois, a été de 36^{lit},96 d'alcool absolu, soit 41^{lit},06 d'alcool à 90° par 1 000 kilogrammes de racines. Ce chiffre conduit à 20^{hect},53 par hectare, en supposant, comme nous l'avons fait, une récolte normale de 50 000 kilogrammes. Les frais de M. Dailly, indépendamment de la matière première, ont été évalués à 12 fr. 05. Nous y reviendrons.

Il va de soi qu'en attendant les perfectionnements à faire dans les appareils et dans les méthodes d'alcoolisation de la betterave, un homme prudent et sérieux ne doit prendre pour base de ses opérations que les résultats constatés par la pratique, dans la crainte de se fourvoyer. Avant donc d'établir les principes sur lesquels repose l'alcoolisation de la betterave et, en général, de *toutes les racines sucrées*, nous croyons devoir mettre sous les yeux de nos lecteurs le tableau suivant, dans lequel ils trouveront réunies les indications de la pratique et celles de la théorie.

Tableau comparatif des produits alcooliques d'un hectare de betteraves et du prix de revient.

PRATIQUE.	THÉORIE.
Produit en poids, 40 000 kil.	50 000 kil. à 60 000 kil.
Prix de revient à 16 fr. 21 p. 1000 (DE DOMBASLE).. . . . . 648 fr.	à 8,50 p. 1000 — 425 à 510 fr.

Différence pour la théorie, 7,71 par 1 000 kil.

Alcool produit à raison de 45lit.,25 par 1 000 kilogrammes, 18hect.,10.	Alcool produit à raison de 71lit.,90 par 1 000 kilogrammes, moyenne, 59hect.,54 à 42hect.,48.

Prix de revient.

	PRATIQUE		THÉORIE		
Matière première.. . . .	648 fr.	425 fr.	à	510 fr.	
Alcoolisat. à 7,60 p. 1000.	504	380	à	456	
Total. . .	952	805 fr.	à	966 fr.	
	(pour 18hect.,10).	(pour 35hect.,95.)	(pour 45hect.,14.)		
Prix de revient du litre, environ..	50 c.	Environ.	22 c.		

De ce tableau, il résulte qu'en définitive la théorie annonce que l'on peut produire l'alcool à 50 pour 100 meilleur marché que la pratique ne peut l'obtenir aujourd'hui. Voici, d'ailleurs, les principes sur lesquels repose l'alcoolisation des betteraves et des racines sucrées, sur lesquels nous ne prétendons faire aucune discussion.

Nous ferons seulement remarquer à nos lecteurs que, notre but étant spécialement agricole, nous ne voyons dans la production de l'alcool qu'un moyen d'augmenter les ressources de la ferme; aussi commençons-nous la série des principes que le fermier-distillateur ne doit jamais oublier par le suivant :

1° *Ne produire de l'alcool et ne traiter les racines qu'au fur et à mesure des besoins de l'étable.*

C'est qu'en effet, et nous ne saurions trop le répéter, l'engraissement du bétail est la chose première, importante ; l'alcool n'est que l'accessoire, destiné à procurer cet engraissement à un prix de revient moins élevé.

2° *Adopter une méthode d'alcoolisation qui conserve à la pulpe la plus grande quantité de principes nutritifs, tout en s'emparant de toute la matière alcoolisable.* Cette règle est évidemment la conséquence de la première, et nous verrons, en examinant les divers procédés en usage, comment divers expérimentateurs ont cherché à la rendre pratique.

3° *Chercher à obtenir la conversion en sucre fermentescible du sucre cristallisable et même de la fécule, que l'on ne doit jamais négliger.* Nous indiquons les moyens de parvenir à l'accomplissement de cette règle, qui intéresse à un si haut degré la question du rendement alcoolique. Il suffit, pour en comprendre toute la portée, de se rappeler ce que nous avons exposé dans le chapitre précédent sur la nécessité de transformer en *glucose, seul fermentescible*, tous les éléments susceptibles de subir cette transformation.

4° *Ne jamais faire entrer dans l'appareil distillatoire de matière à l'état pâteux*. On ne doit jamais distiller que des *liquides;* sans cela, on s'expose à deux inconvénients graves : on brûle le fond de son appareil, si l'on procède à feu nu et, dans tous les cas, on communique aux produits une odeur et une saveur détestables. C'est ce qui arrive pour la pomme de terre, quand on la soumet à la distillation sous forme d'une bouillie plus ou moins épaisse obtenue par la cuisson de ces tubercules. En un mot, on ne doit jamais distiller que du *vin*, à moins d'employer des appareils spéciaux.

5° *Il faut obtenir le vin ou la vinasse à distiller le plus promptement possible*. Cette règle n'a besoin d'aucun commentaire.

6° *On doit arrêter la fermentation le quatrième jour au plus tard*. Ceci a pour but d'obvier à la perte que nous avons signalée comme irréparable, laquelle reconnaît pour cause la production de l'acide acétique ou du vinaigre.

7° *Utiliser les vinasses qui ont été soumises à la distillation*.

Cette recommandation est de la plus haute importance, et nous comprenons parfaitement que maints inventeurs l'aient revendiquée comme leur appartenant.

Pour nous, qui sommes loin de ces débats, nous en constatons seulement l'immense portée, sans en rechercher le véritable père, qui, du reste, nous est inconnu. En reprenant les vinasses qui ont déjà servi, pour en faire le liquide d'une préparation suivante, on évite la perte de la matière sucrée, qui résulterait d'une fermentation incomplète, et l'on donne aux pulpes et aux résidus une valeur beaucoup plus grande. Par l'exécution de cette règle, on n'a plus à s'inquiéter des résidus ni de leur écoulement; on économise la chaleur, et la matière sucrée obtenue à l'aide de vinasse [1] fermente plus facilement.

Telles sont les règles capitales, les principes les plus importants qu'il convient de ne jamais perdre de vue quand on distille la betterave; le lecteur nous saura gré de les avoir réunis et groupés ici avant de nous occuper des méthodes proprement dites. Il pourrait se faire en outre que, malgré la manie *betteravière* qui s'est emparée de tous les esprits en si peu de temps, les gens sérieux ne fussent pas complétement édifiés sur l'avenir de la nouvelle industrie : nous allons dire à ce sujet toute notre pensée, et nous devons clore ce chapitre par les opinions qui ont été émises depuis quelque temps.

L'importance de l'alcool comme produit industriel est immense : nous ne sommes plus au temps où ce corps ne servait qu'en médecine, ou encore au cabaret sous forme d'eau-de-vie. Aujourd'hui, on compte des

---

[1] Il est vrai de dire que les vinasses chaudes développent la mauvaise odeur des alcools de betterave; mais nous indiquons dans notre chapitre V une modification dans cette partie du procédé.   N. B.

centaines d'industries qui tomberaient sans l'alcool, et ce fait explique suffisamment son importance croissante. La fabrication des vernis, la préparation d'un grand nombre de produits chimiques fort employés, celle de l'éther, qui tend à prendre un accroissement prodigieux, mille autres branches industrielles, réclament une production abondante d'alcool. Sans nous étendre davantage, nous croyons donc à l'avenir le plus riche pour cette industrie, et nous la pensons appelée à rester longtemps à la tête de la plupart des autres.

On a fait, à propos de la betterave, une objection sérieuse ; la voici : « Mais si les sucreries de betteraves se transforment en distilleries, quel que soit le bénéfice, l'avantage momentané du fabricant, n'en résultera-t-il pas un dommage général par la rupture de l'équilibre établi de fait entre la production du sucre indigène et celle du sucre colonial ? » Nous pourrions répondre à cette question et fatiguer notre lecteur par de longues considérations sur la fabrication du sucre indigène ; nous nous en gardons bien. Remarquons seulement que cette objection, tout en déplaçant le terrain de la question, présente quelque chose de grave en ce qu'elle invoque le bien général, méconnu par l'intérêt privé. C'est sous ce rapport que nous l'avons envisagée lorsqu'elle s'est produite : aussi nous rangeons-nous complétement de l'opinion des personnes qui veulent faire de l'alcool un produit agricole, une simple question de ferme. Si cela est vrai pour le vin, pour le cidre et tant d'autres substances, pourquoi l'alcool ferait-il exception, surtout si l'on considère la betterave dans la ferme comme un élément de nourriture, comme un fourrage-racine dont on cherche à diminuer le coût par la production de l'alcool? Les sucreries n'ont rien à voir dans la question ainsi modifiée et replacée dans ses vrais termes, et pour nous l'objection n'existe plus.

On pourrait mieux faire encore, et nous allons faire part à nos lecteurs d'une idée pratique dont nous nous sommes entretenu souvent avec plusieurs personnes, et qui a été discutée en maintes circonstances.

Pourquoi n'établirait-on pas des distilleries communes, analogues aux fruiteries destinées à la fabrication du fromage en diverses contrées? Le petit métayer, le propriétaire d'un domaine peu étendu, pourraient, de cette façon, jouir des avantages réservés aux gens aisés, qui peuvent établir à leurs frais des distilleries particulières. On se cotiserait pour les frais d'établissement, ou même, dans certains cas, on pourrait en faire une affaire toute communale et obtenir l'assentiment de l'administration.

Le local trouvé, les appareils établis, on mettrait à la tête un distillateur qui serait responsable de tout ce qui pourrait arriver : il choisirait ses aides à son compte, fournirait le combustible et serait tenu de pourvoir à l'entretien des appareils.

Pour l'indemniser de son travail et de ses soins, il serait autorisé à garder une partie des produits dans des proportions fixées à l'avance par un traité formel et dont on ne pourrait pas se départir.

La proportion varierait depuis un vingtième jusqu'à un dixième des produits, selon l'importance de la localité; en sorte que le *fruitier-distillateur* y trouverait un intérêt assez puissant pour le porter à bien faire. Ainsi, vous avez dessein de traiter 1 000 kilogrammes de betteraves pour les besoins de vos bestiaux, vous les portez à la distillerie, et aussitôt, sans même vous faire attendre la distillation, on vous remet une quantité d'alcool et de pulpes proportionnelle. Le distillateur dispose alors de vos betteraves, *qu'il a payées ainsi selon un tarif prévu*, à moins que vous ne préfériez attendre que vos propres betteraves soient traitées, et ne recevoir ce qui vous revient de pulpes et d'alcool qu'après leur distillation.

Nous n'entrerons pas dans les autres détails de ce plan, qui nous paraît très-réalisable : on rencontre encore des hommes de cœur, des gens d'initiative sérieuse; qu'ils l'étudient et voient s'il n'y a pas là les éléments d'une utile création.

On pourrait étendre ce plan à la vente de l'alcool, et le distillateur pourrait être tenu de vous payer, au cours du jour ou au cours moyen de la semaine, la portion de ce produit à vous revenir; enfin, il est très-facile de modifier le règlement de cet établissement selon les exigences des localités et d'autres raisons qu'il n'est pas de notre objet de déduire.

Oui, certes, et nous le disons en toute conviction, la production de l'alcool de betteraves est une industrie d'avenir; mais, pour qu'elle reste dans sa véritable place et qu'elle conserve toute son utilité, il faut que ce soit une production agricole.

C'est avec plaisir que nous mettons sous les yeux de

nos lecteurs la lettre suivante, adressée au rédacteur du *Moniteur industriel*, et insérée dans cette feuille à une époque déjà éloignée. Elle contient des détails intéressants sur une application à la navigation à vapeur des produits alcooliques et, par conséquent, indique une nouvelle voie à l'avenir de la betterave, envisagée comme nous le faisons; nous citons textuellement.

« J'ai lu avec un intérêt tout particulier, dans le *Moniteur industriel* du 16 février courant, le compte rendu fait par M. A. Pommier sur la distillation de la betterave, d'après le procédé de M. Champonnois. Je ne doute point que l'industrie ne trouve promptement la place de l'alcool que la généralisation de ces procédés pourra produire, quelque grande que soit la quantité introduite dans le commerce; cependant, je puis, pour mon compte, en indiquer un emploi immédiat assez considérable et qui, dans l'avenir, pourra prendre une immense extension. Les essais faits à Marseille par la maison L. Arnaud et Touache frères, sur le navire le *Du Trembley*, et à Lorient, par le Gouvernement, sur le navire le *Galilée*, ont démontré les avantages économiques que présentent les machines à vapeurs combinées, et il est à croire qu'avant peu de temps l'usage de ces machines sera généralement répandu; or, elles emploient, comme liquide auxiliaire, l'éther sulfurique ou le chloroforme. L'alcool entre pour la majeure partie dans la fabrication de ces deux agents, qui, pour cause, se vendent aujourd'hui un prix assez élevé. Quelque minime que soit la perte ou la consommation de ces liquides, il ne paraît pas possible qu'elle puisse jamais être réduite à moins d'un quart de litre par vingt-quatre heures et par force de cheval dans les machines les mieux confectionnées et dans les appareils les plus parfaits. Ces machines, applicables surtout à la navigation maritime et fluviale, comptent leur puissance par centaines de chevaux, et il est dès lors facile de se faire une idée du prodigieux développement qu'elles doivent donner à la consommation de l'alcool. Dans ce moment, on construit à Marseille, chez MM. Philip Tailor, deux appareils de trois cent cinquante chevaux chacun pour MM. L. Arnaud et Touache frères, de cette ville, et chez M. Cavé, à Paris, deux appareils de cinq cents chevaux chacun pour MM. Gauthier frères, de Lyon. Ces quatre appareils, représentant une force de dix-sept cents chevaux, consommeront environ 425 litres d'éther sulfurique par vingt-quatre heures; ce qui, pour cent cinquante jours de marche dans l'année, donnera un total de 63 750 litres. Je crois qu'il faut environ 3 litres d'alcool pour produire 1 litre d'éther sulfurique, ce qui représente, pour la marche de ces quatre navires seulement, une consommation annuelle de 191 250 litres d'alcool. Si l'on considère que l'emploi de ces machines sur terre et sur mer donne une économie nette de 50 pour 100 au minimum, déduction faite de la consommation d'éther sulfurique, on ne peut douter que leur application ne s'étende énormément dans un temps donné, et je ne crois pas qu'on puisse trouver un plus immense débouché à la production de l'alcool. Ne semble-t-il pas que Dieu fasse éclore chaque découverte en son temps! En face des besoins créés par la généralisation des machines à vapeurs combinées, doit-on attribuer au simple hasard cet heureux concours de circonstances qui fait que les ingénieux procédés de M. Champonnois viennent à point fournir un aliment à ces besoins et augmenter encore, par le bas prix auquel il pourra livrer ses produits, l'économie apportée par le système des machines à deux vapeurs justement alors que l'extension donnée à l'industrie, et particulièrement aux moteurs à vapeur, élève le combustible à un prix excessif? »

Il est certain pour nous que la quantité d'alcool nécessaire aux besoins de cette industrie aurait été appelée à des proportions colossales, dans le cas où elle aurait reçu la sanction de la pratique. Nous ne citons, d'ailleurs, cette lettre de M. du Trembley que pour faire voir comment le mouvement immense qui s'opère dans toutes les branches de la science et de l'industrie est une garantie suffisante de l'écoulement facile des alcools à produire[1]. A l'œuvre donc, et que le fermier et l'agriculteur comprennent que c'est à eux seuls qu'il appartient de donner l'essor convenable à cette grande création. Pour eux, l'alcool sera toujours à bas prix ; pour le distillateur proprement dit, les prix de revient seront toujours plus élevés, sans même y comprendre l'intérêt de capitaux considérables. En faisant de l'alcool, l'agri-

---

[1] C'est que, en effet, cette application de l'alcool, laquelle n'a pas persisté, est fort loin d'être la seule qui puisse ouvrir à ce produit un grand débouché. Nous n'en citerons pour preuve que l'extension progressive du commerce des alcools depuis cette époque, bien que l'entreprise dont il vient d'être question n'ait pas eu les suites que l'on en avait espérées.

culteur utilise un produit à peu près perdu ; ses pulpes conservent la même valeur, souvent même elles profitent plus aux animaux ; il y a donc tout bénéfice à la ferme, ce qui ne peut exister dans la fabrique.

D'ailleurs, le plan dont nous avons exprimé l'idée, sur les *distilleries communes*, permettrait de donner à la fabrication des *trois-six* une énorme extension. On ne peut trop le redire, ce ne serait plus qu'un produit agricole annexé à la production de la viande ; les deux produits se prêteraient un mutuel appui en diminuant le prix de revient et, par conséquent, les chances de pertes ; en un mot, ce serait le succès.

D'après les travaux et les recherches auxquels nous nous sommes personnellement livré depuis 1853, nous avons pu nous convaincre que le prix moyen de revient des alcools de betterave varie de 60 à 75 centimes pour les distillateurs, tandis qu'il ne peut dépasser la moitié pour l'agriculteur engraisseur. Nous ne désespérons pas de voir, d'ici à quelques années, lorsque l'opinion aura dirigé l'attention des hommes de recherches vers la *plante*, vers le *produit de la terre*, l'alcool commercial tomber à 35 francs l'hectolitre en moyenne ; ce résultat ne peut être atteint que par l'association agricole, il est vrai ; mais, tôt ou tard, les choses justes, les idées saines et pratiques finissent par recevoir leur application.

Nous terminons ce chapitre par une proposition dont la portée n'a pas besoin d'être expliquée pour être sentie :

Toute plante, graine, racine, toute portion de végétal

contenant de la fécule ou du sucre ou même un tissu transformable en sucre, est facilement alcoolisable.

Si donc on se rend un compte exact de cette vérité, on arrive à déduire plusieurs conséquences relatives à l'usage que l'on peut faire de certaines plantes pour la fabrication de l'alcool ; nous en indiquerons les plus importantes en mentionnant les éléments alcoolisables. Nous renvoyons, au reste, le lecteur au travail spécial où sont consignées nos expériences sur l'alcoolisation de ces plantes et leur rendement pratique, en regard avec les chiffres de la théorie [1].

Plantes alcoolisables.

NOMS.	ÉLÉMENTS.
Betterave	Sucre de canne, glucose, fécule.
Carotte.	— — —
Sorgho sucré (tiges)	— — —
Maïs (tiges).	— — —
Potiron et melon.	— — —
Citrouille et courge.	— — —

(Toutes les plantes de la famille des courges sont à la fois sacchariferes et féculentes.)

Navet. . . . . ⎫	
Rutabaga . . . . ⎬ Sucre de canne, glucose, fécule.	
Rave. . . . . ⎭	

Tropæolum tuberosum (capucine tubéreuse). . . . . .   —   —
Pomme de terre. . . . .   —   —

(Et toutes les plantes tuberculeuses, oxalis, etc., etc.)

Topinambour [2] . . . . Sucre de canne, glucose, fécule.

Pommes, ⎫	
Poires, ⎬ et tous les fruits proprement dits.. . . . — —	
Prunes, ⎭	

---

[1] *Guide pratique du fabricant d'alcools et du distillateur*, 5ᵉ édit., t. I.

[2] Contient en outre de la *pectosine.*

Toutes les céréales :

Blé, orge, seigle, sorgho, millet. . . . . Fécule.
Avoine, sarrasin, maïs (graines). . . . .　—
Riz (la meilleure de toutes). . . . .　—
Vesces, pois. . . . .　—
Fèves, haricots, lentilles, etc. . . . .　—
Asphodèle rameux. . . . . Pectosine.

Ce tableau est loin d'être complet ; nous possédons
dans nos cartons un compte exact d'expériences précises faites sur quatre-vingt-deux plantes ou matières
alcoolisables, présentant toutes un intérêt considérable.
Nous n'avons voulu que faire pressentir ici toutes les
vastes conséquences de la proposition que nous venons
d'exposer.

CHAPITRE IV.

EXAMEN DES SYSTÈMES

ET DES MÉTHODES D'ALCOOLISATION DE LA BETTERAVE.

M. DUBRUNFAUT,

M. CHAMPONNOIS, M. KESSLER, M. LEPLAY.

En présence d'un avenir brillant, d'une situation exceptionnelle, les méthodes abondent, les systèmes se
dévorent. Nous allons examiner de sang-froid et avec
impartialité tout ce qui en vaut la peine, sans nous laisser surprendre par l'autorité ou l'ascendant de partisans
plus ou moins célèbres, dont les efforts tendent à faire
tomber *un tel* pour le triomphe et la gloire d'*un autre tel*.
Et pourtant, s'il est quelque chose dont l'impartialité
soit la propriété, l'emblème absolu, ce devrait être la
science pratique, celle qui apporte à l'industrie les produits de ses veilles à mettre à exécution.

Avant d'entrer dans l'examen critique des systèmes
en présence, nous croyons devoir dire hautement qu'il
n'y a pas un seul procédé, breveté ou non, qui puisse
empêcher la fabrication libre de l'alcool de betteraves
ou de toutes les autres plantes que nous avons mentionnées. Le domaine public est assez riche pour que l'on

ne soit point obligé de faire un emprunt à des *brevets;* ce n'est qu'une question de principes connus depuis long-temps, torturés dans tous les sens pour faire de telle ou telle application une matière à *brevet.*

Que les cultivateurs se tranquillisent donc à cet égard; ils peuvent alcooliser leurs plantes-racines à leur gré sans entrer dans aucune question de brevet, en suivant pour base les principes que nous avons énoncés dans les deux chapitres précédents.

Les principales méthodes mises en usage jusqu'à présent sont les suivantes :

1° *Distillation du jus concentré à l'état de sirop fermenté..*

Nous ne parlerons pas de ce système, qui ne présente ni économie, ni aucune des qualités d'une méthode pratique.

2° *Distillation de la pulpe même, cuite ou crue, fermentée.*

Ce système pèche évidemment contre un des principes que nous avons posés précédemment; par là, on introduit la matière à l'état pâteux dans l'appareil distillatoire et l'on fait un détestable travail, à moins qu'à l'aide d'une distillation à la vapeur, dans un appareil à faux fond, on n'évite les inconvénients que nous avons signalés. Quoi qu'on fasse, cependant, il faut convenir que la distillation directe donne toujours des produits de qualité moins bonne que dans la distillation des jus et que les pulpes sont plus sujettes à s'altérer. La fermentation directe conduit aussi plus souvent à la dégénérescence lactique.

3° *Distillation du jus sucré, fermenté, obtenu par la pulpation et la pression ou par macération.*

4° *Distillation du moût obtenu par la réaction de l'eau chaude acidulée sur les betteraves séchées ou cossettes.*

Afin de n'avoir plus à revenir sur la distillation des betteraves séchées, laquelle ne présente à nos yeux, pour le fermier-distillateur, qu'un avantage très-médiocre, disons tout de suite en quoi cette méthode consiste, d'après le procédé de M. Douay-Lesens, de Valenciennes. On coupe les betteraves bien nettoyées en petits morceaux ; on les fait sécher à l'étuve sur une toile métallique et on les conserve. Quand vient le moment de les traiter, on les soumet à l'action de l'eau chaude aiguisée de 0,2 à 0,3 pour 100 d'acide sulfurique. On obtient ainsi un jus acide que l'on met fermenter dans une cuve avec un peu de graine de lin et de levûre de bière.

Si, comme le fait remarquer M. Barral, le but de l'acide est de changer le sucre cristallisable en sucre fermentescible, ce qui est vrai, comme nous l'avons dit précédemment, ce ne nous paraît pas être une raison pour ne pas neutraliser en partie cet acide à l'aide de la chaux ou de la craie. Une *légère* réaction acide aide à la fermentation, mais un excès d'acide est toujours nuisible. Si cette proposition est de toute vérité, il faut convenir que l'idée d'aciduler les cossettes pour leur faire subir la macération est une chose étrange, dans laquelle on n'a consulté en rien l'intérêt du bétail...

M. Barral, qui a fait paraître dans le *Journal d'agriculture pratique* une série d'articles sur le sujet qui nous occupe, a laissé se glisser dans ses indications quelques erreurs de chiffres. Nous les relevons ici, parce qu'elles nous paraissent de nature à donner lieu à des calculs faux et à des déceptions.

Un kilogramme de sucre ne donne pas 600 *grammes d'alcool absolu*, mais bien seulement 511^{gr},20, en supposant la réaction absolue et sans perte.

Ce résultat ne donne que 603 grammes de *trois-six* à 830 de densité et non 706 grammes, comme le dit M. Barral.

A la densité de 830, celle de l'eau distillée étant 1 000, 603 grammes d'alcool commercial équivalent à 73 centilitres environ.

Par conséquent, les 50 kilogrammes de sucre contenus (*d'après les chiffres, au minimum*) dans 1 000 kilogrammes de racines donneront 36^{lit},50 d'alcool commercial, et non 41.

Nous ajouterons à cette rectification que l'appréciation *théorique* de M. Barral ne repose que sur la faible donnée de 5 pour 100 de sucre dans la betterave. Il est facile de voir qu'il y a erreur en cela, et nous ne mentionnerons pour le prouver que le résultat de la pratique, laquelle obtient 18^{hect},10 par 40 000 kilogrammes de racines, c'est-à-dire 45^{lit},25 pour 1 000 kilogrammes, ce qui conduit à 6,67 pour 100 de sucre transformé.

Quoi qu'il en soit de ces petites choses, nous nous plaisons à reconnaître, comme le fait M. Barral, que le cerveau des chimistes engendre tant d'idées que c'est grande peine d'en débrouiller le chaos. Nous ne nous arrêterons donc pas aux *inventions* plus ou moins brevetées que l'on a lancées à la tête du public; nous avons à donner à nos lecteurs des choses plus utiles qu'une nomenclature du registre des brevets, et nous leur parlerons de quelques méthodes, de celle de M. Dubrunfaut, de celle de MM. Champonnois et Bavelier et de celle dite Leplay.

M. Barral a parlé, dans les articles déjà cités, de la méthode de M. Dubrunfaut; nous croyons devoir reproduire ce qu'il en dit de plus important, en y ajoutant nos propres observations.

Procédé Dubrunfaut. — Nous ne portons pas aux nues M. Dubrunfaut, et nous sommes loin de vouloir nous faire le panégyriste de personne; mais combien de fois ce travailleur obstiné a-t-il mis sur la voie d'autres chercheurs qui ont su profiter de *ses premières idées* et de *ses aperçus?* Avons-nous besoin de citer des exemples? M. Dubrunfaut a rendu trop de services à l'industrie pour avoir besoin qu'on le loue mal à propos.

Si nous avions à faire son éloge, nous ne pourrions mieux faire que de citer en entier la lettre de MM. Pétiot et Bonardat, mentionnée dans la 25ᵉ livraison du *Cosmos* (2ᵉ ann., IIIᵉ vol.). Modestie et travail, tels sont les éléments de sa gloire.

Il mérite cependant quelque blâme, pour avoir rarement *parachevé* ses excellentes idées; aussi l'accuserons-nous, avec M. Barral, de s'être laissé aller à prendre des vieilleries pour de la nouveauté : trop frappé de son objet, il a cru, chose commune, que ce qui le frappait bien fort était à lui. Après tout, quand les vieilleries sont bonnes. qu'importe, si elles sont accompagnées de nouveautés sérieuses ?

Voyons notre citation :

« M. Dubrunfaut a pris un brevet d'invention principal en octobre 1852, et trois brevets d'addition en décembre 1852, en février et en septembre 1853. Il dit qu'il a découvert que les acides énergiques, comme l'acide sulfurique, l'acide chlorhydrique, l'acide tartrique et l'acide oxalique ont, à certaines doses, la propriété d'empêcher les jus sucrés de fermenter, tout en changeant le sucre cristallisable en sucre interverti ou incristallisable ; c'est là un fait connu depuis longtemps.»

Ceci est vrai : M. Dubrunfaut ne peut se prévaloir de cette idée, qui est loin de lui appartenir. Encore, dans ce qu'il émet, y a-t-il une omission grave, à notre sens. Si les acides, *à une certaine dose*, ont la propriété de retarder ou d'empêcher la fermentation, ce n'est que *momentanément* ; leur action se détruit peu à peu, et l'on doit ajouter qu'*une légère réaction acide* favorise la fermentation, loin de l'empêcher. C'est, du reste, ce que M. Dubrunfaut a dû reconnaître, si nous en jugeons par ce qui suit :

« M. Dubrunfaut ajoute qu'il a trouvé qu'à des doses moindres il arrive, avec l'acide sulfurique notamment, que le jus de betterave subit intégralement la fermentation alcoolique, sans qu'il y ait jamais de fermentation glaireuse ou lactique, qui donne tant de perte dans la distillation des mélasses, du glucose, etc. »

Voilà une idée juste : elle conduit à une application vraiment pratique que nous exposerons plus loin en indiquant notre opinion sur les lignes suivantes. Nous convenons, avec M. Dubrunfaut, que les mélasses, le glucose, etc., ne subissent que la fermentation régulière, alcoolique ou vineuse, quand on les additionne d'acide sulfurique et même d'acide tartrique. Pour avoir négligé cette précaution, nous avons éprouvé de la perte dans deux fermentations d'essai faites en 1853 : dans la première, la perte était de 34 pour 100 ; dans la seconde, elle était de 42 pour 100 sur le rendement alcoolique de mélasses fermentées, passées à la fermentation glaireuse.

« La quantité d'acide sulfurique qu'il faut employer est, d'après M. Dubrunfaut, de 1 à 2 pour 100 du poids du sucre contenu dans le jus de betterave, et quelquefois moins de 1 pour 100 ; ces proportions équivalent à des quantités d'acide variant entre 50 et 200 grammes par hectolitre de jus. La proportion d'acide sulfurique qui empêche la fermentation est de 2 à 3 pour 100 du poids du sucre. La température à laquelle part la fermentation est de $+18°$ à $+20°$; il faut éviter qu'elle s'élève pendant l'opération au delà de $+28°$.

« S'il est vrai qu'il n'y a pas besoin de levûre de bière pour obtenir la transformation du sucre en alcool, le procédé Dubrunfaut présente une idée nouvelle. Cependant l'auteur semble dire que la première fois il faut une petite quantité de levûre : on peut ensuite s'en passer, ajoute-t-il, en mettant dans les nouvelles cuves une proportion *non indiquée* de vin en train de fermenter, c'est-à-dire une partie du liquide d'une cuve déjà en pleine fermentation [1]. »

[1] Cette pratique offre bien de la ressemblance avec le mode de fermentation de M. Champonnois.

Ici, M. Barral se trompe sans doute : en effet, on sait depuis longtemps que les matières sucrées végétales sont *toujours* accompagnées de *substances albuminoïdes* qui déterminent le changement du sucre de canne en sucre incristallisable et produisent la fermentation alcoolique sans le secours des acides : ce n'est donc pas une idée nouvelle ; mais on doit savoir gré à M. Dubrunfaut d'avoir appelé l'attention sur ce point, de l'avoir indiqué à la pratique : c'est là déjà un titre de gloire suffisant pour la noble ambition d'un homme sérieux.

Nous constaterons cependant qu'il est bon de conserver au moût une légère réaction acide qui favorise la fermentation et la détermine plus rapidement. Aussi nous condamnons tous ceux qui, après avoir employé l'acide sulfurique, ne le neutralisent pas par la craie de manière à n'avoir plus qu'une légère teinte violette du papier bleu de tournesol. C'est, du reste, ce qu'indique M. Dubrunfaut :

« L'inventeur indique l'emploi de la craie pour saturer l'acide qu'on pourrait avoir mis en excès ; il brevète un chauffe-vin particulier, et il signale le jus de topinambour comme pouvant donner aussi un ferment.

« M. Dubrunfaut brevète aussi l'extraction directe de l'alcool de la betterave préalablement coupée, ou de la betterave à l'état de cossettes : nous avons vu que ce sont là des idées anciennes.

« L'inventeur conseille l'emploi de l'acide sulfurique sur la râpe même, de manière à acidifier la pulpe ; nous croyons cette méthode préjudiciable à la bonté de la pulpe, qui, on ne doit pas l'oublier, est un aliment précieux pour le bétail. Les distilleries de betteraves annexées aux exploitations rurales ne sont une bonne chose qu'autant que la pulpe peut être consommée par les animaux d'engrais. »

Il reste bien entendu que pour nous, gens agricoles avant tout, cette réflexion de M. Barral est de la plus éminente justesse. Nous ne voyons dans l'alcool qu'un moyen de produire de la viande à moindre prix, et tout ce qui empêche notre véritable but nous semble nuisible. N'allez pas demander à M. Dubrunfaut d'être agriculteur, il est industriel : sous ce rapport, il a parlé en véritable industriel ; mais, comme on le verra plus loin, il aurait pu modifier son emploi de l'acide sulfurique d'une manière moins nuisible à l'agriculture.

« Les appareils employés pour la distillation par M. Dubrunfaut ne sont autres, à quelques légères modifications près, que ceux des distilleries ordinaires [1]. »

Nous pourrions examiner les idées de M. Dubrunfaut d'après lui-même, car nous avons sous les yeux ses brochures sur la question ; mais il nous paraît préférable de donner en résumé les conclusions rationnelles qu'inspirent la lecture de ses publications et la connaissance de ses travaux.

1° M. Dubrunfaut n'a rien ou presque rien inventé en science ; mais personne ne peut lui dénier sans injustice le mérite incontestable d'avoir habilement profité des lueurs scientifiques pour rendre à l'industrie d'éminents services ;

---

[1] BARRAL, *Agric. pratique.*

2° M. Dubrunfaut est l'homme industriel par excellence, *peu phraseur*, se trompant parfois, mais travaillant quand même à se rendre utile;

3° Tout ce que M. Dubrunfaut fait entrer dans la *composition* de son procédé est vrai, quoique plus ou moins connu antérieurement en *théorie*; mais il a le mérite d'avoir fait des faits pratiques avec des choses de théorie.

Si nous avons cru devoir être aussi explicite dans notre opinion sur M. Dubrunfaut, c'est que, nous le proclamons hautement, notre conviction est que la distillerie de la ferme (et non la distillerie industrielle) peut seule amener des résultats certains et d'avenir dans la fabrication des alcools.

Avant tout, justice et vérité.

PROCÉDÉ DE MM. CHAMPONNOIS ET BAVELIER. — Maintenant que nous avons dit sur M. Dubrunfaut et sa méthode ce que nous avions à dire, nous empruntons à M. A. Pommier, dans l'*Echo agricole*, les détails qui suivent sur le procédé de MM. Champonnois et Bavelier.

« Nous signalons dans l'*Echo*, d'après la *Revue des inventions*, un procédé nouveau propre à traiter de la betterave, dans la ferme même, et à généraliser ainsi la culture de cette racine, devenue plus précieuse encore par la funeste persévérance de l'affection des pommes de terre.

« Les auteurs de ce procédé étaient partis de ce fait : que le cultivateur qui veut tirer de la betterave, comme nourriture du bétail, tout le parti possible, la coupe préalablement en tranches et la fait fermenter avec des pailles ou fourrages hachés. C'est, en effet, ainsi que la betterave s'emploie dans les exploitations intelligemment dirigées. Dans les unes, on fait cuire légèrement la betterave et on l'écrase, pour la mélanger aux pailles et fourrages hachés; dans les autres, on la tranche au coupe-racines, on la mêle aux pailles et fourrages découpés et on arrose le tas d'eau chaude pour activer la fermentation.

« Dans l'un et l'autre cas, les bestiaux sont très-avides de cette préparation ; mais, par l'effet de la fermentation, le sucre se décompose en alcool, et cet alcool non recueilli se perd dans la fermentation même.

« Conserver à la betterave ses qualités nutritives, recueillir l'alcool perdu, et cela par des moyens simples et économiques à la portée des exploitations rurales, tel est le problème que se sont posé MM. Champonnois et Bavelier, et qu'ils nous paraissent avoir résolu.

« Il n'est pas un cultivateur qui ne comprendra parfaitement la pensée de M. Champonnois. Il ne s'agit pas de convertir les agriculteurs en industriels, de leur demander des avances de capitaux considérables, des constructions dispendieuses, des machines coûteuses et d'un entretien difficile ; le cultivateur reste cultivateur, il calcule ce qu'il lui faut cultiver de betteraves pour entretenir un nombre déterminé de bestiaux, et au lieu de traiter chaque jour, comme nous l'avons indiqué plus haut, les quantités nécessaires à la nourriture de son bétail, il les traite également quotidiennement, mais par un procédé qui, après avoir retiré de la betterave la matière sucrée sous forme d'alcool, matière perdue par

8.

la fermentation à l'air libre, lui conserve tous les autres éléments salins, albumineux et azotés qui constituent essentiellement sa valeur nutritive. L'alcool est le produit secondaire qui vient diminuer le prix de la betterave; le but principal, essentiel, c'est la nourriture et l'engraissement du bétail et la production des engrais à bon marché.

« On conçoit tout ce qu'une pareille proposition a de séduisant au point de vue agricole ; mais plus sa solution devait présenter d'utilité, moins nous avons dû mettre d'empressement à la révéler au public, avant d'avoir vu fonctionner le procédé, c'est-à-dire avant d'avoir examiné pratiquement et la production de l'alcool et la nourriture du bétail par les résidus de cette fabrication.

« L'opération vient d'être soumise à la pratique avec toutes ses conditions méthodiques dans une ferme appartenant à M. Huot, de Troyes, et c'est là que nous avons pu la suivre. Nous en faisons connaître aujourd'hui les détails et les résultats.

« L'installation est faite dans un petit bâtiment de 10 mètres de long sur 8 de large, et d'environ 5 mètres d'élévation.

« L'outillage se compose d'un appareil à distiller fourni par la maison Cail et Cᵉ, monté sur un fourneau en briques, de quatre cuves en bois pour la fermentation, de six cuviers pour la macération et d'un coupe-racines ordinaire.

L'appareil à distiller, dont le prix varie suivant le prix du cuivre,
a coûté. 2 000 fr.
Les quatre cuves à fermentation, 120 francs l'une. 480
Les six cuviers à macération, 60 francs l'un.. . . 360
Le coupe-racines 150
Tuyaux, robinets, pompes à jus, montage, fourneau,
ustensiles, etc.. . . . . 2 000

Total. . . . . 4 990 fr.

« On y emploie par jour, de six heures du matin à six heures du soir, 2 250 kilogrammes de betterave, et il en sort 1 800 kilogrammes de résidus, et 180 kilogrammes d'alcool à 50 degrés, dont M. Huot nous a déclaré avoir refusé 95 francs l'hectolitre [1].

« Le personnel se compose d'un ouvrier pour suivre la distillation et la fermentation, d'un second pour la macération et d'un troisième pour charger les betteraves découpées dans les cuviers.

« Le coupe-racines est mû et servi par trois hommes.

« La dépense pour tout le chauffage est de 2 hecto-litres de houille par jour ou l'équivalent en bois. On le comprendra facilement, lorsque nous expliquerons l'emploi des vinasses.

« Il est évident qu'avec un manége pour faire mouvoir le coupe-racines et le même nombre d'hommes à la distillation et à la macération, on pourrait traiter le double de betterave.

« Nous avons dit plus haut que le cultivateur n'était pas ici un industriel, que son but devait être de nourrir le plus de bétail possible au meilleur marché possible. Le cultivateur peut donc établir son compte de plusieurs

---

[1] Aux prix de l'époque, évidemment.

manières : ou vendre ses betteraves à sa distillerie en lui rachetant ensuite ses pulpes, ou bien considérer le produit de la distillerie comme un produit secondaire qui lui diminue, dans une plus ou moins forte proportion, le prix de la nourriture de son bétail et de l'engrais que celui-ci fournit.

« Chacun pourra faire son compte à sa manière : nous l'établissons comme suit :

2 250 kilogr., travail d'un jour, à 16 fr. le mille.	36 fr.	c.
Main-d'œuvre et combustible.	10	»
Intérêt du capital à 10 pour 100 pendant deux cents jours de travail	2	50
Entretien.	1	50
Total de la dépense.	50 fr. »	

« Voilà donc le prix de 2 250 kilogrammes de betteraves porté à 50 francs ; mais vous vendez 180 litres d'alcool de 50°, au cours actuel, à 95 francs les 100 litres, soit 171 francs. La betterave donnée au bétail n'a donc rien coûté, et vous avez encore 121 francs de bénéfice.

« Quand même l'hectolitre d'alcool à 50°, qui vaut aujourd'hui 95 francs sur place, tomberait des deux tiers, le prix de la betterave serait encore plus que couvert et le bétail aurait sa nourriture pour rien. Il tomberait encore plus bas que, ne diminuât-il la nourriture que de moitié, il y aurait encore grand avantage pour le cultivateur à utiliser ce procédé. Ainsi se justifie cette pensée fort juste de M. Champonnois, que, chez le cultivateur qui distille de la betterave, l'alcool est l'accessoire et la betterave le principal.

« La macération est, on le sait, le déplacement des éléments constitutifs de la betterave, sucre, etc., etc., par l'eau, qui prend la place des éléments qu'elle a déplacés Pour que la macération puisse s'opérer, il faut que le liquide macérateur soit versé chaud au degré d'ébullition ; mais l'eau, quand elle remplace dans les cellules de la betterave les éléments qu'elle y a déplacés, ôte au résidu de la macération une grande partie de sa valeur nutritive [1]. C'est, indépendamment d'autres inconvénients de fabrication, ce qui a fait renoncer à la macération dans la fabrication du sucre.

« Pour éviter ce double inconvénient, c'est-à-dire le chauffage du liquide macérateur et le peu de valeur nutritive des betteraves macérées, qu'a fait M. Champonnois ? Une chose très-simple : au lieu d'eau, il reprend, pour macérer la betterave, les vinasses qui sortent de l'appareil distillatoire ; ces vinasses, suffisamment chaudes et chargées des éléments qu'elles ont emportés une première fois, déplacent les principes sucrés, albumineux et autres de la betterave et se substituent à leur place ; de telle sorte, qu'au lieu de résidus lavés par l'eau quand on n'emploie que l'eau chaude à la macération, on a des résidus enrichis par les vinasses de tous les éléments mêmes de la betterave, moins le sucre qui s'est transformé en alcool. Il y a donc grande économie de combustible et produit alimentaire beaucoup plus riche.

[1] Cette appréciation de M. A. Pommier est évidemment erronée, puisque les pulpes macérées à l'eau bouillante n'ont perdu que leurs sels solubles, et que toutes les matières azotées y sont conservées.

« Quant à la fermentation des jus, elle est des plus simples. Elle se fait de continuité, sans emploi de levûre ; elle est combinée dans les quatre cuves à fermentation, de manière qu'il y en a toujours une à distiller le jour, une autre à distiller le lendemain et deux autres à moitié vides pour recevoir le jus frais de la macération.

« Tout cela est d'une simplicité parfaite et se fait sans interruption aucune et avec une telle régularité, que M. Huot retire de chaque cuve la même quantité d'alcool.

« En un mot, il n'entre dans la fabrique que de la betterave et il n'en sort que de la betterave et de l'alcool. Il n'y a pas d'eau à perdre comme dans la féculerie ou dans les distilleries, où les vinasses sont un embarras.

« Voici maintenant l'emploi que M. Huot fait des résidus :

« La betterave, découpée en tranches, comme la choucroute, est retirée très-chaude des cuviers macérateurs au moyen d'un instrument des plus simples. Elle a une consistance de demi-cuisson, une saveur aigrelette, sans apparence de sucre.

« On la porte dans des cuviers en bois, où on la mélange avec des balles de paille, des menues pailles et des fourrages hachés, et on la laisse ainsi pendant vingt-quatre à trente heures. Il se développe dans le tas une chaleur et une fermentation vineuse[1] aromatisée par les fourrages, et c'est dans cet état que M. Huot les fait distribuer au bétail deux fois par jour, et dans les mêmes

---

[1] Ceci démontre que les pulpes ne sont pas épuisées et que la fermentation a été incomplète.

proportions qu'il administrait antérieurement la betterave.

« Le bétail mange ce mélange avec une très-grande avidité, et M. Huot nous a déclaré que, depuis qu'il a commencé cette opération, c'est-à-dire depuis cinq semaines, la production du lait a doublé dans ses étables.

« Pour l'appréciation de ces résultats, nous devons ajouter que les betteraves qui ont été employées sont de l'espèce fourragère ou disette et dans le plus mauvais état de conservation possible, par suite de retards dans les transports et des attaques de la gelée. Elles seraient complétement impropres à faire du sucre.

« M. Huot s'est empressé de nous fournir tous les renseignements et tous les détails que nous lui avons demandés. Il est impossible de témoigner plus de bonne grâce et de franchise. Tous les cultivateurs qui voudraient vérifier par eux-mêmes ce que nous avons vu sont certains de recevoir chez M. Huot l'accueil le plus cordial et le plus empressé [1]. »

Nous continuons en entier cette citation intéressante du travail de M. Pommier sur le procédé de MM. Champonnois et Bavelier. M. Pommier, que la presse culturale a eu le malheur de perdre depuis, était assez connu en agriculture pour que personne n'ait eu à suspecter sa bonne foi et ses lumières :

« En rendant compte du résultat de la visite que nous avions faite à la ferme où M. Huot, de Troyes, a établi une petite distillerie de betteraves, nous avons cité les

---

[1] *Echo agricole.*

paroles de M. Champonnois, l'un des auteurs du procédé :

« L'alcool, nous disait-il, est ici le produit secon-
« daire : le but principal, essentiel, c'est la nourriture et
« l'engraissement du bétail et la fabrication des engrais
« à bon marché. »

« Ces paroles nous ont frappé; nous y avons vu l'expression d'un système tout nouveau et des plus recommandables, au point de vue de la production agricole et de l'intérêt général.

« Si, en effet, il ne s'était agi que d'augmenter la fabrication de l'alcool au moyen de la betterave, tout remarquable que puisse être ce fait industriel, nous nous en serions probablement très-peu préoccupé; il eût pu suivre sa fortune sans que nous lui eussions porté un bien vif intérêt.

« Mais ici le fait est essentiellement agricole et, sans rien perdre de son mérite industriel, il nous paraît avoir une bien autre portée.

« En effet, pour peu qu'on ait étudié la pratique de l'agriculture, on sait que la grande difficulté est de produire des engrais à bon marché. Pour remplir cette condition, il faut avoir du bétail ; pour entretenir le bétail, il faut obtenir des fourrages, et, pour obtenir des fourrages, il faut des terres suffisamment engraissées. Le cultivateur tourne donc dans un cercle vicieux quand il ne peut nourrir assez de bétail ni le nourrir à bon compte.

« Mais quand cette condition peut être remplie, tout devient possible; et c'est comme moyen de l'obtenir facilement que le procédé de traitement de la betterave, proposé et exécuté par M. Champonnois chez M. Huot, de Troyes, nous paraît mériter de fixer l'attention non-seulement des cultivateurs, mais encore de nos hommes d'État et de tous ceux qui s'intéressent à la prospérité du pays.

« On ne sent jamais mieux que dans les moments de cherté l'avantage d'avoir le pain et la viande à bon marché. Le procédé de M. Champonnois est un des moyens qui peuvent permettre à notre agriculture d'atteindre naturellement et promptement ce double résultat.

'« La betterave est une plante améliorante ; elle occupe peu de temps le sol ; elle exige des binages et des sarclages qui mettent la terre en excellente condition pour recevoir du froment et des prairies artificielles ; mais pour qu'elle n'appauvrisse pas le sol, il faut absolument qu'elle soit consommée dans la ferme. Il s'en fait déjà en France de grandes quantités pour la nourriture du bétail ; — nous ne parlons pas de celles qui sont employées à la fabrication du sucre ; depuis que cette fabrication s'est introduite dans le Nord, le nombre d'animaux nourris dans cette contrée a augmenté dans une proportion considérable ; dans l'arrondissement de Valenciennes, le nombre en a décuplé ; — mais nous ne faisons allusion qu'aux cultures faites spécialement pour la nourriture du bétail de la ferme. Mais, quelle que soit l'excellence reconnue de la betterave comme plante appliquée à cet usage, sa culture ne s'est pas étendue autant qu'on aurait pu le désirer. La raison est facile à expliquer. La culture de la betterave exige de la main-d'œuvre ; il faut sarcler et biner à plusieurs reprises ; après la récolte, il faut l'emmagasiner à l'abri des gelées ; il faut ensuite, pour l'employer, la faire passer au coupe-racines, lui faire subir un certain degré de cuisson, soit par le feu, soit par la fermentation : tout cela entraîne des soins et des frais qui expliquent parfaitement pourquoi la culture de la betterave uniquement destinée au bétail ne s'est pas généralisée.

« On estime que la betterave champêtre est au foin comme 5 est à 1, c'est-à-dire qu'il faut 5 kilogrammes de betteraves pour représenter 1 kilogramme de foin. En partant de cette base, M. de Gasparin démontre qu'en supposant une récolte de 40 000 kilogrammes de betteraves par hectare, cette plante fournirait encore un fourrage beaucoup plus cher que le foin, et que le cultivateur n'a d'intérêt à cette culture que lorsqu'il vend la racine à une industrie, en se réservant la pulpe.

« L'avis du célèbre agronome confirme ce que nous disions plus haut des motifs qui s'opposent à l'extension de la culture de la betterave, toutes les fois qu'elle ne s'adjoint pas à une industrie ou qu'elle n'a pas dans son voisinage immédiat une industrie qui l'emploie et rend la pulpe au cultivateur, condition indispensable, car tout agriculteur qui cultive la betterave sans en faire consommer les résidus appauvrit sa terre et fait une très-fausse opération.

« Mais il n'y a pas partout des fabriques de sucre ; dans bien des contrées, la quantité de matières salines que contient la betterave s'oppose à ce qu'on puisse en obtenir en quantité suffisante du sucre cristallisable.

Cette composition de la betterave n'est point un obstacle à la fabrication de l'alcool. Dans toutes les localités, le procédé de M. Champonnois pourra s'appliquer avec facilité, de manière à couvrir tous les frais de culture et autres qu'entraîne la betterave et à faire de cette racine le fourrage le meilleur marché de tous.

« Ainsi, d'après les proportions que nous avons indiquées plus haut, 5 kilogrammes de betteraves pour 1 kilogramme de foin, on peut établir les chiffres suivants : quand 1 000 kilogrammes de foin valent à la ferme 60 francs, prix moyen à peu près général, 1 000 kilogrammes de betteraves ne doivent pas dépasser 12 francs ; c'est le plus bas prix auquel on puisse les établir. Mais, avant d'arriver au bétail, la betterave est augmentée de frais de découpage et de mélange.

« La fabrication de l'alcool prend tous ces frais à sa charge. Ainsi :

2 000 kilogrammes de betteraves coûtant. . . .	24 fr.
donnent 1 hectolitre d'alcool, dont la fabrication coûte, en combustible et autres frais.	10 »
Total.	34 fr.

« Si donc l'hectolitre d'alcool, qui vaut aujourd'hui 200 francs, se vendait seulement 34 francs, la betterave ne coûterait rien au cultivateur ; tout ce qui dépasserait 34 francs dans le prix de l'alcool serait un bénéfice par delà celui que doit procurer le bétail nourri avec un aliment qui ne coûte rien.

« Chacun, aujourd'hui, en adoptant le procédé offert par M. Champonnois pour traiter la betterave, peut faire son compte en prenant pour le prix de l'alcool une échelle dont les degrés seront compris entre 34 francs l'hectolitre, prix qui ne s'est jamais vu, et 200 francs, prix actuel.

« Il sera donc désormais facile au cultivateur d'obtenir de la betterave un aliment qui ne coûtera rien, et, par conséquent, de produire de la viande à très-bon marché.

« Il lui sera facile d'augmenter ses engrais, d'étendre ses prairies artificielles, de placer ses froments dans de meilleures conditions.

« Du même coup se trouvent supprimées les distilleries de grains et de pommes de terre, qui ne laissent pas que de peser sur le prix des denrées alimentaires dans les années de cherté.

« Tout propriétaire intelligent, dans les pays où le fermage n'existe pas, voudra que son métayer cultive et distille la betterave. C'est un moyen d'augmenter le cheptel avec certitude de le voir placé dans de bonnes conditions; c'est un moyen d'augmenter dans une immense proportion la richesse de nos provinces centrales et de fournir au pays plus de viande et plus de pain.

« Mais, si ces procédés se généralisaient, que ferait-on de l'alcool? Nous ne le savons pas encore; mais nous sommes certain que l'industrie saura bien lui trouver sa place. »

Après avoir cité presque en entier l'opinion de M. Pommier sur le procédé Champonnois, opinion que l'on peut regarder comme un véritable panégyrique, raisonné et réfléchi, nous ne nous arrêterons pas à reproduire le jugement de M. A. Payen, dont le rôle, en alcoolisation, semble avoir été de faire l'annonce justificative et la louange quand même de ce procédé ; mais il nous paraît intéressant de transcrire les parties les plus importantes d'un rapport très-sérieux et très-bien fait de M. Vandenbroeck, adressé à la Société centrale d'agriculture de Belgique, sur la méthode Champonnois.

« Les cuviers macérateurs, dit le savant professeur, sont au nombre de six, rangés à côté les uns des autres, à proximité de l'appareil distillatoire qui doit leur envoyer ses vinasses. Ces cuviers sont plus ou moins exhaussés, afin que le liquide qu'ils renferment puisse, par la seule différence de niveau, passer plus tard dans les cuves à fermentation. Avant d'aller plus loin, et pour ne pas scinder par une digression les détails dans lesquels je vais entrer, je dirai tout de suite ce qu'il y a de défectueux dans la disposition adoptée chez M. Huot. D'abord, il y a six cuviers de macération, et il a été reconnu que quatre suffisent amplement aux exigences de l'opération. Il en résultera donc pour les imitateurs une diminution dans la dépense et, si petite qu'elle soit, elle n'est point à dédaigner, pour l'agriculteur surtout. La seconde observation à faire a plus d'importance encore ; elle a trait aux positions respectives des cuves à macération et des chaudières de l'appareil distillatoire. Celui-ci, par suite de l'élévation trop faible du bâtiment, n'a pu être placé à un niveau assez élevé pour que la chaudière inférieure dominât les cuves à macérer. On est donc obligé, pour y faire passer les vinasses, d'élever celles-ci au moyen d'une pompe, ce qui, au point de vue pratique, présente un appareil en plus, une main-d'œuvre plus coûteuse et une perte notable de chaleur. L'an prochain, M. Huot aura remédié à ces imperfections de détail, que je ne signale d'ailleurs qu'afin qu'elles ne soient plus commises.

« Les cuves à macération sont disposées comme il suit : elles ont une forme légèrement conique et reposent sur leur petite base ; leur hauteur, ou plutôt leur profondeur, est de $0^m,70$; elles ont $0^m,96$ de diamètre en haut. A la distance de $0^m,05$ de leur fond se trouve une espèce de treillage constitué par des lattes en bois fixées sur un cadre circulaire, et laissant entre elles le plus grand espace possible, dans des limites assez restreintes cependant pour que les fragments de la betterave ne puissent point passer au travers.

« La capacité de ces cuviers est telle qu'ils peuvent contenir chacun 3 hectolitres de racines coupées, plus 350 litres de liquide, quantité qui suffit à produire l'immersion de la matière. Au-dessus de celle-ci, et pour la maintenir, en même temps que pour opérer plus uniformément la répartition du liquide macérateur, on place un second treillage en bois qui se trouve distant de $0^m,15$ des bords supérieurs de la cuve. La profondeur réellement occupée par la racine et par le liquide dans lequel elle est immergée n'est donc en définitive que de $0^m,50$ entre les deux faux fonds.

« Chacune des cuves communique avec celle qui la précède et avec celle qui la suit ; mais, nécessairement, le mode de communication n'est pas le même, ou, pour mieux dire, les ouvertures qui l'établissent ne sont pas percées dans le même plan. C'est par un tube recourbé qu'on appelle *siphon*, bien que l'expression me semble physiquement impropre, c'est par un tube recourbé, dis-je, que le fond d'une cuve envoie son liquide à la partie supérieure de la cuve suivante. Cet envoi s'opère par déplacement, c'est-à-dire quand la cuve qui évacue son liquide par le bas en reçoit elle-même par en haut. Il est clair que le volume du liquide qui arrive doit déplacer et remplacer un volume égal du liquide qui sort et qu'ainsi on peut établir une circulation par tout le système de cuves en faisant arriver du liquide dans l'une d'elles. Maintenant, on comprend bien que cette circulation ne saurait être perpétuelle, et qu'il arrive un moment où le liquide, en passant successivement sur des betteraves plus fraîches, s'est saturé de sucre au point de n'en plus pouvoir dissoudre. Si on continuait donc à le faire circuler dans le système, ce serait en pure perte, et il convient de l'évacuer pour le transmettre aux appareils de fermentation. Cette évacuation se fait naturellement au moyen d'un robinet qui correspond à la base des macérateurs, et qui conduit le jus concentré dans un tuyau qui le déverse dans les cuves à fermentation.

« Avant d'aller plus loin, je dois parler ici de la nécessité où l'on se trouve de réchauffer de temps à autre certaine partie des vinasses, celles qui, ayant passé sur des racines épuisées, n'ont pu se charger que de très-peu de sucre, et qui, étant refroidies, seraient peu propres à remplir leur office dans les cuves par lesquelles elles doivent successivement passer; ces vinasses, légèrement sucrées, ont une densité moyenne de 2° à l'aréomètre de Baumé ; on les envoie dans une petite citerne où elles arrivent par un conduit auquel aboutissent des tuyaux venant de chaque cuve de macération, et commandé aussi par les robinets des siphons, dont j'ai parlé plus haut. Ces siphons, comme on sait, font communiquer les cuves les unes avec les autres ; mais il est évident que les robinets qui les commandent doivent être à deux jeux, c'est-à-dire que quand la vinasse se rend dans la chaudière à réchauffer, la communication avec la cuve suivante se trouve interrompue et, au contraire, lorsque le liquide qui sort d'un macérateur ne doit point être réchauffé, la communication avec la chaudière est interrompue, et la liqueur passe dans le cuvier suivant. Une petite manivelle, à portée de la main, permet à l'ouvrier de conduire aisément l'opération.

« De la citerne où elles se rassemblent, les vinasses, légèrement sucrées, sont, au fur et à mesure des besoins, élevées au moyen d'une pompe à bras et déversées dans une chaudière en cuivre, où elles s'échauffent de nouveau jusqu'au degré d'ébullition, point auquel elles sont reprises pour passer sur des racines successivement plus riches en sucre.

« Je vais à présent, messieurs, attirer votre attention sur les différentes phases de la macération elle-même, en suivant pas à pas sa marche dans un seul cuvier ; car il est clair que la même circulation s'effectuant dans les autres successivement, ce que je dirai pour un, je le dirai pour tous, avec plus de netteté et plus de chances d'être compris. Je suppose donc qu'un macérateur se trouve en vidange ; voici comment on procède : on introduit dans la cuve 3 hectolitres, soit 250 kilogrammes environ, de betteraves coupées et fraîches ; on place le faux fond supérieur et on fait arriver d'un cuvier précédent 250 litres de jus à 3° de l'aréomètre de Baumé. Ce jus, arrivant par le haut de la cuve, se répand dans la masse et la traverse pour gagner le fond, en vertu de la tendance de tous les liquides possibles. Pendant cette véritable filtration, le jus qui déjà marquait 3° se charge de sucre, et en accuse 5° à 5° 1/2, c'est-à-dire la densité voulue pour être soumis à la fermentation. On met donc le macérateur en communication avec la cuve à fermenter et, pour chasser le jus saturé dans celle-ci, on le déplace simplement par 250 litres de liquide nouveau, qu'on introduit par le haut du macérateur. Lorsque le liquide du second lavage a remplacé le premier, il a acquis une partie du sucre qui restait dans la racine, et se trouve prêt à passer dans le cuvier suivant ; mais, pour le déverser dans cette cuve suivante, il faut ouvrir le siphon de communication, et déplacer le jus du second lavage par un volume égal du liquide qui doit effectuer le troisième. Ce liquide sera de la vinasse réchauffée, marquant 2° Baumé. Cette vinasse réchauffée, s'enrichit, et passe ensuite dans un autre cuvier, où elle rencontre de la betterave fraîche. Ce troisième passage est encore déterminé par l'arrivée, dans la cuve dont je suis le travail, de 250 litres de vinasses bouillantes sortant des alambics, marquant 1°, ne contenant pas de sucre, et aptes, par conséquent, à enlever le peu de cette substance que les trois lavages précédents ont laissé à la racine. En contact avec la betterave, ainsi lavée pour la quatrième fois, la vinasse l'épuise, acquiert 1°, c'est-à-dire qu'elle marque 2°, et passe enfin dans la citerne, d'où on la remonte à la chaudière à réchauffer.

« Quant à la pulpe restant dans le macérateur, pulpe qu'on suppose totalement privée de sucre, on la retire, pour l'employer à la confection des mélanges nutritifs qu'on prépare pour les bêtes à l'engrais.

« L'enlèvement de la racine épuisée a été assez long-temps une manœuvre embarrassante ; M. Huot l'a rendu facile en imaginant un outil, qui est une pince de fer, constituée par deux branches articulées au milieu de leur longueur et terminées chacune par une espèce de grande fourche à trois dents. Entre ces énormes griffes, un ouvrier robuste enlève à la fois de 40 à 60 kilogrammes de pulpe, qu'on dépose dans un petit chariot qui la conduit à l'étable. Il suffit de cinq à six brassées pour vider le macérateur, lequel est immédiatement rempli de nouveau.

« Tout ce que je viens de dire à propos du travail qui s'accomplit dans une cuve à macérer s'applique de tout point aux autres ; car toutes sont successivement remplies de betterave fraîche qui y subit quatre lavages. Toutes, à tour de rôle, reçoivent de la cuve précédente, de la chaudière à réchauffer et de l'appareil distillatoire, des liquides marquant 3°, 2° et 1° ; toutes aussi envoient les liquides qui les ont traversées dans les cuviers à fermentation, dans la cuve suivante, dans la chaudière à réchauffer. C'est, en un mot, une circulation sans fin, toujours la même dans son ensemble, mais dont les quatre phases s'accomplissent successivement dans chacun des macérateurs ; je dis *successivement*, mais non *simultanément*, car on ne macère que sur deux cuves à la fois ; pendant ce temps, la troisième se charge, et la quatrième se vide. On voit que la cinquième et la sixième sont inutiles.

« Maintenant que je crois avoir exposé d'une façon assez lucide le mécanisme, si je puis m'exprimer ainsi, de la macération proprement dite, il me faut parler de quelques détails qui ont une importance pratique, et qui, pour cette raison, ne doivent pas être négligés, selon moi. Dans les premiers jours de la fabrication nouvelle, M. Huot observa que les racines coupées devenaient rapidement le siége d'une fermentation plus ou moins active, qui amenait dans leur nature une altération profonde, et qui influait sur le rendement en alcool d'une manière fort désavantageuse. Intelligent comme il l'est, M. Huot découvrit bientôt un moyen de retarder, sinon d'empêcher complétement cette altération. Ce moyen réside dans l'emploi de l'acide sulfurique ajouté à très-faible dose ; pour 1 000 kilogrammes de betteraves, 1 kilogramme d'acide sulfurique, étendu dans 10 kilogrammes d'eau, suffit à produire l'effet désiré, et à l'aide d'un petit arrosoir, on projette sur la racine fraîchement coupée la solution préservatrice. Depuis, il a été reconnu par M. Huot que, dans la plupart des circonstances, l'usage du sel pouvait donner les mêmes résultats, et l'expérience lui a démontré que 7 kilogrammes et demi suffisaient pour le travail de 2 250 kilogrammes de betteraves. Puisque l'occasion se présente de discuter, au moins jusqu'à un certain point, le mode d'action de l'acide sulfurique, qu'il me soit permis, messieurs, de mettre les distillateurs en garde contre l'influence qu'une proportion un peu exagérée de cet acide pourrait avoir dans certains cas. Je veux parler de la manière dont l'acide sulfurique peut réagir sur les tuyaux, sur les robinets, et particulièrement sur le cuivre des appareils distillatoires. Je sais bien que si l'acide est ajouté avec une excessive modération, il se bornera à saturer les bases libres, s'il en existe, et ensuite celles qui sont unies avec les acides organiques. Mais si sa proportion excède celle qui est strictement nécessaire, ou même s'il a mis en liberté certains acides organiques énergiques, et l'acide acétique est de ce nombre, dès lors il pourra se former des sels de cuivre. Or, non-seulement ces combinaisons, quand elles se produisent, altèrent plus ou moins les surfaces métalliques, mais encore, et ceci est plus grave, elles peuvent, tenues en solution par l'alcool, rendre celui-ci nuisible et même vénéneux : c'est ce que j'ai constaté dans une distillerie des environs de Paris, où les premiers liquides, qui, chaque matin, sortent des appareils de condensation, renferment une quantité souvent très-appréciable d'acétate de cuivre ; or, dans cet établissement, on fait usage d'acide sulfurique dans une proportion relative qui n'est pourtant pas élevée.

« Pour terminer enfin tout ce qui se rapporte directement ou indirectement à la macération, je relaterai une circonstance assez remarquable que voici : on introduit, comme je l'ai dit plus haut, 250 kilogrammes de betteraves coupées dans chaque macérateur et, chose assez singulière, on n'en retire en moyenne que 210 kilogrammes de pulpe ; il y a donc une réduction de 40 kilogrammes ; d'où provient-elle? Je me hâte de dire que je n'en sais rien. Toujours est-il, cependant, que cette différence est bien supérieure à celle qui résulte simplement de l'enlèvement du sucre, si riche qu'on admette la betterave ! Qu'on réfléchisse, en outre, que le résidu est plus imbibé de liquide à son entrée qu'à sa sortie dans la cuve, et que, de plus, le liquide qui l'imbibe est de la vinasse qu'on prétend saturée de sels, enlevés à la racine. Il me semble, soit dit en passant, que ce fait prouverait en faveur de mon dire, à savoir qu'on n'enrichit guère la betterave par l'emploi des vinasses, et que la diminution excessive de son poids prouve, au contraire, qu'on l'appauvrit à peu près, sinon tout à fait, autant que par une autre méthode.

« A la *macération* succède la *fermentation*, et dans le procédé dont j'expose aujourd'hui les détails, qu'il me soit permis de le dire, c'est la phase la plus intéressante et la plus remarquable de la fabrication tout entière. L'opération s'effectue dans des cuves spéciales, ayant la forme d'un cône tronqué, reposant sur la grande base, ce qui veut dire que le diamètre inférieur de la cuve est plus grand que le diamètre supérieur ; la différence, au reste, n'est pas grande. La largeur de la cuve est en bas de 1^m,50, et en haut de 1^m,40 ; la hauteur est égale au diamètre de la grande base, à 1^m,50, par conséquent. Ces dimensions sont prises en dedans et correspondent à une capacité moyenne de 25 hectolitres. Jamais, cependant, on n'y introduit plus de 22 hectolitres et demi ; cette limite est déterminée, non par les exigences de la fermentation qui, sauf quelques exceptions rares, se maintient paisible, et je dirai presque raisonnable, mais particulièrement parce que ce volume de 22 hectolitres et demi représente le produit liquide du travail de douze heures, celui qui résulte de l'épuisement, pendant cet intervalle, de 2 250 kilogrammes de betteraves. De cette façon, la besogne se règle pour ainsi dire d'elle-même et, chaque jour, on trouve, prête à passer à la distillation, une cuve fermentée provenant des jus obtenus la veille.

« Je dois insister ici sur un détail important du travail des cuves à fermenter. Ces appareils sont destinés à recevoir les jus saturés de sucre, fournis à tour de rôle par les macérateurs ; d'un autre côté, on se rappelle que, dans ceux-ci, l'évacuation s'effectue par déplacement : il serait donc fâcheux que, faute de bien apprécier les volumes déplacés les uns par les autres, on laissât du jus saturé dans les macérateurs, ou qu'on envoyât des jus pauvres à la fermentation. Pour concilier toutes les exigences, il suffit, avant de mettre la cuve à fermenter en communication avec un macérateur, de bien observer le volume de liquide qui se trouve dans la première ; on ouvre ensuite le robinet, qu'on ne ferme que lorsque le volume de la cuve à fermenter s'est accru d'un volume égal à 250 litres, soit 2 hectolitres et demi ; on sait, en effet, que c'est la contenance en jus de chaque macérateur. Pour bien apprécier l'augmentation de volume que subit la cuve à fermentation, divers moyens peuvent être employés. A Troyes, on se sert d'un *flotteur*, suspendu à une ficelle qui s'enroule autour d'une poulie de renvoi, et qui porte une flèche à son autre extrémité ; cette petite flèche monte ou descend le long d'une tringle en bois portant une échelle graduée par hectolitre et demi-hectolitre ; quand la cuve se remplit, la flèche descend, c'est le contraire quand elle se vide. Rien n'est plus simple, comme on voit, et il suffit, au commencement de la fabrication, d'opérer une fois pour toutes un empotement exact. Au lieu d'un flotteur, on pourrait aussi se servir d'un tube en verre, dans le genre de ceux qui servent à apprécier le niveau dans les chaudières à vapeur et dans les alambics des distilleries ; mais ce sont là des détails que les convenances personnelles peuvent régler à leur guise.

« Voyons à présent comment la fermentation s'établit, ou plutôt comment elle se continue, car elle marche sans interruption. Chaque jour, je dois le répéter encore, on traite 2 250 kilogrammes de betteraves, dont la macération méthodique fournit 22 hectolitres et demi de jus. Or, ce volume est précisément celui que représente la capacité disponible d'une cuve à fermenter ; au premier abord, il semblerait donc que tout devrait se borner au remplissage de cette cuve ; mais il n'en est pas ainsi, et, par une modification très-simple, on satisfait à toutes les exigences de la situation. Au commencement du travail, au premier jour de l'industrie nouvelle, on s'arrange pour remplir deux cuves qu'on met en fermentation par un procédé quelconque. Le lendemain, nécessairement, on trouve la fermentation terminée dans ces deux cuves, mais au lieu de les distiller toutes les deux, on ne distille que l'une d'elles pendant la journée, et on transvase, dès le matin, la moitié du contenu de l'autre dans une cuve voisine. On a ainsi, par le fait de cette division, deux cuves à moitié pleines; et ce sont ces deux demi-cuves qu'on remplit journellement en partageant entre elles les 22 hectolitres et demi de jus, résultant du travail de douze heures. Quant au motif de ce partage, il est simple et péremptoire; on sait que, pendant la fermentation alcoolique, il se produit, et c'est là le phénomène le plus caractéristique de ce genre de transformation, il se produit, dis-je, une certaine quantité de ferment, c'est-à-dire d'une manière organique et organisée susceptible de convier et d'entraîner à la fermentation une masse nouvelle de liquide sucré. Eh bien, grâce à cette production, chaque demi-cuve renferme assez de ferment pour mettre en fermentation les 11 hectolitres un quart de jus qui doivent la remplir et qui, par portions successives, y arrivent dans la journée. Tous les soirs on a donc deux cuves pleines, qui achèvent durant la nuit la fermentation commencée pendant le travail, et tous les jours, ces deux cuves fermentées, on distille l'une et on partage l'autre. Cette manœuvre se renouvelle indéfiniment.

« En s'y prenant de cette manière, l'opération marche véritablement d'une façon remarquable. Les premières parties du jus sucré, qui marquent 5° 1 2 à l'aréomètre de Baumé entrent dans la cuve à moitié pleine du liquide déjà fermenté et, sous l'influence du *ferment* qui s'y trouve, fermentent elles-mêmes au bout de quelque temps, temps variable d'ailleurs, selon la température de l'atelier et celle du liquide affluent. »

Nous l'avons déjà dit : c'est au procédé et à la manière de voir de M. Champonnois que nous donnons hautement la préférence pour la distillation en ferme, à raison de la simplicité de son outillage et pour quelques autres motifs indiqués plus loin ; mais nous sommes loin d'approuver ce procédé sans restrictions, aujourd'hui surtout que le mode de faire de l'auteur est plus connu et a pu être apprécié par l'expérience.

Nous avons plusieurs reproches à faire au procédé de M. Champonnois, en tant que *procédé industriel et agricole* et, pour donner une preuve de notre impartialité, nous commençons par le blâme avant de donner à sa méthode les éloges qu'elle mérite. *L'alcool produit par M. Champonnois est extrêmement infect ;* au moins en jugeons-nous par les échantillons que nous avons vus. Cette infection est telle, qu'il ne nous serait guère possible d'en soutenir longtemps l'odeur, quoique nous soyons habitué à supporter les âcres senteurs de la plupart des agents chimiques.

A quoi donc peut tenir un tel développement de cette odeur désagréable ? Cette question ne peut recevoir ici qu'une réponse fort incomplète ; nous nous proposons de la faire entièrement dans notre chapitre suivant, en exposant les détails d'une méthode rationnelle, telle que nous la comprenons. Il nous suffira de dire, quant à présent, que c'est à *l'action des vinasses chaudes acides* sur des betteraves découpées au coupe-racines que l'on l'on doit attribuer cette odeur.

Les vinasses extraites de l'appareil contiennent une

quantité notable de sels de potasse en dissolution; en prolongeant l'action de ce liquide chaud sur des racines nouvelles, on opère une substitution puissante, il est vrai, mais cette substitution se fait tout aussi bien sur les matières dont il faudrait éviter la présence que sur les autres. Les huiles essentielles odorantes de la betterave se dissolvent en aussi grande quantité de cette façon que lorsque l'on réduit la betterave en pulpe par la coction prolongée ; il n'y a nulle différence pour la valeur alcoolique du résultat.

C'est là qu'on doit chercher la cause de cette infection, laquelle, du reste, ne présente pas beaucoup d'inconvénients, si on ne veut créer que des alcools industriels. Le cas est plus grave s'il s'agit de livrer à la consommation le produit obtenu, en le transformant en *eau-de-vie*. D'ailleurs, on peut dire que personne *jusqu'ici* n'a produit des alcools de betterave assez purs pour en faire des eaux-de-vie de consommation, des eaux-de-vie de table : M. Dubrunfaut lui-même, malgré des allégations qui ne prouvent rien, n'a pas été plus heureux, et le système de *fractionnement des produits*, par lequel ce chimiste prétend obtenir des alcools *bon goût*, est presque aussi illusoire que tous les autres. Nous comprenons facilement qu'en mettant de part comme *infects* le premier et le dernier *quart* du produit, les deux *quarts* intermédiaires soient beaucoup *moins infects*, qu'on puisse les mélanger aux *Montpellier*, pour les *couper en eaux-de-vie;* mais cependant, pour être vrai, on est obligé de convenir que la partie dite *désinfectée* ou plutôt *non infecte* est encore empreinte d'une huile essentielle fort désagréable. Il suffit, pour s'en convaincre, de *couper* ces alcools avec leur poids d'eau et de les goûter sans y avoir additionné de Montpellier ; on ne pourra supporter leur *saveur* âcre et mordicante. Si on frotte dans les mains quelques gouttes de ce prétendu alcool purifié, l'*odeur* se développera intense et repoussante.

D'ailleurs, l'idée, toute malencontreuse qu'elle puisse être, est loin d'être une *nouveauté* brevetable ; et, malgré tous les brevets du monde, le fractionnement des produits en distillation appartient depuis plus de cinquante ans au domaine public.

Ceci dit en passant et par anticipation sur les idées que l'on doit avoir de la pureté des alcools, revenons à M. Champonnois.

Nous avions émis, en 1854, les opinions suivantes :

« Les avantages du procédé de M. Champonnois sont les suivants :

« 1° Il laisse aux résidus *traités par les vinasses chaudes* toute leur valeur nutritive, et ce point est important dans la ferme ;

« 2° La valeur de l'alcool donne pour le bétail une excellente nourriture revenant presque à rien ;

« 3° Il permet l'alcoolisation de la plupart des *plantes-racines*.

« Son inconvénient est de donner un alcool extrêmement infect et qui ne peut servir aux usages économiques sans désinfection préalable.

« Au demeurant, M. Champonnois a rendu à l'industrie et à l'agriculture un service aussi important que M. Clerget par ses travaux de saccharimétrie.

« M. Champonnois fait parfaitement nettoyer le fond des cuves qui ont servi à la fermentation ; et, d'après ce que nous avons dit de la levûre usée, cette mesure est indispensable. Il n'emploie de levûre que pour ce que nous appellerons la *mise en train* et, d'après lui, ce n'est pas une petite quantité de ferment qu'il faut employer pour une grande masse de liquide, mais une petite masse de liquide non fermenté qu'il convient de faire arriver constamment dans une grande quantité de liquide en pleine fermentation. On peut dire que, dans son système, la fermentation est vraiment *continue*. »

Aujourd'hui, il est impossible de conserver un jugement aussi complétement favorable sur la méthode Champonnois, depuis surtout que, dans ce système, on introduit de l'acide sulfurique sur les cossettes en macération.

M. Vandenbroeck, dont nous avons cité le travail tout à l'heure, partage notre opinion quant aux vinasses, lorsqu'il dit :

« Il est essentiel de remarquer que la macération se fait au moyen des vinasses, sinon bouillantes, du moins très-chaudes ; il en résulte que, sous l'influence de cette température élevée, les substances albuminoïdes se coagulent, de sorte que, par le fait seul de cette coagulation, les éléments azotés de la betterave restent dans le tissu cellulaire des pulpes [1], et cela indépendamment

---

[1] C'est là ce que nous entendions lorsque nous disions que, par ce procédé, les résidus conservaient toute leur valeur nutritive.

de la nature du liquide et de sa saturation préalable.
Si, au lieu d'employer des vinasses, on se servait d'eau
bouillante, on obtiendrait donc à peu près les mêmes
effets au point de vue de la fixation dans la pulpe des
matières albuminoïdes. Quant aux sels, il est vrai, il en
serait différemment ; mais les sels n'ont point la valeur
des éléments azotés, et leur diminution dans les résidus
n'en compromettrait guère l'excellence. En effet, qu'on
réfléchisse que ces corps salins, dont on se préoccupe
tant, n'interviennent pas même dans le rapport de
2 pour 100 dans la constitution de la betterave, et on
se convaincra que leur soustraction partielle sera sans
influence sensible. »

Nous ajouterons que cette soustraction des sels dimi-
nuera notablement l'infection des produits que nous ne
sommes pas seul à reconnaître, tant s'en faut. Nous ne
blâmions, en 1854, que cette mauvaise qualité du
phlegme Champonnois, et nous disions à ce propos :
Nous ne reprochons au système de M. Champonnois
qu'une seule chose... Il donne des produits excessive-
ment infects. La macération par les vinasses bouillantes
en est la cause... Toutes les dénégations n'y peuvent
rien, un fait affirmatif l'emporte sur mille négations.

Depuis la première marche indiquée par M. Champonnois, l'acidulation a été introduite dans son système...
Ce fait seul détruit tout le mérite que l'on pouvait lui
reconnaître, et l'on ne sait vraiment à quoi attribuer une
idée de ce genre, sinon à l'ignorance la plus absolue des
règles de l'hygiène appliquée à l'alimentation du bétail.

On ne peut trop le répéter, et les cultivateurs ne sauraient se graver trop profondément dans l'esprit le principe général qui rejette l'emploi des acides minéraux dans la nourriture du bétail.

Qu'on nous permette de citer encore ce que nous disions déjà, à la même époque, au sujet des pulpes acidulées en général, et que nous appliquons spécialement aujourd'hui au procédé Champonnois :

« On a beaucoup parlé de la valeur nutritive des pulpes de distilleries... Nous-même, nous avons préconisé ce mode d'alimentation, et nous sommes loin de revenir sur une conséquence vraie de nos principes. Mais, pourtant, qu'on nous permette de le dire avec notre franchise habituelle, nous n'aimons pas que l'on outre la vérité. *Les pulpes qui ont été acidulées sont une mauvaise nourriture pour le bétail.* Voici nos raisons : 1° L'acide sulfurique, même en petite quantité, agit comme *astringent* sur la muqueuse de l'estomac des animaux, et après leur avoir servi de *rafraîchissant*, il devient un *irritant* dangereux, quand on en prolonge l'usage. 2° Outre l'acide sulfurique libre, les pulpes acidulées contiennent du *sulfate de potasse*, du *sulfate de chaux*, etc., dont l'usage prolongé est nuisible. 3° Les animaux se dégoûtent aisément des pulpes acidulées par l'acide sulfurique. »

Nous n'ajouterons pas un mot à ce qui précède. Ce qui était vrai alors n'a pas de raisons pour ne plus l'être.

Disons seulement que M. Champonnois ne peut fermenter sans acidulation, par la raison que les vinasses lui apportent, plus qu'à tout autre, les causes de la fermentation lactique et qu'il ne peut s'y opposer efficacement que par l'acidulation. S'il cesse de mettre de l'acide dans ses macérateurs et qu'il acidule ses fermentations seulement, l'acide se retrouvera dans les vinasses et reviendra quand même à la pulpe, en sorte qu'il est placé dans une impasse : ou ne plus aciduler et employer les vinasses pour macérer, obtenir par là même des fermentations mauvaises ou dégénérées et des produits détestables, ou bien faire des pulpes nuisibles, dont l'administration devrait interdire l'emploi.

Il vaudrait mieux prévenir les épizooties et les pestes bovine, ovine, ou porcine, que de les guérir après coup.

La confiance personnelle que nous éprouvons pour l'honorable M. Dailly, l'estime que le public agricole fait de son opinion, nous font un devoir de reproduire ici les parties les plus saillantes du rapport qu'il a présenté à la Société d'agriculture, sur le système Champonnois, expérimenté dans son exploitation agricole de Trappes :

« Je n'ai eu, pour ma part, également qu'à me louer du parti que j'ai pris d'établir, au mois d'octobre dernier, avec mon régisseur, M. Baron, dont le concours m'a été dés plus utiles, une distillerie montée suivant le système Champonnois, modèle n° 2 ; j'ai dépensé, pour l'établir, une somme de 16 032 fr. 30 c., qui peut se diviser ainsi :

```
Appropriation des bâtiments. . . . .   1 886 fr. 50 c.
Fourniture et pose des appareils. . . 11 145      80
Brevet de M. Champonnois. . . . .     5 000       »
                                     ─────────────────
                 Total. . . . .      16 032 fr. 30 c.
```

« Après avoir travaillé, d'abord pendant le jour seulement, du 13 novembre au 11 janvier, j'ai depuis, jusqu'au 1er mars, travaillé avec avantage jour et nuit ; ma fabrication a duré 100 jours, en ne comprenant pas 3 jours de chômage complets ; elle a donné lieu à 126 opérations. Il a été traité dans toute la campagne 484 600 kilogrammes de betteraves, soit par opération 3 846 kilogrammes correspondant à 9 cuviers et demi de macération. Il a été employé, pour toute la campagne, 620 kilogrammes d'acide sulfurique, soit 1ᵏ,20 d'acide sulfurique par 1 000 kilogrammes de betteraves employées.

« La marche de ma distillerie a été des plus satisfaisantes comme simplicité et régularité de travail. J'ai presque constamment obtenu de bonnes fermentations, ce qui est essentiel pour arriver à une abondante production d'alcool. *Je dois cependant dire que j'ai, dans le principe, trop ménagé l'acide sulfurique. Cet agent exerce un effet marqué sur la fermentation. Il est arrivé un moment où mes fermentations sont devenues nitreuses. J'ai reconnu alors la nécessité de faire l'emploi d'une plus grande quantité d'acide sulfurique. J'ai fixé la dose à 2 kilogrammes par 1 000 de betteraves.* Je suis depuis arrivé à entretenir d'excellentes fermentations.

« J'ai obtenu, pendant la campagne, 17 911ˡⁱᵗ,97 d'alcool trouvés à la vente, et 353 700 kilogrammes de pulpe, soit 3ˡⁱᵗ,69 d'alcool et 72,98 de pulpe par 100 kilogrammes de betteraves employées. Les betteraves que j'ai traitées appartenaient toutes à la variété des betteraves blanches à sucre de Silésie, à collet vert ; mais, récoltées chez moi, après avoir été soumises à diverses conditions de culture et d'engrais, elles présentaient des différences très-grandes, par leur richesse en sucre.

« D'après dix essais que je dois à l'obligeance de M. Clerget, la richesse en sucre des betteraves ayant servi à ma fabrication peut être évaluée, en moyenne, à 8,93 pour 100... »

Compte de fabrication de la distillation de M. Dailly.

(Exercice 1854-1855.)

TRAITEMENT DE 484 600 KILOGRAMMES DE BETTERAVES, AYANT DONNÉ LIEU A 126 OPÉRATIONS.

Achat de betteraves, en total 484 600 kilogrammes à 24 francs les 1 000 kilogrammes.	11 630 fr.	40 c.
Mise en silos .	260	»
Main-d'œuvre. Pour transport des silos au laveur, lavage, découpage, macération, fermentation, distillation, nettoyage.	1 364	15
Combustible. Distillation. 12 200ᵏ) total, 18 200ᵏ à (Macération. 6 000ᵏ) 40 fr. les 1000ᵏ (	728	»
Acide sulfurique, total 620 kil. à 20 fr. les 100 kil.	124	»
Savon noir, 132 kilogrammes à 70 centimes .	92	40
Levûre, 30 kilogrammes à 1 fr. 20 c .	36	»
Plats pour transport des flegmes .	226	»
Force motrice.	422	»
Machine, usure..	313	60
Bâtiments.	50	50
Transport des flegmes.	116	20
Éclairage.	180	»
Direction .	290	»
Loyer.	125	»

A *reporter*, ... 15 958 fr. 25 c.

Report	15 958 fr.	25 c.
Assurance.	64	»
Patente et impôts directs..	100	»
Impôts indirects.	8	60
Frais généraux.	80	80
Contribution à dépenses ferme.	200	»
Amende pour un manquant de 58 litres d'alcool. . .	58	10
Total.	16 469 fr.	75 c.

Soit, pour chacune des 126 opérations, 130 fr. 63 c.;
soit encore, pour 1 000 kilogrammes de betteraves,
33 fr. 98 c., les betteraves étant comptées à 24 francs
les 1 000 kilogrammes.

« Le produit de la distillerie de Trappes, exercice
1854-1855, s'établit de la manière suivante :

Alcool absolu, 17 911 lit.,97 à 105 fr. 2 c. les 100 litres.	18 811 fr.	25 c.
Pulpes, 555 700 kilogrammes à 12 fr. les 1000 kilogr.	4 244	40
Total.	23 055 fr.	65 c.
Les dépenses ci-dessus détaillées s'élevant à	16 469	75
Le bénéfice net est de.	6 565 fr.	90

Soit de 13 fr. 63 c. par 1 000 kilogrammes de betteraves employées.

« La dépense de main-d'œuvre, pour chaque opération de 3 846 kilogrammes, peut être ainsi divisée :

Transport des silos au laveur, 1 ouvrier à 1 fr. 50 c. .	1 fr.	50 c.
Lavage, enfant, 1 fr. à 1 fr. 25 c.	1	25
Découpage et aide au macérateur, 1 ouvrier à 2 francs.	2	»
Macération et soins aux fermentations, 1 ouvrier à		
2 fr. 50 c.	2	50
Distillation, 1 ouvrier à 3 francs.	3	»
Nettoyage et travaux divers.	»	35
Total par 3 846 kilogrammes de betteraves. .	10 fr.	60 c.

« J'ai vendu mes alcools à l'état de flegmes, marquant, en moyenne, 48° et demi. Mon prix de vente de l'alcool a été réglé avec mes acheteurs par le prix de l'alcool de betteraves, bon goût, à 90°, appliqué à 100 litres d'alcool absolu, livré par moi dans mes flegmes avec réduction sur ce prix d'une bonification pour la rectification, qui a varié de 27 à 30 francs, et avec des réductions pour commission et escompte. »

Il est clair que les prix actuels sont fort loin de ceux de 1854-1855, mais, comme nous le verrons, l'alcoolisation de la betterave peut encore donner des résultats très-possibles et rémunérateurs.

PROCÉDÉ KESSLER. — Nous croyons devoir ajouter quelques mots sur M. Kessler et son procédé, qui a été préconisé par quelques personnes et le mérite à divers égards ; nous citons textuellement l'article du journal *le Cosmos :*

« Le procédé proposé par M. Kessler, et *qu'il a employé avant la publication de celui de M. Champonnois* [1], consiste à réduire la betterave au coupe-racines en tranches minces d'un demi-millimètre, et à les cuire dans un vase soit à feu nu, soit à la vapeur, à l'aide d'un double fond percé de trous : rien n'empêche d'employer comme générateur la première chaudière d'un appareil distillatoire continu disposé à cet effet après le départ complet de l'alcool. Afin de rendre cette cuisson plus facile, on ajoute dans l'appareil une certaine quantité de

---

[1] Tenons note, en passant, de cette réclame intéressée. Nous n'en contestons pas le mérite, nous la constatons seulement.

jus bouillant sorti d'un précédent traitement; on ouvre une porte et le mélange est conduit par des canaux dans des appareils de déplacement, sortes de cuves en bois larges du haut, étroites du bas, à doubles fonds percés de trous et basculant sur un axe horizontal. Les jus s'écoulent en filtrant par le double fond et se répandent sur une plate-forme où ils se refroidissent. On entretient leur écoulement en arrosant les tranches, d'abord avec des jus faibles, ensuite avec de l'eau. Lorsque les liqueurs sorties de l'appareil ne marquent plus que 3° de l'aréomètre de Baumé, on les met à part pour commencer un nouveau déplacement. Les premiers jus sont pompés dans les cuves et mis en fermentation; ils marquent ordinairement 5° à 5° 1/2 et tombent à 0° au moment où ils doivent être distillés; il faut 6 à 8 litres de levûre pour 25 hectolitres de jus.

« On reconnaît que les pulpes sont épuisées quand les liquides marquent 0° à l'aréomètre. On les laisse alors égoutter, puis on renverse les appareils, qui se trouvent aussitôt prêts à recevoir un nouveau chargement.

« Ces pulpes, mêlées aux vinasses bouillantes, constituent une nourriture excellente, nullement acide au goût et renfermant sensiblement tous les éléments de la betterave, moins le sucre, mais plus la levûre. Si cette dernière était rare, on la remplacerait aux quatre cinquièmes par une addition de farine de malt et de grains, à laquelle on ferait subir la saccharification, comme à l'ordinaire; opération que l'on peut même exécuter avec les premiers jus écoulés aussitôt qu'ils sont refroidis à + 75° ou + 70° centigrades. La distillation s'effectue à volonté, soit dans un alambic ordinaire, soit dans un appareil de Derosne[1]. »

En somme, le procédé dit de M. Kessler consiste essentiellement dans les phases suivantes :

1º Division des betteraves au coupe-racines ;

2º Cuisson des cossettes à la vapeur ;

3º Macération des cossettes cuites dans des cuviers coniques à double fond percé de trous et basculant sur un axe horizontal : cette macération se fait avec les vinasses bouillantes ;

4º Distillation dans un appareil quelconque.

Ce procédé n'offre absolument rien de particulier, rien de sérieusement brevetable ; car chacune de ses phases est du domaine public. Au point de vue de la similitude avec le procédé Champonnois, on doit reconnaître que si M. Champonnois ne fait pas cuire les cossettes, il employait primitivement les vinasses comme liquide macérateur, de la même façon que M. Kessler. La partie essentielle du procédé Champonnois appartient donc au procédé Kessler. Nous n'avons su que penser de la propriété réelle de ce point. Il ne reste de différence en faveur de M. Champonnois que l'acidulation, et nous savons déjà que cette exécrable mesure ne lui appartient pas.

Ceci posé quant à la propriété légale, disons que les pulpes de M. Kessler doivent valoir beaucoup mieux que celles du procédé Champonnois, pour deux raisons principales : 1º les pulpes *cuites* conservent toutes leurs ma-

---

[1] *Cosmos*, 13e livraison, 5e année.

tières albuminoïdes coagulables et renferment d'autant plus de substance alimentaire. La cuisson les rend de plus facile digestion ; 2° l'acidulation des pulpes Champonnois constitue une faute agricole dont nous avons indiqué les conséquences.

Nous n'avons donc d'objections à soulever contre le procédé de M. Kessler que celles-ci :

1° Ce procédé appartient au domaine public par tous ses détails, sauf peut-être par la forme des cuviers macérateurs ;

2° Il n'y a pas d'avantage industriel à soumettre les cossettes à la coction lorsqu'on veut distiller les jus ; ce mode, très-utile en réalité en distillerie agricole, ne doit être apprécié qu'au point de vue de l'amélioration des pulpes et des propriétés alimentaires qu'il leur donne par la fixation des matières albumineuses coagulables ;

3° M. Kessler a en outre le même inconvénient que M. Champonnois, en ce sens qu'il lui est impossible de ne pas obtenir des produits de *mauvais goût* avec l'emploi des vinasses chaudes. L'observation que nous avons à faire au sujet de la formation d'un *savonule de potasse* qui se décomposerait ensuite dans la fermentation pèse tout entière sur le procédé de M. Kessler comme sur celui de MM. Champonnois et Bavelier.

En résumé, la méthode de ces derniers nous paraîtrait encore préférable, à raison de la marche arrêtée et bien nette de la méthode, malgré tous les reproches qu'on peut lui adresser sous nombre de rapports, pourvu qu'on pût se passer de l'acidulation des pulpes.

Procédé Leplay. — Un système revendiqué à la fois par MM. Leplay et Dubrunfaut, bien que très-populaire depuis longtemps, consiste à diviser les betteraves au coupe-racines, puis à leur faire éprouver directement la fermentation et la distillation.

L'appareil de M. Leplay est destiné à fonctionner par la vapeur, et c'est le meilleur mode d'action à employer ; mais il est impossible de le mettre en usage dans la petite exploitation agricole. On le remplacerait avec avantage, dans ce cas, par une chaudière de forme plus simple et surtout plus économique, munie de faux fonds convenablement disposés. La vapeur produite par l'ébullition du liquide qui couvre le fond traverse la masse des tranches de betteraves fermentées, disposées au-dessus du faux fond, et entraîne avec elle les vapeurs alcooliques. La chaudière Pluchart justifie, sous ce rapport, ce qu'on est en droit d'exiger d'un appareil.

Disons tout de suite que l'idée de la fermentation et de la distillation directes a déjà été l'objet d'un procès, quoiqu'elle appartienne évidemment au domaine public. Nous n'avons pas fort heureusement à nous préoccuper des histoires scandaleuses qui viennent se révéler dans les débats de cette nature, et notre rôle est moins pénible.

La fermentation directe est, de temps immémorial, dans la pratique allemande, belge, lorraine, bourguignonne, etc., pour toutes les matières fermentescibles ; il en est de même de la distillation directe, et c'est une véritable niaiserie de breveter cette idée, si ce n'est un défi au bon sens public et à la loi... : au bon sens public.

que l'on espère peut-être égarer ; à la loi, que l'on cherche à éluder, quoiqu'elle exige la nouveauté, l'invention, dans les objets susceptibles de brevet[1].

[1] Voir, dans les Notes justificatives, une observation sur le procédé *dit* de M. Leplay.

CHAPITRE V.

Après avoir exposé impartialement les méthodes d'autrui, nous croyons pouvoir indiquer notre manière de voir, sans scrupule comme sans prétention, dans le seul but d'être utile à ceux de nos lecteurs qui voudront se livrer sérieusement à l'alcoolisation agricole de la betterave. Notre seul but, en écrivant cet ouvrage, a été d'être l'écho fidèle d'une pensée que nous formulons ainsi :

Progrès de l'agriculture industrielle.

Nous attendons avec confiance le jugement public, car nous avons accompli notre tâche avec *le cœur :* la cause de l'homme des champs est notre cause.

On ne doit jamais perdre de vue que le *fermier-distillateur* a pour résultat final, essentiel, la nourriture et l'engraissement du bétail : ce résultat emprunte à la production de l'alcool une condition puissante de bon marché et d'économie, et ce principe nous conduit à tracer, en tête de ce chapitre, la règle générale que voici :

Il faut constamment tendre à laisser aux résidus toutes leurs propriétés nutritives, tout en obtenant l'alcool dans les meilleures conditions possibles.

Cette règle posée, nous décrivons les opérations à faire pour y parvenir.

§ I. — PULPATION. — MACÉRATION.

L'action du *coupe-racines*, dans le procédé de M. Champonnois, n'est pas plus économique que celle de la râpe qui réduirait en pulpe les racines soumises à l'alcoolisation, et cette réduction en pulpe présente un certain nombre d'avantages qu'il est facile d'apprécier.

La macération de la betterave coupée par tranches exige un certain temps, douze heures au moins, et l'action de *l'eau bouillante* ou des *vinasses chaudes*. Sans cette double condition, la *substitution* du liquide macérateur à la solution sucrée qui remplit les cellules de la racine ne s'opère pas complétement, et les matières albuminoïdes coagulables ne sont pas fixées. Si minces que l'on suppose ces tranches, elles n'ont guère moins d'un millimètre d'épaisseur, et l'action du liquide *chaud* est encore souvent insuffisante pour mettre en liberté toute la matière alcoolisable, car cette action ne se produit que par *imbibition*, par *pénétration*. D'un autre côté, si l'on réfléchit que l'influence prolongée pendant plusieurs heures d'un liquide macérateur *chaud* développe d'une manière extraordinaire l'odeur des huiles essentielles de la plante qui s'y dissolvent aisément à l'état de *savonules alcalins*, on comprendra que là gît la cause de l'infection des alcools de betterave.

Ces *savons*, dont on ne peut contester la formation,

pour peu que l'on ait étudié la question, se forment dès l'abord avec une extrême facilité dans le liquide de la macération. Au fur et à mesure que l'alcool se produit dans la fermentation, en même temps qu'une certaine proportion d'*acides acétique* et *lactique*, ces acides, avec l'*acide malique,* qui se trouve naturellement dans la betterave, déterminent la décomposition de ces mêmes savons, dont la *partie grasse, l'huile essentielle,* se dissout dans l'alcool naissant et s'y combine.

Qu'y a-t-il d'étonnant qu'elle passe abondamment à la distillation ?

Si, au contraire, on a d'abord soumis la betterave à une température suffisante et assez prolongée pour coaguler l'albumine dans le tissu végétal, sans trop ramollir les racines, si l'on divise ensuite par la râpe la betterave *échaudée,* la pulpe, soumise à une *pression* ou à une *macération* méthodique, céderait toutes ses parties sucrées, lesquelles pourraient être envoyées aussitôt à la fermentation, sans que l'on eût besoin d'attendre dix à douze heures et même plus.

Il résulte de ceci une première économie que nous constatons en passant, celle du temps.

Les *savonules à base de potasse* ne se formeront pas par l'action de l'eau froide, qui ne contient pas, comme les vinasses, de *potasse carbonatée* dans un certain état de concentration, et les alcools produits ne présenteront que fort peu d'odeur désagréable, comparativement.

Cet avantage est palpable.

Mais, en outre, rien n'empêcherait, après avoir enlevé à la pulpe sa matière alcoolisable par la pression et le lavage, ou la macération à froid, de lui rendre ses principes salins en l'arrosant de vinasse froide, dans laquelle on la laisserait macérer quelques heures. Cette vinasse enlèverait le peu de matière sucrée qui pourrait rester dans la pulpe, en lui restituant les *sels* qu'elle pourrait avoir perdus; mais elle ne devrait, dans aucun cas, être acidulée. C'est ainsi que l'excellente idée de M. Champonnois trouverait son application utile, et que l'on conserverait au résidu tout ce qu'il est possible de garder de ses propriétés nutritives.

De ce que nous venons d'exposer succinctement, on tirera cette conclusion que nous préférons la pulpation par la râpe à l'action du *coupe-racines;* et nous ajouterons à ce qui précède que la *pulpe*, étant très-divisée, n'a pas besoin de macération à chaud par les vinasses pour abandonner la plus grande partie de la matière sucrée : la pression suivie d'un lavage suffirait dans la plupart des cas; mais nous préférons, sous tous les rapports, la macération à l'aide d'un liquide froid réagissant sur les pulpes cuites.

Nous rejetons donc de la manière la plus absolue toute idée de macération à chaud dans ce cas, par la seule raison qu'on peut y suppléer sans augmentation de frais, en obtenant des produits meilleurs et en conservant aux résidus la même valeur. Cependant le procédé qui consiste à faire cuire à demi les tranches de racines, puis à les soumettre à la fermentation et à la distillation directes, pourrait être d'un usage excellent dans l'exploitation agricole, à raison de sa simplicité et de la grande valeur des pulpes, s'il était possible de régler la fermentation d'une manière constante sans l'intervention des acides minéraux, et si l'on possédait un appareil distillatoire convenable pour le traitement de la matière renfermant l'alcool.

Cette méthode, pratiquée de temps immémorial, n'appartient ni à M. Dubrunfaut, ni à M. Leplay, ni à M. Villard; elle appartient à tout le monde, et la seule réserve à faire s'applique aux appareils distillatoires de ces messieurs, ce à quoi le premier chaudronnier venu peut aisément suppléer.

On pourrait remplacer l'acidulation par l'acide sulfurique, par l'emploi d'une solution tannante quelconque, comme l'infusion de l'écorce de chêne ou même la décoction de copeaux du même bois, car le tannin, ainsi que nous l'avons fait voir dans notre ouvrage sur la fermentation, favorise le travail des globules et s'oppose aux dégénérescences.

Quoi qu'il en soit, et malgré tout l'intérêt qui peut s'attacher à cette méthode, nous la considérons comme opposée aux principes fondamentaux de la distillation, en vertu desquels on ne doit jamais introduire de matières pâteuses ou solides dans un appareil distillatoire ordinaire. Nous en avons constaté plusieurs fois les tristes effets, et nous avons vu les accidents auxquels on s'expose par la distillation de ces matières.

Pour cette raison donc, nous préférons procéder par une demi-coction préparatoire des racines, suivie de la division de la matière. L'extraction du jus fermentescible se ferait par la macération à froid, dont nous avons constaté les effets remarquables.

§ II. — ACIDULATION. — FERMENTATION.

Doit-on aciduler le moût de betterave ? D'après ce qui a été dit précédemment, cette question se résout par l'affirmative. Mais, s'il convient d'ajouter au moût une certaine quantité d'acide, il faut bien se garder d'*aciduler la pulpe* même sur la râpe, comme on l'a conseillé : on rendrait ainsi les résidus désagréables et nuisibles au bétail. Il convient moins encore d'aciduler les cossettes pendant la macération, et c'est encore une opération aussi mal comprise d'aciduler les cossettes avec des vinasses renfermant de l'acide sulfurique libre, quelque avantageux que soient les effets de cet acide au point de vue de la fermentation, pour en empêcher les dégénérescences. L'addition d'acide sulfurique au moût a un double but : celui de transformer en sucre fermentescible tout ce qui en est susceptible et de favoriser la fermentation. Or, d'après de nombreuses observations, et *selon M. Dubrunfaut lui-même,* il est une quantité que l'on ne doit pas dépasser, si l'on ne veut arrêter, empêcher cette fermentation, au lieu de la favoriser. Deux ou trois parties d'acide pour cent de matière sucrée sont une quantité trop considérable, et l'on doit se borner à un demi-centième ou à un centième tout au plus. On obtiendra ainsi des effets sûrs et on ne donnera rien au hasard.

Nous ne comprenons l'emploi d'une plus forte quanlité d'acide sulfurique (2 à 3 pour 100) que dans le cas où l'on voudrait transformer en *glucose*, par l'ébullition, tous les principes contenus dans le *moût* ou jus sucré. Dans ce cas, il faudrait, après la *conversion*, qui exige une heure et demie d'ébullition, neutraliser une partie de l'acide employé, à l'aide de la craie, mais en conservant une légère réaction acide, qui ne doit donner au papier de tournesol qu'une teinte vineuse. Nous n'indiquons, du reste, ce mode de procéder que par hypothèse, car nous sommes loin d'en conseiller l'emploi : la transformation en glucose se fait également bien sous l'action d'une acidulation légère, pendant la fermentation, à une température de $+20$ à $+25°$ centigrades.

Il est bon de remarquer ici un fait bien intéressant : c'est que, dans la vie végétale, les acides naturels opèrent la modification des *corps hydrocarbonés*, le changement en *glucose* des *sucres*, des *fécules*, des *gommes*, de la *cellulose*, et du principe mucilagineux que nous avons appelé *pectosine*, à la température du milieu où les plantes croissent. Ces acides transformateurs sont, d'ailleurs, en assez faible proportion, si on les compare à la quantité des principes sur lesquels ils agissent. Nous aurons beau nous débattre, nous ne pouvons mieux faire que la nature, et les plus habiles sont ceux qui l'imitent le mieux. Il faut bien convenir que l'acte le plus fréquent de la vie des plantes, de l'organisation végétale, est la *fabrication en grand* des matières sucrées de diverses natures.

A côté de ce produit de la vie vient se placer une sorte

de fermentation intérieure qui donne lieu à un dégagement immense d'acide carbonique.

Que faisons-nous de plus tout en le faisant moins bien à beaucoup près?

Disons, pour nous résumer, qu'il convient d'aciduler le *moût* quand on le met dans la cuve à fermentation, mais que la proportion d'acide ne doit pas dépasser le centième en poids de la matière sucrée contenue dans le liquide.

Cette quantité est d'environ 500 à 800 grammes d'acide sulfurique pour le moût de 1000 kilogrammes de betteraves.

Complétons ici toute notre pensée à cet égard : jamais l'agriculteur ne doit employer d'acide sulfurique. Il a sous la main le *tannin*, dont l'action est cent fois préférable, qui ne peut qu'améliorer les pulpes en les rendant moins laxatives, qui fixe les éléments azotés, et donne les meilleures fermentations désirables. Par quelle manie s'obstinerait-on à mal faire, lorsqu'il en coûte moins de bien opérer?

La dose de tannin convenable répond à l'infusion de $1^k,500$ d'écorce de chêne par 1000 kilogrammes de betteraves.

Le moût préparé doit subir la fermentation, qui peut seule dédoubler la *glucose* en alcool et acide carbonique, ainsi que nous l'avons vu. Mais faut-il laisser le liquide à lui-même, à la température de $+15^0$ à $+25^0$? ou bien doit-on y ajouter un *ferment* ou *levain*, une certaine quantité de levûre de bière, par exemple? En un mot, peut-on se passer de cette levûre?

La réponse à cette question a été faite il y a bien long-temps déjà, et on la trouve tout entière dans les considérations suivantes.

Outre les *principes immédiats* dont nous avons parlé dans le chapitre II de cet ouvrage, les plantes contiennent encore des *sels* de natures diverses et des matières dont les propriétés se rapprochent assez de l'*albumine* ou blanc d'œuf ; ces matières, nommées *substances albuminoïdes*, sont fortement azotées et sont de véritables ferments. Le *gluten* des céréales semble être à la tête de ces substances, *que l'on rencontre partout dans la vie végétale*. Ces matières se coagulent, en général, par la chaleur ; mais, à l'état ordinaire, plusieurs d'entre elles sont solubles dans l'eau.

Si donc nous admettons un jus sucré préparé à une chaleur inférieure à $+40^{\circ}$ ou $+45^{\circ}$, les substances *albuminoïdes* qui y sont contenues en dissolution agiront en véritables ferments et détermineront la fermentation vineuse à la température moyenne de $+15^{\circ}$ à $+25^{\circ}$. C'est là la cause de la décomposition des substances végétales et surtout des fruits.

Qu'on entre dans un *fruitier* dix à douze jours après la récolte des fruits mûrs, on sera frappé de l'odeur fortement vineuse qui s'en dégage, et on ne tardera pas à sentir l'influence de l'acide carbonique sur le cerveau. Véritable fermentation alcoolique naturelle qui n'a pas emprunté pour excitant la levûre de bière !

Quelque temps après, les fruits *s'aigrissent*, puis ils tombent en *pourriture :* la fermentation a accompli ses phases.

Voici, en effet, ce qui se passe dans la *pommé* ou la *poire* : l'*acide malique* agit sur la *fécule* et le *sucre cristallisable* de ces fruits pour les transformer en *glucose* analogue au *sucre de fruits* préexistant ; bientôt les matières *azotées* déterminent la fermentation de ces produits sucrés en présence de l'eau de végétation, et tout se passe comme dans une cuve à fermenter, et cela sans levûre de bière, à l'aide seulement du ferment naturel des fruits.

La saine théorie, basée sur des faits, répond donc positivement que la levûre de bière, que le ferment additionnel n'est pas indispensable à la fermentation : c'est une chose *constatée depuis longtemps*.

Cependant, *en pratique*, afin d'éviter les pertes de temps et de hâter le résultat, il convient de déterminer la fermentation vineuse par le mélange au liquide sucré de 1 1/2 à 2 pour 100 de levûre de bière, calculé sur le poids du sucre. Nous ferons remarquer encore une fois que la levûre se reproduit indéfiniment et en grande quantité ; celle qui tombe au fond de la cuve est usée, mais celle qui forme le *chapeau*, le dessus du liquide, -doit être recueillie pour servir aux fermentations suivantes : il suffit de s'en procurer une première fois.

Il importe de couvrir les cuves à fermentation pour éviter les pertes par évaporation et par acétification : on doit, d'ailleurs, distiller la liqueur aussitôt que l'acide carbonique ne se dégage plus, ou, comme on dit vulgairement, que la cuve a cessé de bouillir. Un moyen pratique de s'en assurer consiste à approcher du liquide un peu de papier allumé, la flamme s'éteindra ou s'affaiblira beaucoup si la fermentation est encore active.

Un autre moyen plus précis est celui-ci : on enfonce dans le liquide un *pèse-sirop ;* le moût, qui donnait 7° ou 8° avant la fermentation, tombe à 1° ou même à 0° quand elle est finie. En général, la fermentation, dans un local tenu à la température de +20° centigrades, est terminée en trente-six heures, et il vaut mieux ne pas s'exposer à en dépasser le terme précis, pour éviter la perte résultant de la formation du vinaigre.

§ III. — DISTILLATION.

Lorsque le moût est suffisamment fermenté, il ne reste plus qu'à séparer l'alcool par la *distillation ;* quel que soit l'appareil employé, il convient de se rappeler certaines règles d'une utilité pratique incontestable pour réussir dans cette opération.

1° La première précaution est de bien *luter* les jointures de l'appareil, lorsqu'on le monte, afin d'éviter toute déperdition des vapeurs spiritueuses. Les pièces *vissées* perdent elles-mêmes de la vapeur, et un distillateur soigneux doit tout *luter*, afin de n'avoir rien à craindre sous ce rapport. A plus forte raison, si l'on se sert des appareils ordinaires, dont les pièces ne sont qu'à *frottement*, devra-t-on enduire les joints d'une composition destinée à empêcher la fuite des vapeurs.

On connaît un grand nombre de ces compositions ou *luts ;* le plus économique, le meilleur peut-être est celui-ci, que nous avons expérimenté des centaines de fois, et qui est fort employé dans l'Orléanais. On mélange *parties égales de farine de seigle et de cendres de bois tamisées*, on fait du tout une pâte très-molle avec de l'eau, et l'on applique sur les points de jonction de l'appareil. Ce *lut* se dessèche rapidement, ne se fendille jamais et ne permet aucune fuite. On peut, si l'on veut, le recouvrir d'une bande de toile large de deux doigts avant qu'il soit sec, ou bien délayer cette pâte dans un peu plus d'eau et en imbiber la bande dont on se sert pour fermer les jointures, qui sont alors dans une occlusion hermétique.

2° Il faut chauffer peu à peu, de manière à amener le liquide à +100° environ par un développement graduel du calorique : de cette façon, on est moins exposé à donner au produit un goût fort désagréable d'*empyreume* ou de *feu*.

Remarquons en passant que, si on ne portait la chaleur qu'à +80°, tout l'alcool passerait à la distillation et la qualité en serait bien améliorée par l'absence des huiles essentielles; mais l'opération serait beaucoup plus longue et la dépense de combustible plus considérable.

3° Quand le liquide est au *bouillon*, il faut le maintenir à cette température jusqu'à ce qu'on ait obtenu tout l'alcool qui y est contenu. Le produit marque *zéro* à l'alcoomètre, et c'est là le point qui doit servir de guide pour l'épuisement des vinasses. Dans cette circonstance, l'épuisement est absolu et les liquides ne renferment plus la moindre trace utilisable d'alcool. On peut, dès lors, rejeter les vinasses épuisées et procéder à une autre opération, si l'appareil employé n'opère pas d'une manière continue. Dans le cas où l'appareil reçoit des vins à distiller, sans intermission, il faut que la vinasse à rejeter soit également bien épuisée. En général, cependant, on peut arrêter l'opération quand le produit ne marque plus que 10° à l'alcoomètre de Gay-Lussac. Ce degré correspond à 4° 4/10es Cartier; mais il convient de ne jamais jeter les vinasses quand on s'arrête à ce degré. En effet, déduction faite du changement de densité causé par la présence de l'huile essentielle, on peut conclure que le liquide qui donne un produit marquant 10° centésimaux contient encore environ un centième d'alcool. Ce serait une perte considérable de *jeter* ce liquide; mais cette perte n'existe plus quand on emploie la vinasse à la macération ou au lavage des pulpes.

4° Il est nécessaire de tenir le *serpentin* convenablement *refroidi*, par l'arrivée *continue* d'un courant d'eau froide à la partie inférieure et l'écoulement *constant* de l'eau chaude à la partie supérieure du vase. Cette recommandation n'a plus d'importance quand on emploie un appareil *à distillation continue*, comme l'appareil Laugier, par exemple; dans ce cas, la liqueur à distiller sert à refroidir la vapeur obtenue, qui, en perdant du calorique, le cède au moût, l'échauffe d'autant et en facilite la distillation.

5° Il convient, autant que possible, *de fractionner les produits*. La raison de ce fractionnement est qu'au commencement et à la fin de l'opération, le liquide qui passe à la distillation est plus chargé d'huiles volatiles. On met de côté le premier et le dernier quart des produits et on garde la moitié intermédiaire, qui est préférable et d'un meilleur goût. Nous avouons bien franchement que nous n'aurions pas recours à ce moyen, qui donne de l'alcool *moins infect*, mais non de l'alcool *bon goût*, quoi qu'on en dise. Une distillation bien ménagée donne un produit moins odorant, qu'une rectification bien faite rend aussi bon qu'il est possible de l'obtenir de l'alcool de betterave, *sans employer de procédés chimiques de désinfection*, surtout lorsqu'on n'a pas fait la macération à l'aide des vinasses bouillantes.

6° Il faut ensuite *rectifier* les produits, c'est-à-dire les *redistiller*, pour les amener au degré commercial de 90° à 92°. Cette rectification doit être faite lentement ; il passe moins d'eau avec l'alcool qui s'écoule plus concentré. La rectification n'est pas nécessaire avec certains appareils modernes ; ils donnent de prime abord l'alcool au degré commercial et sont indispensables à toute *distillerie* proprement dite ; mais nous ne les conseillons pas au fermier, dont l'économie doit être la première règle. Le prix élevé de ces appareils les rend inabordables pour la distillation agricole.

Vinasses. — Les *vinasses* qui ont subi la distillation peuvent servir, d'après ce que nous avons dit précédemment, à opérer la macération de la pulpe ou des cossettes, sous la condition formelle qu'elles n'aient pas été acidulées par l'acide sulfurique, mais par le tannin. C'est la seule modification rationnelle que l'on puisse apporter au procédé Champonnois. Disons cependant que si la fermentation est améliorée, si les pulpes deviennent excellentes par ce moyen, l'action de la vinasse n'en contribuera pas moins à donner du mauvais goût au produit.

C'est là un point important dans la méthode Champonnois, auquel nous reprochons d'être en partie cause du mauvais goût des alcools.

Nous donnons maintenant un résumé, une récapitulation des opérations successives à accomplir pour mettre en pratique les règles d'une bonne distillation.

Résumé pratique d'alcoolisation de la betterave par la macération.

1° Lavage et nettoyage des racines.

2° *Échaudage* ou demi-cuisson à la vapeur, afin de coaguler l'albumine dans le tissu même des betteraves et d'augmenter ainsi la valeur nutritive des résidus.

3° *Pulpation* ou réduction en *pulpe* par la *râpe*, ou division en *cossettes* par le *coupe-racines*.

4° *Macération* de la matière à l'aide de vinasse non acidulée par l'acide sulfurique, ou mieux d'eau ordinaire ; les liquides macérateurs doivent renfermer l'infusion de 1 500 grammes de tan par 1 000 kilogrammes de betterave. La macération doit se faire à froid si les betteraves ont été échaudées avant la division en pulpe ou en cossettes. Dans le cas contraire, on supplée à cette opération préliminaire en faisant arriver du liquide *bouillant* sur les betteraves nouvelles que l'on soumet à la macération. On peut entretenir la température vers +80° par un serpentin, ou mieux par un barboteur.

5° *Pression* des pulpes épuisées, à l'aide d'une presse

continue à cylindre ou d'une presse ordinaire. Les liquides de pression servent à la macération suivante.

6° Mise en fermentation du liquide de la macération porté à $+20°$ ou $+25°$, avec addition de 2 à 3 pour 100 de levûre de bière, soit un litre de levûre fraîche pour 3 hectolitres de moût. Couvrir les cuves.

7° Traitement de la pulpe que l'on dispose par couches avec de la paille hachée et du foin alternativement; on saupoudre les couches de pulpe de quelques poignées de *sel marin*, et on la donne au bétail au fur et à mesure du besoin. Nous verrons qu'il vaudrait mieux la soumettre à la dessiccation.

8° Distillation du liquide fermenté. — Rectification, *s'il y a lieu*, du produit précédent, en observant les règles que nous avons indiquées.

Il convient de pouvoir distiller au fur et à mesure de la fermentation; si cela était impossible pour quelque raison, on devrait mettre le liquide fermenté dans des tonneaux *légèrement soufrés* par la combustion d'une *mèche*, on les fermerait ensuite à l'aide de la *bonde*, et on les placerait dans un cellier à température constante, inférieure à $+15°$, pour distiller ensuite à son loisir.

Instrumentation. — Dans le système que nous venons d'exposer, l'instrumentation se compose des objets suivants :

1° Un *laveur* mécanique ;

2° Un *échaudoir*, si l'on tient à ce mode ;

3° Une râpe de *féculier* ou un *coupe-racines :* le mouvement est donné par *l'eau*, par un *petit manége* ou mieux par la *vapeur;*

4° Un *appareil macérateur ;*

5° Un *pressoir ordinaire*, ou mieux une presse continue, à cylindres, pour l'épuisement de la pulpe ;

6° Quatre cuves à fermentation ;

7° Un appareil distillatoire ordinaire ou à distillation continue ;

8° Un *rectificateur*, si l'on n'a qu'un alambic ordinaire ;

9° Quelques *cuviers* et des tonneaux en nombre suffisant.

Si l'on voulait *distiller à la vapeur*, on devrait se munir d'un générateur de force convenable et d'un bon système.

Toute la chaleur doit être utilisée : il faut donc conduire par des tuyaux en tôle le calorique en excès dans le local où se fait la fermentation ; la véritable économie consiste à ne rien perdre.

Il ne nous est guère possible de tracer ici des *prix de revient* pour les pièces d'appareil ; leur prix varie selon les contrées. Ainsi, les cuves à fermentation peuvent ne valoir que 80 francs, au lieu de 120, dans les pays où le bois est très-commun ; elles peuvent même être obtenues à un prix encore inférieur ; il en est de même de toute l'instrumentation en bois. Le *cuivre ouvré* a une valeur de 4 fr. 50 c. à 5 francs le kilogramme, et ce prix varie encore selon les cours commerciaux.

Nous croyons qu'en moyenne on peut obtenir l'alcool à 94° à 25 ou 30 francs l'hectolitre, quand on le produit dans la ferme. Ce prix de revient baisserait encore si l'on établissait des distilleries communes analogues aux fruiteries, d'après l'idée que nous en avons exposée précédemment.

Le tableau suivant indique les bases du prix de revient.

PRIX DE REVIENT.

Bases de la dépense.

1° Rente ou location de la terre ;

2° Frais de culture, récolte, conservation ;

3° Rente du capital (part de l'alcoolisation dans cette rente) ;

4° Usure des appareils ;

5° Frais de fabrication, main-d'œuvre, combustible, etc. ;

6° Futailles ;

7° Loyer du local.

Bases de la recette.

1° Valeur de la pulpe pour la nourriture du bétail ;

2° Valeur commerciale de l'alcool produit.

Il faut remarquer que la pulpe a à peu près la même valeur nutritive que la racine entière ; le loyer de la terre et les frais de culture et de conservation sont donc à la charge de cette pulpe, et le reste à celle de l'alcool produit. Il est, d'ailleurs, plus convenable de faire masse des frais de tout genre et de toutes les valeurs de recettes pour établir son bénéfice par différence.

De quelques plantes alcoolisables.

Aujourd'hui que les prétendues découvertes surgissent partout, nous croyons devoir indiquer un certain nombre de matières premières dont on peut extraire de l'alcool; nous ne serons, certes, pas complet, cela n'est guère possible; mais nous en dirons assez pour que le fermier intelligent puisse varier ses ressources.

On peut alcooliser (tout en utilisant les pulpes):

1° La *betterave* surtout ;

2° La *pomme de terre;*

3° La *carotte*, le *panais cultivé ;*

4° Les *navets doux*, les *rutabagas*, la *rave* douce;

5° Les *citrouilles* et les *potirons* (nous en avons conseillé l'emploi il y a plusieurs années) ;

6° Les tiges de *maïs* et de *sorgho sucré;*

7° Les tubercules de *topinambour*, d'*asphodèle* et même de *dahlia ;*

8° Toutes les *graines féculentes : blé, orge, avoine, riz, millet, sorgho, sarrasin, pois, vesces, fèves, haricots, lentilles,* etc., etc. L'alcoolisation des grains repose sur les principes émis dans notre chapitre sur l'alcoolisation en général; elle exige, au préalable, la transformation de leur *fécule* en *glucose.*

Le *gland de chêne* peut trouver d'utiles applications.

Nous sommes beaucoup plus explicite à l'égard des matières premières de l'alcoolisation dans notre *Traité complet;* mais, en présence de toutes les idées qui se heurtent, se croisent avec la prétention d'être nouvelles, nous devions en dire un mot ici, et nous rappelons à nos lecteurs le seul principe qui doive les guider :

TOUTES LES PLANTES QUI CONTIENNENT DU SUCRE ET DE LA FÉCULE, OU L'UN DE CES ÉLÉMENTS, A L'ÉTAT PARFAIT OU A L'ÉTAT RUDIMENTAIRE, SONT ALCOOLISABLES.

Nous le déclarons hautement : ce principe ne nous appartient qu'en partie ; les bases en sont éparses dans la science ; mais il n'appartient pas plus à tous les inventeurs du jour. A l'aide de ce principe et de l'examen des plantes, chacun peut découvrir des choses nouvelles ou plutôt d'une application nouvelle.

De l'alcoométrie.

On entend par *alcoométrie* l'art de découvrir la quantité d'*alcool pur* contenue dans un mélange donné.

Nous ne dirons qu'un mot des moyens alcoométriques, et nous indiquerons seulement ici les principes sur lesquels sont basés l'instrument de M. Gay-Lussac et celui de Cartier. Nous terminerons ensuite ce chapitre par quelques notions sur un petit appareil extrêmement commode, l'*alambic de Salleron*, et sur le petit alambic de Dériveau qui vient d'entrer dans la pratique.

M. Gay-Lussac a pris l'*eau distillée* ou *pure* pour le 0°, point de départ de son *alcoomètre* ; l'*alcool pur* représente le 100e degré de son échelle, et tout l'espace intermédiaire est divisé en 100 degrés ; en sorte que si l'on place l'alcoomètre dans le mélange donné, et qu'il s'enfonce jusqu'à 15°, on en conclura que le liquide contient 85 pour 100 d'*eau* et 15 pour 100 d'alcool pur. Cet instrument ne donne les degrés exacts ou n'indique les centièmes d'*alcool pur* d'une manière *précise* qu'à la température de +15°, pour laquelle il est réglé. Sa construction repose sur la différence de densité de l'alcool et de l'eau.

En effet, l'eau a pour densité 1000 et l'alcool 802,10 ; il est évident que plus le mélange donné contiendra d'eau, moins l'alcoomètre s'enfoncera, puisque la densité sera plus grande ; au contraire, plus l'alcool dominera, plus l'instrument s'enfoncera, à raison d'une densité beaucoup moindre.

C'est à raison de la division en centièmes que l'on a donné le nom d'*alcoomètre centésimal* à l'instrument de M. Gay-Lussac, et l'usage de ce *pèse-alcool* a été reconnu et sanctionné par une loi. On dit dans la pratique des *degrés centésimaux* ou des *degrés Gay-Lussac*, par opposition aux *degrés de Cartier*.

Il serait de la plus haute convenance de n'employer plus dans l'usage que les indications de cet alcoomètre, par la raison qu'elles sont en rapport direct avec l'ensemble des mesures légales françaises ; mais comme, dans la pratique, on parle encore de *degrés Cartier*, il est bon d'en connaître la valeur.

L'alcoomètre de Cartier repose sur le même principe de la densité ; la seule différence qu'il offre quand on le compare à l'alcoomètre centésimal existe dans la division. Cartier a partagé son échelle en 44 divisions, dont le 0° représente l'*eau pure* et le 44° l'alcool absolu. Il résulte de cela que le degré centésimal répond à 44 cen-

tièmes de degré Cartier, et que le degré Cartier égale
$2^u,3$ onzièmes Gay-Lussac [1].

§ IV. — DE L'ESSAI DES VINS FERMENTÉS.

On connaît un certain nombre de méthodes ou de
procédés pour déterminer la contenance en alcool des
liqueurs fermentées, et il nous paraît indispensable que
cette détermination soit bien précise, pour plusieurs raisons importantes.

Il est nécessaire de connaître la valeur alcoolique
d'un moût dont la fermentation est terminée, parce que,
de cette valeur, on pourra déduire la proportion de sucre
qui a été transformée. On saura s'il y a eu du sucre non
décomposé en alcool et en acide carbonique, s'il y a eu des
dégénérescences, si quelque arrêt de la fermentation ou
si quelque manœuvre nuisible n'est pas à rechercher
dans le travail. Ainsi, dans la fermentation de la betterave, en admettant l'emploi d'une variété dont la richesse saccharine est connue, un essai du moût appren-
dra si l'opération a été bien conduite. On sait, en effet,
que le sucre cristallisable produit *théoriquement* 53,80
d'alcool absolu pour 100 parties en poids, que le sucre
de fruits produit 51,12 pour 100 et le sucre de fécule

---

[1] M. Gay-Lussac, dans ses tables, que nous donnons aussi plus
loin, ne calcule les degrés alcoométriques de Cartier qu'à partir de
10^u, ce degré, selon lui, étant de l'eau pure. Nous avons adopté une
autre opinion, qui nous paraît beaucoup plus pratique, sinon plus
vraie.   N. B.

46,46. Or, si l'on ramène ces chiffres-poids à des indications de volumes, on trouve que le sucre cristallisable *devrait* produire 67 volumes 07 d'alcool pur sur 100 parties pondérales, que le rendement du sucre de fruits répond à 63,73 et celui du sucre de fécule à 57,92. On sait que, en général, la *pratique ordinaire ne donne pas plus* des trois quarts du chiffre théorique (74,64 pour 100), tandis que, par un *travail soigné,* on peut obtenir plus des cinq sixièmes de ce même chiffre (84,53 pour 100)[1].

De là, il est facile de dresser le tableau suivant des rendements d'une matière quelconque, dont on connaît la richesse en sucre.

QUANTITÉ FIXE de MATIÈRE SUCRÉE. 1.	PRODUIT ALCOOLIQUE EN VOLUME. ALCOOL PUR.		
	Rendement théorique.	Produit des fabriques.	Rendement rationnel.
Sucre prismatique....	0,6707	0,5006	0,5669
Sucre de fruits........	0,6573	0,4756	0,5387
Sucre de fécule........	0,5792	0,4525	0,4896

Il sera également facile de revenir au sucre qui a été décomposé, en partant du produit alcoolique obtenu, en sorte que l'essai des moûts fermentés permettra de juger

---

[1] Le rapport du volume de l'alcool à son poids a été calculé sur la densité de 802,1 à + 15° de température. Ce chiffre, indiqué par M. Régnault, est beaucoup plus exact que celui de Gay-Lussac, 794,7, et nous l'avons adopté dans tous nos calculs sur l'alcool saccharique.

la méthode suivie et de se rendre compte de sa valeur.

Nous allons expliquer, par deux exemples, la portée immense que des essais de ce genre présentent au véritable alcoolisateur désireux d'atteindre le progrès.

Supposons que nous traitions la betterave, qui est l'objet principal dont nous avons à nous occuper ici. Nos racines ont été soumises à une vérification analytique, de laquelle il résulte qu'elles renferment 8,93 de sucre pour 100. Ce chiffre devrait nous fournir, *en théorie*, 5^{lit},989351 d'alcool pur, ou 11^{lit},9787 de phlegmes à 50°. La pratique des fabriques s'élève à 4^{lit},470358 d'alcool pur, ou 8^{lit},94 de phlegmes, et la pratique rationnelle doit nous conduire à 5^{lit},062417 de pur ou 10^{lit},1248 de phlegmes. Or, après un essai de nos liquides fermentés, nous trouvons qu'ils ne renferment, par 100 kilogrammes de racines employées, que 3^{lit},696 d'alcool absolu[1]. Il y a donc une perte notable qu'il convient de préciser.

Notre produit est inférieur de 2^{lit},293 au rendement théorique, de 0^{lit},774 au rendement des fabriques, ou de 1^{lit},366 au rendement qu'on *doit* obtenir par une méthode sérieuse bien pratiquée.

Nous en concluons forcément que, dans la méthode suivie, *quelle qu'elle soit*, il y a eu des fautes de commises :

Ou bien l'*extraction du jus* a été *incomplète* ;

Ou le *ferment* a été *insuffisant* ou de *mauvaise qualité* ;

---

[1] Ce chiffre est celui du rendement de M. Dailly.

Ou la *température* a été *trop basse* ou *exagérée ;*

Ou la *durée du travail fermentatif* n'a pas été assez prolongée, etc.

On conviendra que c'est une faute assez sérieuse que celle qui, dans une exploitation qui traite 484 600 kilogrammes de racines, conduit à une perte de 3 750 litres d'alcool pur, *au minimum*, et qu'elle mérite la peine d'être recherchée.

Si nous prenons encore un exemple, nous verrons que certains distillateurs de grains ne retirent que 54 litres de phlegmes à 50° par 100 kilogrammes de matière farineuse, dont la richesse *moyenne* en substance alcoolisable est de 70 kilogrammes. Or, ces 70 kilogrammes *doivent fournir un poids égal de glucose* au moins, et le rendement doit être : en *théorie*, de 40^{lit},544 d'alcool pur ou de 81^{lit},088 de phlegmes, en pratique ordinaire, de 30^{lit},261 de pur ou 60^{lit},522 de phlegmes, et par une pratique rationnelle, de 34^{lit},272 de pur, ou 68^{lit},544 de phlegmes. Un essai nous fera voir quel est le produit réel que nous obtenons, et nous permettra, par conséquent, de rechercher fructueusement les fautes qui ont pu être commises dans le traitement des matières.

Si l'essai des liquides fermentés doit être considéré comme un guide indispensable dans la pratique de l'alcoolisation, il devient très-important de bien apprécier les conditions de cet essai, afin de pouvoir faire choix d'une bonne méthode, dont on puisse déduire des chiffres sérieux et vraiment pratiques.

Or, le point de départ du raisonnement à faire est très-simple. Si l'on avait affaire à un simple mélange d'eau et d'alcool, il suffirait de plonger dans ce mélange un densimètre pour obtenir une appréciation certaine. Le *pèse-alcool* indiquerait immédiatement la proportion d'alcool renfermée dans le liquide examiné, en volume, et selon une échelle ou une proportion donnée, centésimale ou autre.

Il n'en est jamais ainsi. Jamais les produits de la fermentation ne peuvent être appréciés directement par les aréomètres. Le vin qui provient du *sucre pur* lui-même ne peut être jugé, quant à la richesse alcoolique, par une simple constatation de la densité. Il faudrait, en effet, pour que cela fût possible, que *tout* le sucre eût été *certainement* transformé ; qu'il eût été changé *seulement* en alcool ; que l'alcool produit n'eût subi aucune transformation ; et ces conditions sont à peu près irréalisables. Si cela est exact pour le sucre pur, à plus forte raison rencontrerons-nous des difficultés analogues, et même de plus grandes encore, dans les liquides fermentés qui proviennent des plantes ou des parties de plantes alcoolisables, qui renferment naturellement des sels minéraux ou organiques et des substances solubles différentes du sucre. Comme toutes ces matières offrent une densité supérieure à celle de l'eau, il est clair que les indications aréométriques ne pourraient accuser le chiffre de l'alcool. La différence donnerait ici une indication de beaucoup inférieure à la réalité. C'est ainsi que des jus de betterave, *bien fermentés*, marquent à peine le zéro ou le point de densité de l'eau, tandis que leur densité réelle est, le plus souvent, de 4°,5 à 5° centésimaux *au-dessous* de zéro.

De même, dans les cas où les liquides contiendraient des huiles essentielles plus légères ou moins denses que l'eau, l'indication aréométrique serait encore fautive ; mais cette fois dans le sens inverse, et l'on serait exposé à admettre une richesse alcoolique plus grande que la réalité.

Presque toujours ces différentes causes d'erreurs se compliquent les unes par les autres, et il serait tout à fait impossible d'obtenir des résultats exacts par les indications de densité.

Comment donc faire pour connaître la valeur réelle d'un liquide alcoolique ?

La réponse à cette question est élémentaire. Il suffira de *distiller* une portion de la liqueur, d'un volume déterminé, et d'apprécier la richesse alcoolique du produit obtenu après épuisement. Cette richesse sera celle du volume de liquide essayé, et l'on aura aussitôt, par un calcul simple, la richesse de la masse.

Prenons un exemple :

Soit un moût fermenté d'un volume de 25 hectolitres, provenant de 2500 kilogrammes de betteraves. Nous en prenons un demi-litre, ou la cinq-millième partie et nous la distillons. Le liquide obtenu est étendu d'eau jusqu'au volume d'un demi-litre ; nous y plongeons un alcoomètre centésimal et nous trouvons, pour indication de la richesse alcoolique à $+15°$ de température, 4" ou quatre centièmes, en volume. Puisque 500 centimètres cubes de la liqueur (un demi-litre) contiennent quatre centièmes d'alcool pur, ce chiffre accuse $(500 \times 0,04 = 20)$ 20 centimètres cubes d'alcool absolu pour le demi-litre essayé, soit 40 centimètres cubes par litre ou 100 litres pour la totalité.

Ce résultat répond à 111^{lit},11 d'alcool à 90°, et nous savons dès lors à quoi nous en tenir.

On a imaginé beaucoup d'instruments pour opérer l'essai des vins fermentés, dans le but d'éviter aux fabricants l'ennui d'avoir à se servir d'appareils de chimie que plusieurs ne pourraient utiliser. Le problème à résoudre consistait à créer un petit alambic dans lequel on pût distiller un volume suffisant de la liqueur fermentée, et que l'on pût livrer au public à un prix abordable.

Déjà M. Gay-Lussac avait imaginé un petit appareil de ce genre, dont plusieurs personnes se servent avec avantage, malgré quelques petites complications qui le rendent d'un usage moins facile pour la pratique ordinaire. Depuis plusieurs années, l'administration a adopté l'appareil de M. Salleron pour l'essai des vins, et un constructeur de Paris, M. E. Dériveau, a imaginé un petit alambic destiné également à l'essai des vins. Nous décrivons seulement les appareils de ces deux inventeurs, lesquels nous paraissent seuls d'une utilité évidente pour la distillerie agricole.

Appareil Salleron. — L'appareil le plus commode sans contredit pour se rendre un compte précis de la valeur alcoolique d'un mélange donné est l'instrument connu sous le nom d'*alambic Salleron*. L'idée qui a servi de base à cet appareil n'est pas neuve, il faut en convenir, mais l'application en est heureuse.

Les matières *salines*, les substances solubles, ou les *huiles essentielles* dissoutes dans un liquide quelconque

en font varier la densité, comme nous venons de le faire
remarquer : il n'est donc pas possible d'obtenir le degré
exact d'un mélange alcoolique, si la densité est changée
par la présence de corps étrangers dissous. C'est à cet
inconvénient qu'obvie le petit alambic de M. J. Salleron.

L'appareil primitif de M. Salleron (fig. 15) se compo-
sait d'une *lampe à alcool*, d'un *petit ballon* en verre servant de *chaudière*, communiquant, par un tube en
caoutchouc, avec un petit *serpentin*, placé dans son *réfrigérant* supporté par trois pieds en cuivre : une *éprouvette* divisée ou *graduée* sert à mesurer le liquide à distiller et à le recevoir ensuite au sortir du serpentin.

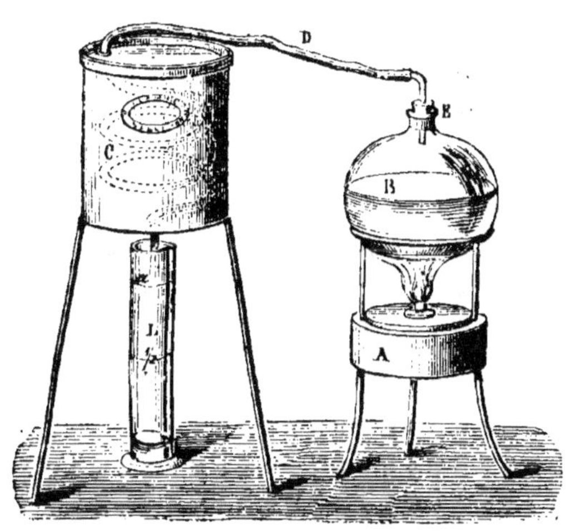

Fig. 15.

Quand il s'agit d'essayer un mélange alcoolique, on
mesure la liqueur dans l'éprouvette, et on la verse dans
le petit ballon auquel on adapte le bouchon qui est atta-

12

ché à un tube en caoutchouc : ce tube communique avec le serpentin. On dispose alors le ballon sur la lampe que l'on allume. Quand on a obtenu le tiers ou la moitié du liquide, selon sa richesse, on note le degré de température du produit et son degré alcoolique ou de densité à l'aide d'un petit *thermomètre* et d'un *alcoomètre* disposés à cet effet dans la boîte de l'appareil : on trouve, à l'aide de ces données, le degré réel de force alcoolique en consultant une table de réduction jointe à l'appareil.

M. Salleron reconnut bientôt que l'emploi d'un ballon en verre et d'un tube en caoutchouc pouvait présenter de notables inconvénients : le ballon pouvait se briser, par un choc, ou par une application irréfléchie de la chaleur ; le tube en caoutchouc peut se dégrader et finir par présenter des fissures, etc. Il y avait encore, peut-être, à reprocher à son appareil un peu trop d'exiguïté. Cet habile constructeur, bien connu par le soin qu'il apporte à la fabrication des instruments de précision, ne pouvait laisser son appareil dans des conditions qui auraient pu en restreindre l'usage et qui l'auraient rendu d'un emploi trop délicat pour les distillateurs. Il remplaça le ballon en verre par une petite chaudière en cuivre et le tube en caoutchouc par un tube métallique ; les dimensions furent augmentées dans une proportion suffisante, et il résulta de ces modifications l'appareil simple et complet qui est représenté par la figure 16 ci-après.

La cucurbite B, élevée sur trois pieds métalliques, est chauffée par la lampe à alcool A ; elle se rattache au serpentin C par le tube D, qui s'adapte à l'aide des deux étriers à vis E et E'. La cuve du serpentin est montée sur trois pieds métalliques et elle porte un tube à entonnoir J pour l'introduction du liquide froid. Le trop-plein H rejette par le bas le liquide chaud. Une éprouvette L reçoit le produit. Cette éprouvette porte un point de re-

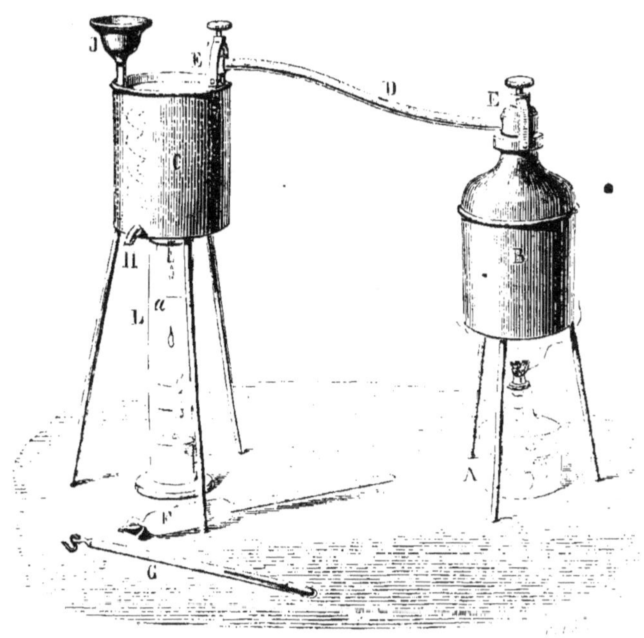

Fig. 16.

père a, au-dessous duquel le volume total est divisé par deux traits qui indiquent le tiers ou la moitié de la capacité jusqu'au trait a. Enfin, à l'appareil sont annexés une pipette, un thermomètre G et un alcoomètre F, ainsi qu'une table de correction

Le tout est renfermé dans une caisse élégante et se trouve mis ainsi à l'abri des accidents.

Lorsqu'on veut faire un essai, on dispose sur une table les pièces importantes de l'appareil. On remplit d'eau froide la cuve du serpentin, puis on mesure du liquide à essayer jusqu'au trait *a* de l'éprouvette. Cette quantité est versée dans le bouilleur B, puis l'on ajuste le tube conducteur D et l'on serre les vis des étriers. On allume alors la lampe et l'on chauffe jusqu'à ce que l'on ait obtenu assez de produit pour remplir l'éprouvette jusqu'au trait 1/3 pour les liquides pauvres, et jusqu'au trait 1/2 pour les liqueurs très-alcooliques. Il va sans dire que l'on verse de l'eau froide par l'entonnoir J dans le cas où le réfrigérant s'échaufferait au-dessous du quart supérieur.

Lorsque le produit est obtenu, on éteint la lampe et l'on retire l'éprouvette. On la remplit alors d'eau simple jusqu'au trait *a* afin de reconstituer le volume total de la prise d'essai, puis on plonge le thermomètre et l'alcoomètre dans la liqueur bien mélangée et l'on note les chiffres obtenus.

Comme l'alcoomètre a été spécialement construit pour la température de +15°, il est clair que les indications de cet instrument seront trop faibles si la température est inférieure à ce degré, et que, au contraire, elles seront exagérées si le mélange accuse une température supérieure.

Nous avons déjà dit que M. J. Salleron a joint à son appareil une table de correction, qui sert à reconnaître la valeur réelle de l'indication alcoométrique selon les degrés de température, et cette table rend les plus utiles services dans les essais que l'on peut avoir à faire. M. Salleron ne s'est pas borné à cette table et, dans le but de simplifier encore la pratique si avantageuse de l'essai des vins, il a imaginé un petit instrument qui donne immédiatement la correction cherchée, sans que l'on ait aucun calcul à effectuer. Cet instrument est une *règle de compensation*, dont l'usage est aussi facile que la construction en est simple et ingénieuse. Il se compose d'une petite règle plate, présentant sur les côtés l'indication alcoométrique ; le milieu est occupé par une rainure à coulisse, dans laquelle peut glisser à volonté une réglette mobile marquant les degrés de température de 0° à + 30°, comme l'indique la figure 17 ci-contre.

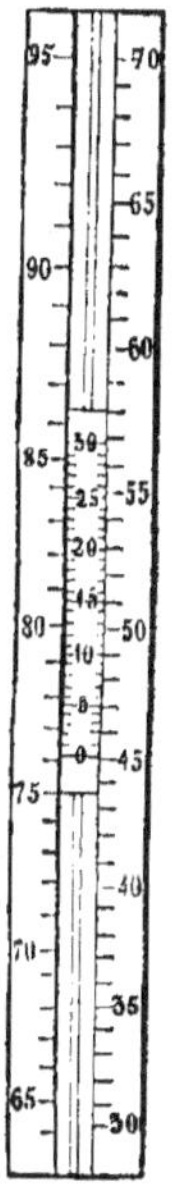

Si l'on veut connaître la valeur précise d'un esprit dont le degré apparent est donné à une température connue, il suffit de faire araser le point de la réglette intérieure donnant la température avec la ligne du degré alcoolique apparent ; le bouton de la réglette, correspondant à la température de + 15°, donnera le degré alcoolique réel marqué sur l'un des bords de la règle.

L'idée qui a conduit à la construction de ce régulateur est très-simple, mais on peut dire que les applications les plus fécondes en résultats sont celles qui reposent sur les

Fig. 17.

principes admis élémentairement, lesquels induisent moins fréquemment en erreur que les savantes théories.

M. J. Salleron a rendu, par les deux instruments que

nous venons de décrire, un véritable service à la pratique de l'alcoolisation agricole ou manufacturière. Signaler ces faits, c'est dire combien les hommes de recherche sérieuse méritent de reconnaissance de la part du public, dont l'intérêt n'est jamais laissé en oubli par les véritables travailleurs, et M. Salleron occupe dans leurs rangs une place distinguée.

Il est évident pour nous que son petit appareil, établi à un prix modique, peut suppléer à tous les moyens scientifiques pour l'examen des liquides fermentés et en constater la richesse alcoolique. **Nous** en conseillons vivement l'emploi à tous ceux de nos lecteurs qui voudraient ne rien livrer au hasard dans leurs recherches ou leurs expériences. Avec l'*alambic Salleron* et la règle compensatrice dont nous venons de parler, on se trouve placé dans les véritables conditions de la pratique, et on n'a plus rien à redouter des aberrations de la théorie [1].

Ce n'est que justice d'ajouter ici quelques mots sur un autre appareil d'essai des vins, construit par M. E. Dériveau. Cet appareil consiste en un petit alambic, muni d'un col de cygne et d'un réfrigérant avec son serpentin et ses accessoires. Ce qui le distingue surtout des autres appareils de ce genre, indépendamment des questions de forme, c'est la possibilité de le chauffer avec quelques

---

[1] C'est avec le plus grand plaisir que nous recommandons à nos lecteurs la maison de M. J. Salleron, 24, rue Pavée au Marais, à Paris, où ils trouveront tous les instruments de physique, d'optique et de chimie appliquée utiles à leurs travaux, dans les conditions les plus satisfaisantes sous le double rapport de l'exécution et de l'économie.

charbons, sans qu'on soit obligé de recourir à l'esprit-de-vin, comme cela est à peu près indispensable avec les autres appareils d'essai. L'inventeur a compris qu'il peut arriver que l'on n'ait pas d'alcool à sa disposition et il a voulu obvier à l'ennui causé par cette circonstance. D'ailleurs, l'usage de l'alcool employé comme combustible peut n'être pas sans danger entre des mains peu exercées, et il est une cause de dépense notable qui suffit parfois à faire négliger la pratique des essais.

Le bouilleur de M. Dériveau est mobile sur un petit fourneau en cuivre, avec lequel il fait corps en apparence lorsqu'il est mis en place. Une petite grille en tôle, placée dans le fourneau, au-dessous du bouilleur, reçoit des charbons allumés qui transmettent le calorique sur le fond et les côtés de la cucurbite. Le tirage se fait bien ; le devant du fourneau rappelle une petite cheminée à la prussienne ; et, à la partie supérieure, au-dessous du point où repose le bouilleur, on a ménagé une série de petites ouvertures circulaires qui font office de cheminées.

On peut également retirer la grille et la remplacer par une petite lampe à alcool, si on le désire. Enfin, il est facile de placer un bain-marie dans la cucurbite, et cela peut être parfois très-utile. Ce petit appareil est d'une exécution très-intelligente, et nous pensons qu'il peut rendre de bons services[1]. La marche d'un essai à faire ne diffère pas de ce que nous avons dit plus haut, et tous les appareils d'essai par distillation exigent la même méthode.

---

[1] M. E. Dériveau, constructeur. 10 et 12, rue Popincourt, Paris.

CHAPITRE VI.

Nous avons dit que le sucre est la base de la production alcoolique, et de nos explications à cet égard le lecteur a pu tirer la conséquence qu'on ne peut faire d'alcool sans sucre fermentescible. Cela est d'une vérité reconnue ; mais il faut faire une observation qui complète la justesse de ce principe. Le sucre peut très-bien ne pas exister dans une plante sans que pour cela on puisse la regarder comme non alcoolisable. En effet, la *cellulose*, la *pectosine*, la *fécule*, les *gommes*, etc., ne présentent pas les caractères du *sucre*, et cependant ces principes se transforment en *glucose* sous l'action des acides. De ceci nous déduirons la règle suivante pour l'usage de ceux de nos lecteurs qui veulent faire l'essai des plantes.

Essai des plantes alcoolisables.

On prend 1 kilogramme de la matière première, puis on la réduit en pulpe ou en poudre, selon sa nature.

On la délaye alors dans 4 litres d'eau et on porte à l'ébullition dans un vase non métallique, après avoir ajouté à la masse environ 20 à 25 grammes d'acide sulfurique étendu de son poids d'eau. Après une heure d'ébullition soutenue, on met quelques gouttes de la liqueur dans une soucoupe et, après refroidissement, on y verse une goutte de *teinture aqueuse d'iode* : s'il se manifeste une belle couleur *bleue*, c'est une preuve que les parties féculentes ne sont pas encore converties en *glucose*, et on continue à faire bouillir en agitant. Lorsque la couleur *bleue* ne se montre plus, on retire le vase du feu, on passe la matière dans un gros linge avec expression, puis on la filtre.

Si on plonge une petite parcelle de *papier bleu de tournesol* dans ce liquide, la couleur de ce papier, en devenant d'un *rouge* plus ou moins vif, dénote la présence de l'acide ; on détruit, ou plutôt on *neutralise* cet acide en versant dans la liqueur de la craie en poudre, jusqu'à ce que le papier de tournesol ne rougisse plus, et prenne tout au plus une *très-légère* teinte vineuse. On laisse alors reposer ; et, après quelques heures, on décante le liquide clair, ou bien on filtre.

Lá liqueur ainsi préparée contient tout le *sucre-glucose* que l'on pouvait obtenir avec la matière traitée ; il ne reste plus qu'à connaître la proportion de ce sucre, et pour cela il y a deux manières de faire.

Le moyen le plus prompt consiste à examiner la *solution sucrée*, à l'aide de l'instrument de M. Soleil et sur les indications de M. Clerget : ce moyen est incontestablement le plus précieux, s'il s'agissait seulement de connaître la quantité de glucose ; mais, outre que cet appareil est *cher* (220 fr. à 260 fr.), il n'est pas d'un usage aussi précis en *alcoolisation* que la méthode distillatoire. Par le *saccharimètre-Soleil*, vous ne savez pas autre chose que ceci : *la quantité en centièmes de sucre fermentescible ou autre en dissolution dans votre liquide ;* et pour nous, ce n'est pas assez. Nous savons, à la vérité, que 100 parties de sucre donnent 51 part. 12 d'alcool, et que si le saccharimètre accuse, par exemple, 16 pour 100 de matière sucrée, nous devons avoir environ 8,18 d'alcool. Mais ce résultat est théorique ; on ne peut en pratique se baser là-dessus, et l'*évaporation*, la *transformation en vinaigre*, la *fermentation vicieuse* ou *incomplète* nous font éprouver des pertes dont il faut tenir compte ; d'où nous concluons que les moyens saccharimétriques, excellents pour le *sucre* et la théorie de l'alcoolisation, sont insuffisants pour la pratique de cette dernière. Il faut nous mettre dans les conditions de la pratique, si nous voulons obtenir des résultats moyens sur lesquels on puisse compter.

Voici le moyen qui nous réussit le mieux et nous donne les indications les plus sûres, auxquelles on peut se rapporter sans crainte dans ses essais. On partage le liquide sucré, préparé comme nous l'avons dit, en deux quantités égales, que l'on place chacune dans un flacon ou un bocal. On met dans le flacon n° 1 un peu de levûre bien délayée ; on ne fait pas cette addition dans le flacon n° 2, mais on y ajoute un dixième de la solution de la plante essayée non bouillie, après avoir retranché une égale quantité du liquide préparé. Ceci a besoin d'une courte explication ; la voici : Les *ferments naturels* ou matières albuminoïdes ont été anéantis, détruits par la chaleur de l'ébullition, et ils ne peuvent plus agir comme *levains*, comme excitants de la fermentation. Il faut donc ajouter à ce *moût* un peu de *jus non bouilli*. Mais, au préalable, il convient de conserver l'égalité des deux liqueurs d'essai, afin de ne pas commettre d'erreur sensible ; voilà pourquoi on retranche du flacon n° 2 une quantité égale à celle du *jus non bouilli* et *non acidulé* qu'on doit y ajouter. Il va sans dire que cette expérimentation sur la fermentation par les levains naturels ne se fera pas sur les moûts de graines féculentes, mais elle est très-utile pour toutes les plantes-racines et pour les tiges juteuses ainsi que les fruits.

Il faut exposer ces deux flacons à une température de +20 à +25° centigrades : trois jours après, on essaye les liquides à l'aide de l'appareil Salleron, et on tient note du résultat. Le lendemain et les deux jours suivants, on fait de nouveaux essais sur les deux échantillons et on prend note des quantités d'alcool indiquées.

On obtient ainsi :

1° La quantité en centièmes d'*alcool* fourni par la liqueur après une fermentation régulière *de trois jours*, obtenue par la levûre de bière ;

2° La même donnée pour un liquide ayant fermenté par les *ferments naturels ;*

3° La proportion d'alcool à diverses périodes de la fermentation et, par conséquent, la durée la plus utile de cette fermentation.

Lorsque l'on connaît ainsi par un résultat pratique la quantité d'alcool fournie par 1 kilogramme de matière essayée, et qu'on s'est rendu compte de l'action des ferments et du point précis où il convient d'arrêter la fermentation, rien n'est plus aisé que de conclure sur la possibilité d'utiliser ou non telle ou telle plante, telle ou telle matière première. Nous n'en dirons donc pas davantage à ce sujet, et nous abordons une question bien controversée, celle de la pureté des alcools.

Pureté des divers alcools.

Nous avons répété dans un grand nombre d'occasions, nous avons maintes fois écrit le seul principe qui soit, à cet égard, complétement vrai ; le voici, tel que nous l'avions formulé dès l'an dernier :

De même que toutes les fécules pures sont identiques (au volume près), de même TOUS LES ALCOOLS PURS SONT PHYSIQUEMENT ET CHIMIQUEMENT IDENTIQUES.

En d'autres termes, *il n'y a qu'un seul alcool saccharique*, que l'on peut extraire, *plus ou moins pur, plus ou moins agréable*, d'un très-grand nombre de matières végétales. Nous allons démontrer la vérité de ce que nous avançons en prenant quelques exemples.

L'alcool de vin se compose de :

1° Charbon ou carbone. .	4 proportions.	
2° Hydrogène..	4 —	ALCOOL PUR.
3° Eau combinée.	2 —	

4° Eau en mélange, quantité variable.
5° Huiles essentielles du raisin, solubles dans l'alcool, insolubles dans l'eau : quantité variable.

L'alcool de betterave se compose de :

1° Carbone..	4 proportions.	
2° Hydrogène	4 —	ALCOOL PUR.
3° Eau combinée.	2 —	

4° Eau en mélange, quantité variable.
5° Huiles essentielles de la betterave, solubles dans l'alcool, insolubles dans l'eau : quantité variable.

Il n'est pas nécessaire de réfléchir longtemps pour comprendre que les alcools ne diffèrent réellement que par l'huile essentielle *particulière, propre à l'espèce végétale* qui a fourni la matière première. Tel végétal donne une huile essentielle agréable et produit des alcools *bon goût :* il en est ainsi de l'alcool de vin ; telle autre plante donne une huile fétide et produit des alcools de *mauvais goût,* comme l'alcool de betterave, de pomme de terre, de grains, etc. Mais, agréable ou non, parfumée ou fétide, cette huile n'en est pas moins un corps étranger à l'alcool, et l'esprit de vin n'est pas plus *pur* que celui de la betterave ; il est plus suave, plus parfumé, plus agréable ; voilà tout.

L'*alcool* n'est *pur* que lorsqu'il n'est composé *absolument* que de *quatre proportions de charbon, quatre proportions d'hydrogène et de deux proportions d'eau en combinaison.*

Ce que nous venons de dire est loin d'être inutile ; car un des plus grands sujets de préoccupation est la transformation des alcools de diverses provenances en alcools de vin, susceptibles des mêmes usages ; or, le problème gît tout entier dans ce qui précède et ce que nous avons dit à propos de M. Champonnois. En effet, la solution de cette question importante exige les deux conditions suivantes :

1° *Détruire ou précipiter à l'état de savons insolubles les huiles essentielles* qui rendent l'alcool fétide ;

2° *Substituer à ces essences l'huile volatile du vin,* qu'elle soit extraite du raisin ou de tout autre corps.

Or, nous avons fait voir que la potasse contenue dans

la betterave donnait, avec l'*essence* de la plante, un savon *très-soluble* dans l'eau; ce savon est beaucoup *moins soluble* dans l'alcool, d'où il suit que les *sels de potasse* peuvent être employés pour la désinfection des alcools *mauvais goût,* quand ils ne contiennent pas plus de 30 pour 100 d'eau. Ajoutons que tous les *oxydes métalliques,* formant des *savons* insolubles, sont susceptibles du même emploi, et qu'ils sont de beaucoup préférables à la *potasse carbonatée.* Cependant la *potasse,* combinée avec un *oxyde métallique,* celui de *manganèse,* par exemple, donne de meilleurs résultats que si l'on employait seul l'un ou l'autre de ces corps. Disons encore que les *terres* ou les *oxydes terreux,* la *chaux,* la *magnésie,* sont très-avantageuses pour détruire ces huiles, et que l'on a même cherché à employer le *chlore* pour cet objet. Ce dernier corps ne sera franchement utilisable que quand on pourra obvier à quelques inconvénients qu'il présente, et notamment à la formation de l'acide *chlorhydrique* ou *muriatique* et du *chloroforme.*

Cette saponification des essences doit se faire par macération avec agitation; elle est ordinairement finie en huit à dix heures. Il convient alors de décanter le liquide; on lave ensuite le dépôt ou on le filtre, on réunit les liqueurs claires et l'on y ajoute l'*huile de vin* dans la proportion de 1/16 à 1/4 pour 100. On rectifie ensuite au *bain-marie,* et l'alcool, ainsi traité, se mélange parfaitement avec les *Montpellier.*

Huile de vin. — Ammoniaque.

L'*huile de vin*, nécessaire pour donner aux alcools l'odeur et le goût des *esprits de vin*, s'obtient facilement en distillant du *tartre* avec de l'eau : on recueille l'huile à l'aide d'une *pipette* ou d'un *récipient florentin*.

Quant à l'action de l'*ammoniaque* sur les alcools, nous n'en dirons qu'un mot : il passe toujours à la distillation avec l'alcool un peu d'*acide acétique* ou de vinaigre. Ce corps donne de la *dureté*, de l'*âcreté* aux eaux-de-vie nouvelles, et l'*ammoniaque vieillit* l'eau-de-vie en neutralisant le vinaigre qui s'y trouve. Mais il se passe ici un fait remarquable.

Quoique l'alcool contienne, lorsqu'il est nouveau, une proportion assez notable d'acide, il reste cependant *neutre*, c'est-à-dire qu'il ne rougit pas les couleurs *bleues* végétales. La cause *sérieuse*, *vraie*, de ce phénomène, n'a pas encore été indiquée.

Il faut que l'*alcool* destiné à l'industrie soit parfaitement *neutre*, qu'il ne *rougisse* pas le *papier bleu* et ne tourne pas au *bleu le papier rouge de tournesol;* c'est là une condition indispensable.

Procédé de désinfection.

Nous rapportons le procédé qui suit pour détruire les huiles essentielles des alcools, parce qu'il donne lieu à une observation utile.

Prenez alcool, 100 litres.

Ajoutez acide sulfurique, 80 à 90 grammes.

Vinaigre fort, 500 grammes.

Faites macérer pendant douze heures en agitant deux ou trois fois, et rectifiez.

On rectifie une seconde fois sur du *manganésiate de potasse*. (Rozière et Latour de Trie.)

Ce procédé n'est pas applicable, parce qu'il donne deux rectifications à faire, et que le manganésiate de potasse *seul* a une action suffisante. Mais quelle peut être ici l'influence de l'acide sulfurique et du vinaigre? Agissent-ils en se combinant avec un élément de l'essence, ou en *décarbonant* cette essence, en *brûlant* une proportion de son carbone ou charbon? Ce dernier mode d'action nous paraîtrait le plus plausible, en supposant une action quelconque de ces acides sur les huiles essentielles, quand on les emploie en faible proportion.

Observation. — Nous trouvons, à propos de la désinfection de l'alcool, un procédé rajeuni de celui que nous venons de rapporter, et qui est inséré dans le numéro 17 du *Cosmos*, 3e année, IVe volume. Nous transcrivons, afin de mettre nos lecteurs à même de juger.

Procédé de putrification des alcools. — «M. Luther Alwood, de Massachusets, a pris un brevet d'invention pour un procédé à l'aide duquel on dépouille les alcools et les esprits des huiles empyreumatiques qui leur communiquent une odeur désagréable. Je prends, dit-il, trois livres d'oxyde de manganèse réduit en poudre fine, cinq livres de nitrate de potasse ou de nitrate de soude, je les mêle aussi parfaitement que possible, je les fais fondre dans une cornue, et je continue l'action de la chaleur jusqu'à ce que la masse fondue passe de l'état fluide à l'état de matière pâteuse : quand cette masse est refroidie, je la réduis en poudre et la conserve sèche pour l'usage que j'en voudrai faire. Elle contient du manganate de potasse ou de soude, ou des permanganates de ces bases avec excès de potasse ou de soude, et des impuretés terreuses. Par chaque gallon (4¹,50) d'alcool à 85 ou 90 centièmes, j'emploie 2 onces (60 grammes) de poudre, je les dissous dans 8 onces (240 grammes) d'eau, et j'ajoute cette solution à l'alcool en même temps que j'agite vivement. Ces proportions sont celles qui conviennent aux alcools ordinaires; dans les cas extraordinaires, on ajoutera assez du composé chimique pour faire disparaître complétement l'odeur des huiles empyreumatiques. L'alcool ainsi purifié doit être débarrassé par la distillation à une douce chaleur des matières qu'il tient en dissolution ou en suspension. »

Il est facile de se convaincre, en lisant les lignes qui précèdent, que le procédé Alwood consiste dans l'emploi du manganate ou manganésiate de potasse ou de soude : cette idée n'est pas neuve, tant s'en faut.

Il est parfaitement connu depuis longtemps que la combinaison de la potasse avec l'oxyde de manganèse détruit les huiles empyreumatiques des esprits; nous en invoquons pour preuve le *Manuel du distillateur*, qui donne le procédé que nous avons cité tout à l'heure. Que signifie la substitution *possible* de la soude à la potasse? rien. — Ces deux *alcalis* agissent absolument de la même manière sur les huiles essentielles.

D'un autre côté, dans la composition de M. Alwood.

on emploie le *nitrate* de l'une de ces bases; on peut tout aussi bien se servir du *carbonate*, et cela ne présente nulle importance. Un publiciste distingué nous faisait observer encore que dans le procédé Alwood on se sert de la composition désinfectante à l'état de *poudre* : or, il en est de même dans les indications de M. Malepeyre; d'où nous concluons qu'il y a encore ici une vieillerie rajeunie, corrigée et *brevetée*. Nous dirons à cela comme à propos de M. Dubrunfaut : Qu'importe, si la vieillerie est bonne? Notre mission n'est nullement de contrôler, d'inspecter le mérite de certains brevets; mais il faut de la justice en toutes choses.

Remarque sur l'emploi de l'alambic Salleron et des alcoomètres.

Il peut arriver que lorsqu'un mélange alcoolique est fortement chargé d'huile essentielle, la densité change au point que les indications alcoométriques soient erronées et puissent conduire à des conséquences illusoires.

Le moyen d'obvier à cet inconvénient et d'obtenir des résultats alcoométriques certains, soit à l'aide de l'appareil J. Salleron, soit par les *aréomètres* Gay-Lussac ou Cartier, consiste dans la destruction de cette huile volatile. Pour cet effet, on ajoute au liquide une solution concentrée de potasse ou de soude, ou un simple lait de chaux : on agite, et après une heure de macération on filtre. Si l'on distille alors, on obtient un produit débarrassé de ces causes d'erreurs, et les données de l'alcoomètre sont précises. Nous croyons, d'après un grand nombre d'expériences, qu'il est assez important de prendre cette légère précaution, quand on veut obtenir une appréciation convenable de la valeur d'un liquide alcoolique. On ne peut trop mettre d'attention, lorsqu'il s'agit de se renseigner sur la valeur d'une opération à faire. Si, dans le cas dont nous parlons, la densité du mélange diminue, on est exposé à croire à un résultat plus avantageux qu'il n'est en réalité; dans la supposition d'une augmentation de densité, on peut abandonner une idée applicable et bonne, par la raison que l'alcoomètre ne donnerait pas la force réelle du liquide. Il est donc urgent, dans les deux suppositions, de s'assurer de la pureté du mélange, qui ne doit être composé que d'eau et d'alcool.

Moyen d'activer la fermentation.

Parmi les nombreuses compositions qui ont pour but d'activer la fermentation, nous citerons seulement la suivante, calculée pour une cuve contenant 10 hectolitres.

Prenez :

Sulfate de soude. . . . .   40 grammes.
Farine de froment. 480   —

Formez une pâte bien homogène avec quantité suffisante d'alcool à 84°.

Délayez ensuite cette pâte dans un peu de moût, ajoutez à la masse liquide en agitant.

Cette composition a l'avantage de rendre la fermentation très-active sans qu'elle devienne plus tumultueuse.

Nous l'avons expérimentée nombre de fois, et nous avons toujours eu à nous en applaudir. Nous conseillons donc de l'employer toutes les fois que la fermentation se ralentira et que l'on aura à craindre un retard dans cette opération importante.

Levûre artificielle.

Dans le cas où on manquerait de levûre, on peut employer parfaitement le mélange suivant :

Prenez :

Farine de seigle ou d'orge. . . .   Quantité suffisante,
Eau tiède. . . . .   —

Faites une pâte molle, que vous soumettez à la chaleur (25 à 30°); bientôt cette préparation devient aigre et peut remplacer la levûre.

Le levain de pâte est également utilisable.

On pourrait encore obtenir un bon ferment par le procédé de Westrumb, qui préparait une levûre assez énergique par le procédé suivant :

Mout de bière. . . . .   170 kilogr.
Drèche { d'orge. . . . . . . 34 kil. }
        { de froment. . . . 16 — }   50 —
Houblon.. . . . .   5 —

Total. . . .   225 kilogr.

Il faisait brasser ce mélange avec force, puis on filtrait, et la liqueur était réduite par évaporation à 85 kilogrammes. Le refroidissement devait s'opérer très-vite, en plusieurs vases, s'il y avait lieu et, après avoir réuni les liqueurs, on y délayait 16 kilogrammes de levûre. Aussitôt que l'écume s'élevait, il troublait ce commencement de fermentation en agitant et en mélangeant 30 kilogrammes de malt bien moulu ou pareille quantité de farine de froment, de seigle ou d'orge.

Cette levûre demande à être conservée en lieu frais; elle se conserve dix à quinze jours en été et cinq à six semaines en hiver.

Elle est comparable à la bonne levûre de bière et beaucoup plus économique[1].

Distillation et appareils.

Nous avons indiqué (p. 98 et suiv.) les principes sur lesquels reposent la distillation et la construction des appareils; nous ne reviendrons pas sur ce sujet, dont nous supposons que les détails ont été bien compris, et nous allons compléter ces notions générales par quelques mots sur les appareils les plus usités.

Dans les distilleries rustiques que l'on rencontre encore dans plusieurs provinces, on se sert, pour distiller les pommes de terre, les grains et les marcs de raisin, de l'ancien *alambic* (p. 100, fig. 9). Cet appareil est même employé par un certain nombre de brûleurs, qui distillent les vins communs, et il pourrait, *à la rigueur*, extraire l'alcool des betteraves fermentées. Cet engin est le plus mauvais que l'on puisse employer, pour diverses raisons que nous indiquons rapidement.

[1] *Guide théorique et pratique du fabricant d'alcools et du distillateur*, t. I.

On est obligé de vider et de remplir l'appareil à chaque opération, parce que l'instrument ne peut se prêter à aucune forme de la continuité. En outre de la main-d'œuvre plus grande que requiert son emploi, il convient de tenir compte de la plus grande dépense de combustible, causée par les interruptions du chauffage. Comme dans la plupart des appareils à feu nu, les inconvénients de ce mode d'application de calorique se traduisent par le danger des explosions, la destruction rapide des parois et du fond, et la qualité exécrable des produits. D'autre part, comme on ne recueille que des liquides très-faibles dans une première opération, puisque l'on est obligé d'épuiser la matière et de condenser une grande quantité de matières aqueuses, la distillation et la rectification exigent beaucoup plus de temps, la première, pour extraire une plus grande masse de phlegmes, la seconde, pour séparer une proportion d'eau plus considérable.

Nous ne mentionnons donc cet instrument que pour mémoire.

Aujourd'hui, tout appareil distillatoire se compose d'un ou de plusieurs *bouilleurs*, dont la fonction normale est de soumettre la matière fermentée à l'action du calorique, d'un vase à *analyser* ou d'une colonne, dont le nombre de cases est fort variable, et d'un *condenseur*.

Quand on emploie deux bouilleurs, celui qui est placé le plus près de la colonne reçoit le liquide fermenté, et c'est dans ce vase que s'opère la distillation proprement dite. Le second, plus éloigné de la colonne, reçoit le liquide déjà presque épuisé dans le premier ; la liqueur achève de s'y dépouiller de l'alcool qui s'échappe en vapeurs mélangées de beaucoup d'eau, et ces vapeurs servent à échauffer le vin dans l'autre bouilleur. Il y a, dans ce cas, un *bouilleur* et un *épuiseur*. L'emploi d'un seul bouilleur ne produit pas un épuisement aussi complet dans les conditions habituelles, surtout si l'on peut opérer d'une manière continue. Cependant, les appareils à bouilleur simple sont très-répandus dans l'industrie des alcools.

Que l'on se serve d'un appareil à un seul bouilleur ou à deux bouilleurs, la vapeur est analysée dans une *colonne*. Nous avons fait voir quels sont les principes sur lesquels est basée la colonne analyseuse des appareils distillatoires (p. 102, fig. 11 et 12). Les colonnes sont formées par la superposition des vases à analyse, et l'idée technique dont elles dérivent est la propriété de tous les distillateurs et de tous les constructeurs, car elle appartient au domaine public depuis l'application de l'appareil de Woolf à la distillation : aussi ne diffèrent-elles que par le mode particulier adopté pour la condensation des vapeurs non alcooliques dans chaque segment de la colonne.

Il ne faut pas, en effet, perdre de vue ce principe, que chaque vase d'une colonne analyseuse est un *condenseur ;* que, sans la condensation partielle des vapeurs élevées, de celles qui se liquéfient à une température supérieure à celle de l'ébullition de l'alcool, la colonne n'aurait plus de but ni de raison d'être, et que cette propriété est la base nécessaire qui doit guider le constructeur.

Que la colonne soit verticale ou horizontale, qu'on réunisse même cette double disposition, que les segments de colonne ou les plateaux soient plus ou moins élevés, plus ou moins nombreux, qu'ils soient séparés par des corps plus ou moins conducteurs, que l'on modifie la forme des obstacles intérieurs apportés à la circulation des vapeurs mélangées, pour en forcer la condensation analytique; enfin, quelque changement accessoire, véritable ou apparent, que l'on exécute, pour s'assurer la propriété légale d'une colonne analyseuse, il est évident que l'idée même de la colonne appartient au domaine public et que les constructeurs ne peuvent revendiquer le monopole de cet organe, sinon pour quelques dispositions de détail, qui leur seraient particulières.

Un segment de colonne se compose essentiellement d'un vase, ordinairement cylindrique, à travers le fond duquel la vapeur mélangée s'introduit dans l'intérieur, pour venir y frapper contre des surfaces réfrigérantes. Ces surfaces sont, le plus souvent, des calottes concentriques à la direction des vapeurs; on les accouple parfois dans plusieurs directions, sans en augmenter beaucoup l'effet. Enfin, on peut adapter un couvercle sur ce vase, et en faire un véritable appareil isolé, clos de toutes parts, sinon pour l'arrivée des vapeurs, la sortie de celles qui ne sont pas condensées et le retour des liquides condensés au bouilleur ou au plateau inférieur.

On comprend aisément la facilité que rencontrent les constructeurs pour modifier les détails de cet organe et comment ils peuvent, d'une idée commune, dont l'ensemble et les principales circonstances sont du domaine de tous, créer une propriété personnelle, à l'aide de certains changements qui sont presque toujours sans importance.

Le fait capital de la distillation, après la production et l'analyse des vapeurs, consiste dans la condensation de ces mêmes vapeurs et leur retour à l'état liquide. Cette partie de l'opération est faite dans le *réfrigérant* (S. fig. 9, p. 100).

De même que la transformation d'un liquide en vapeur se fait mieux, plus promptement et encore avec une moindre dépense de calorique, lorsque l'application de la chaleur se fait sur des surfaces plus développées et des couches de moindre épaisseur, de même la condensation des vapeurs et leur retour à l'état liquide s'opère mieux, plus promptement et plus économiquement, lorsque la soustraction de calorique se fait par de larges surfaces et sur des épaisseurs aussi petites que possible. On comprend de là que le simple tube droit, refroidi par l'eau, n'est pas un bon condenseur, à moins qu'il ne soit très-long et d'un diamètre aussi faible que les circonstances le permettent. Le serpentin n'a d'autre avantage sur le tube droit que d'être plus long et, par conséquent, d'offrir plus de surface à la réfrigération par l'eau froide.

On ne comprend pas bien que la construction n'ait pas mis à profit, pour la réfrigération des vapeurs, les principes bien connus dont nous venons de parler; mais, à part deux dispositions que nous indiquerons tout à l'heure, cette portion de l'outillage n'a guère fait de progrès depuis l'alambic. Le tube de réfrigération, immergé dans l'eau ou le vin, ou dans le vin d'abord, à la portion la plus rapprochée de la colonne, puis dans l'eau, est presque toujours un serpentin, malgré les petites différences de forme dont on a cherché à vanter quelques-unes en différentes occasions.

En résumé donc, l'appareil distillatoire se compose d'un bouilleur, d'une colonne et d'un réfrigérant. Le bouilleur peut être simple ou double ; on peut le chauffer à feu nu ou à la vapeur. La colonne est verticale ou horizontale ; elle est composée d'un nombre d'éléments ou de plateaux plus ou moins considérable. Le réfrigérant est, le plus souvent, un serpentin d'une forme quelconque, contenu dans une caisse cylindrique ou autre, et refroidi par l'eau ou par le vin à distiller et l'eau...

Quelques mots suffiront maintenant pour compléter ces notions indispensables au fermier distillateur.

La distillation peut être *continue* ou *intermittente*. Elle peut être continue quant au vin et intermittente par rapport à la vinasse, ou bien être continue pour les deux liquides.

Lorsque le vin à distiller pénètre constamment dans l'appareil par un point et qu'il en sort par un autre, sans interruption, après s'être dépouillé de son alcool, la distillation est continue quant au vin et à la vinasse. Si l'on n'expulse les vinasses épuisées qu'après un certain temps, par l'ouverture périodique d'un robinet de sortie, pendant que, au contraire, le vin pénètre dans l'appareil sans interruption, la distillation est dite *continue* quant au vin, et *intermittente* quant à la vinasse. Enfin, le mode des charges et des vidanges successives, que l'on suit avec l'ancien alambic donne le type des opérations intermittentes.

Il y a très-peu d'appareils dans lesquels la continuité de l'écoulement du vin et de la vinasse corresponde à un bon épuisement de la liqueur.

Parmi les appareils les plus usités, on distingue ceux de Laugier, de Cellier-Blumenthal, de Derosne, celui de M. Champonnois, celui de M. Savalle et quelques autres. Nous ne nous arrêterons pas à les décrire, car, sauf l'appareil de Laugier, aucun de ces engins n'a été bien compris, et leurs auteurs ne paraissent avoir eu pour but que de faire de la chaudronnerie à eux, de se créer des appareils spéciaux. Ce n'est pas là ce que le public est en droit d'attendre, et l'on est exposé à des mécomptes sur la foi des prôneurs [1].

L'appareil de Laugier se compose de quatre vases, un épuiseur, un bouilleur, un analyseur et un condenseur. C'est un bon instrument, sur lequel il y aurait sans doute bien des observations de détail à faire, mais dont on peut tirer un excellent parti. Il permet un bon épuisement des liqueurs, et comme on peut chauffer l'épuiseur seulement, soit à feu nu, soit à la vapeur, on peut l'utiliser dans toutes les circonstances.

---

[1] Il nous est arrivé à nous-même une déception de ce genre, en 1854, et un appareil dont nous avons conseillé l'emploi sur les affirmations d'un constructeur, s'est trouvé complétement impropre à fournir le travail qu'on en demandait. Il y a beaucoup d'appareils qui ne sont d'un bon usage que dans certaines conditions particulières et que les agriculteurs ne doivent choisir que s'ils savent bien les diriger et si la construction est bien conforme au but qu'ils se proposent d'atteindre.

L'appareil de Derosne, dont M. Payen, pour des raisons que nous n'apprécierons pas, a cru devoir chanter
les louanges dans son livre, est aujourd'hui du domaine
public, après avoir été longtemps spécial à la maison
Cail. Ce n'est autre chose qu'une modification du système
de Cellier-Blumenthal, modification fort mal comprise,
au point de vue des intérêts du distillateur. Une colonne
de dix plateaux est toujours suffisante, lorsqu'on n'est
pas intéressé à fournir à l'acheteur une masse de métal
à payer. Il semble que ce soit là le but capital de cette
grande colonne, dont les avantages manufacturiers ne
sont pas plus grands que ceux des autres appareils moins
chers et moins vantés. Nous ne la conseillons à personne, malgré les éloges outrés de gens qui ne sont pas
distillateurs.

L'appareil de M. Champonnois n'est ni meilleur ni
plus mauvais qu'un autre ; mais c'est en vain qu'on
chercherait dans la construction de cette machine la
trace d'un progrès. Nous dirons cependant que, comparativement à ce qui se fait, elle peut être employée
avec économie, surtout si on la met en regard de celle
dont nous venons de parler.

L'appareil Savalle, que le jury de l'Exposition de 1867
a traité avec une indulgence si grande et qui a obtenu
une médaille d'or, pourrait être, à la rigueur, un bon
appareil distillatoire pour la production des phlegmes, à
raison de la rapidité qu'il imprime au travail. Cette machine a été conçue, en effet, par son inventeur, dans le
but d'accélérer la distillation, ce à quoi il est parvenu,
en faisant de son bouilleur une sorte de cylindre à plu-

sieurs cases. Mais, précisément à cause de cette rapidité, nous ne pouvons voir dans cet appareil qu'une très-médiocre machine à rectifier, la rectification ayant surtout pour finale à atteindre de faire bon, plutôt que de faire vite.

En somme, parmi les divers appareils distillatoires usités aujourd'hui, nous donnerions la préférence à un bon appareil de Laugier, bien fait et solidement construit, pourvu que l'on modifiât le système de réfrigération, en remplaçant le serpentin par quelque chose de plus intelligent.

Dans tous les cas, un bouilleur très-simple, accompagné d'un épuiseur, si l'on peut, une colonne d'une dizaine de plateaux et un bon réfrigérant, constituent les organes d'une bonne machine à distiller et à rectifier, et nous ne voyons pas que les distillateurs agricoles surtout aient à s'adresser à la grande machinerie, à moins qu'ils n'aient de l'argent à perdre.

Un appareil fort convenable, que nous ne pouvons passer sous silence, est celui qui a été établi par MM. Dreyfus frères, constructeurs à Paris, et qui présente au moins un progrès sérieux et incontestable. Il ne s'agit pas, en effet, dans leur machine, d'une de ces créations fantaisistes qui ont pour objet évident de faire vendre beaucoup de cuivre, le plus de cuivre possible, au plus haut prix que l'on peut ; mais ces constructeurs ont cherché à améliorer l'appareil distillatoire, en s'appuyant sur des considérations fort judicieuses, aussi vraies théoriquement qu'en pratique.

La figure 18 ci-contre donne une idée très-suffisante

de l'appareil Dreyfus, dont nous allons chercher à faire comprendre les détails.

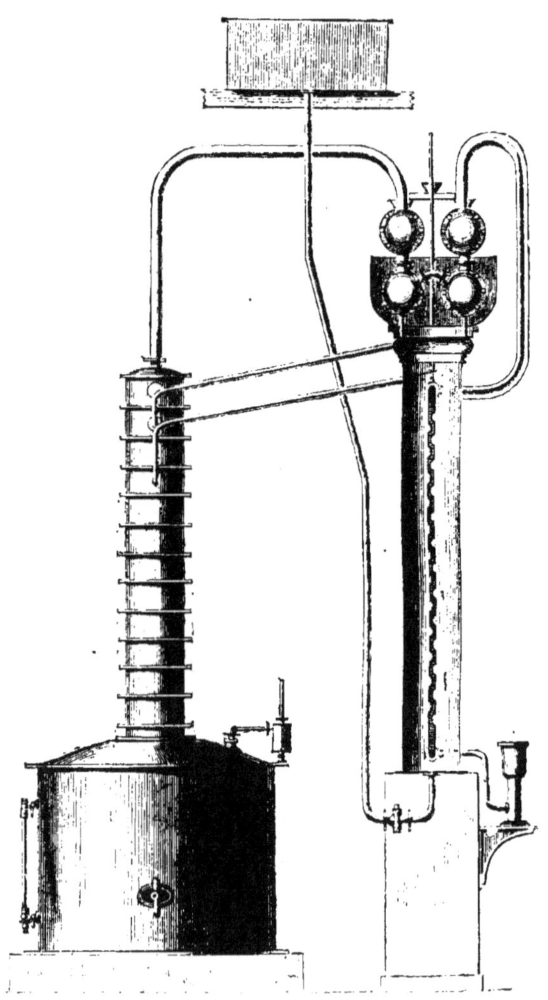

Fig. 18.

Cet appareil se compose d'un bouilleur, d'une colonne analyseuse et d'un réfrigérant.

Le bouilleur et la colonne se rapprochent beaucoup du bouilleur et de la colonne de Cellier-Blumenthal, modifiés par Derosne. Cependant, toutes les ouvertures qui livrent passage à la vapeur alcoolique ont été agrandies dans des proportions convenables pour supprimer, autant que possible, les obstacles à la libre circulation de cette vapeur, et aussi dans le but d'éviter les pressions qui déterminent l'entraînement des huiles essentielles. Le barbotage de la vapeur alcoolique a lieu, par conséquent, sur des surfaces plus grandes, ce qui forme déjà une excellente condition; mais ce barbotage se faisant sur une épaisseur très-faible de liquide condensé, il en résulte que la pression est insignifiante.

Ce point est de haute importance en pratique. Plus la pression rencontrée par les vapeurs alcooliques est considérable dans la colonne, plus, en effet, on est exposé aux fuites et à divers accidents de fabrication, contre lesquels on ne saurait trop se prémunir.

Le condenseur est l'organe remarquable de l'appareil, et c'est dans les dispositions relatives à la réfrigération que nous trouvons la principale amélioration créée par MM. Dreyfus. Nous le décrivons d'après les inventeurs.

Ce condenseur se compose de quatre cylindres horizontaux dont la base est très-visible dans la figure, et d'un réfrigérant proprement dit. Les quatre cylindres sont superposés deux à deux. Les deux inférieurs plongent dans l'eau et les deux supérieurs sont constamment arrosés par une pluie d'eau qui provient du réfrigérant.

Cette irrigation superficielle est pratiquée à l'aide de deux rigoles de distribution, établies dans l'axe des cylindres. On voit aisément les avantages de cette nouvelle disposition dont la nouveauté frappe l'esprit et qui conduit à des résultats fort saillants.

Cet agencement permet de nettoyer les cylindres condenseurs sans qu'on soit obligé de les démonter. En effet, les calottes qui forment la base des cylindres, et qui en ferment les extrémités, étant assujetties par des pinces, il suffit d'enlever ces pinces, pour avoir à portée de la main toute la partie intérieure, ce qui est déjà d'un intérêt notable. D'autre part, l'eau employée à la condensation est utilisée dans des conditions qui se rapprochent beaucoup du maximum : en coulant sous forme de pluie sur les cylindres supérieurs, cette eau, qui a déjà servi à la réfrigération, achève de produire tout l'effet utile que l'on peut en attendre. Il en résulte forcément une grande économie dans l'emploi de l'eau économisée que l'on ne rencontre pas aisément avec le système des serpentins baignant dans la masse liquide.

Il est évident également que la condensation opérée dans les cylindres permet d'exécuter une bonne rétrogradation, c'est-à-dire un retour vers la colonne des liquides condensés à un degré trop faible. Le produit définitif des vapeurs qui passent à la réfrigération, sans avoir été condensées par les cylindres, acquiert ainsi, par cette élimination, un degré aussi élevé que l'on veut, puisque l'on peut exagérer ou restreindre cette condensation elle-même.

Enfin, cette disposition, par le grand diamètre des

cylindres, supprime la pression dans les diverses parties de l'appareil ; elle écarte le danger des engorgements et des coups de feu, donne un écoulement régulier des produits et procure une condensation régulière, même lorsque l'instrument est dirigé par un ouvrier peu exercé.

Le réfrigérant offre lui-même une disposition nouvelle fort ingénieuse, et il nous paraît être le premier exemple de la suppression intelligente des serpentins. Il repose sur le principe en vertu duquel les surfaces réfrigérantes doivent être aussi multipliées que possible, et agir sur de faibles épaisseurs. Il se compose de deux plaques de cuivre, portant des cannelures alternatives et disposées en ondulations régulières sur toute la surface de chaque plaque. De cette façon, la surface de condensation se trouve doublée et la vapeur, forcée de suivre toutes les sinuosités des plaques, est soumise à un effet de réfrigération égal à celui d'un serpentin de même diamètre que les cannelures et qui serait de la même longueur totale.

Les questions de réparation ont, en outre, été habilement prévues, et ce n'est pas un des moindres avantages d'un appareil que de pouvoir être facilement réparable. Dans l'appareil Dreyfus, toutes les pièces sont indépendantes ; elles peuvent être visitées, nettoyées et réparées, sans qu'on soit obligé de faire aucun déplacement ; les assemblages sont, d'ailleurs, établis de telle façon qu'un ouvrier ordinaire peut aisément réparer une avarie accidentelle.

En résumé donc, cet engin, bien conçu, bien exécuté, est un des plus avantageux que l'on puisse adopter. Si le bouilleur est le même que tous les autres, la colonne analyseuse est meilleure que celle de Derosne et Cail, et le système de réfrigération que nous avons décrit en fait une machine hors ligne, sur laquelle nous appelons l'attention du lecteur.

Cet appareil justifie, en effet, le but des inventeurs, qui peut se résumer ainsi :

1° Produire plus de travail effectif, avec moins de main-d'œuvre, de combustible et de matériel ;

2° Obtenir une marche régulière et un travail facile, qui permette la suppression des ouvriers spéciaux et mette à l'abri des accidents de fabrication ;

3° Produire un résultat égal avec moins d'eau de condensation, par le seul fait d'un emploi plus rationnel de ce liquide ;

4° Enfin, rendre les réparations faciles et supprimer les temps d'arrêt que nécessitent les travaux de réparation et les nettoyages dans les appareils ordinaires.

Dans l'intention de produire, en une seule opération, la distillation et la rectification, MM. Dreyfus et Minodier ont imaginé la disposition que nous représentons par la figure 19.

Cet appareil se compose d'une chaudière A enveloppante, servant de bouilleur pour le vin, d'une chaudière B enveloppée, destinée à la rectification des phlegmes produits, d'une colonne analyseuse C, pour la production des phlegmes, d'une colonne analyseuse E pour les vapeurs alcooliques à haut degré provenant de B ; enfin, d'un réfrigérant identique avec celui que nous avons décrit tout à l'heure.

Le jeu et la conduite de cette machine sont très-faciles à bien saisir.

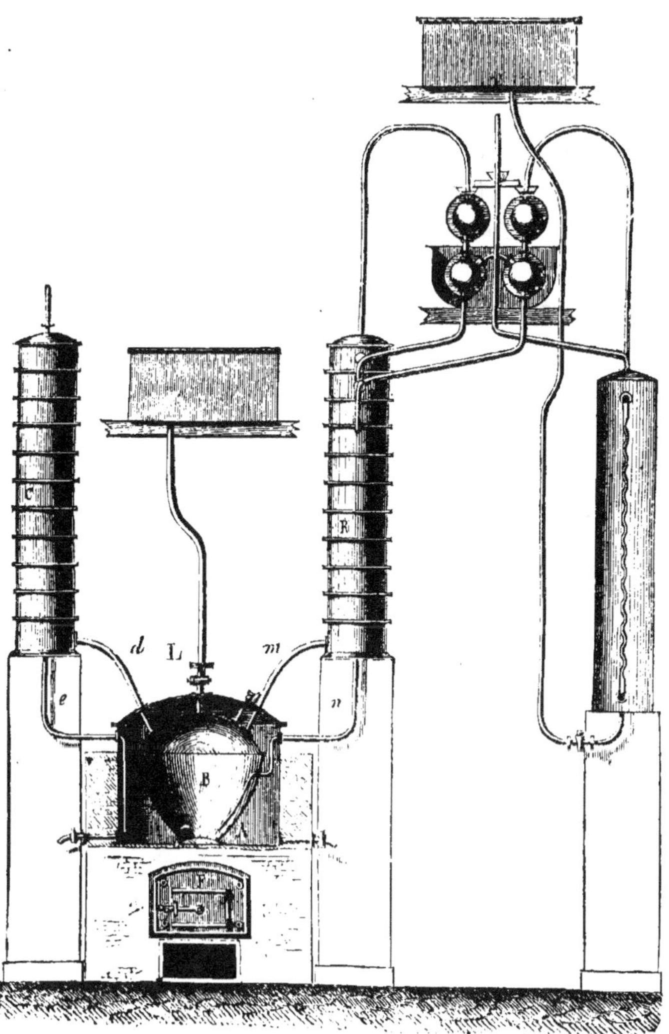

Fig. 19.

Soit A, chaudière enveloppante, chauffée par un foyer. Le vin à distiller, provenant d'une bâche supérieure, y pénètre jusqu'à une hauteur convenable et entre en ébullition. Les vapeurs élevées par le tube d sont analysées en C et la rétrogradation retourne en A par le plongeur e.

Si l'on a fait arriver en B des phlegmes, provenant d'un récipient, à l'aide d'un robinet L, la chaudière B profitera de la chaleur acquise par le liquide de A, et il se fera une véritable distillation au bain-marie, dont les produits passeront dans la colonne E par le tube m, tandis que les liquides de rétrogradation retournent en B par le tube n.

Ce qui précède suffira pour faire comprendre la valeur de cet ingénieux appareil, et nons croyons devoir recommander à nos lecteurs les ateliers de MM. Dreyfus frères, où ils pourront se procurer de bonnes machines, simples, bien construites, et à des prix accessibles, ce qu'on ne rencontre guère chez certains constructeurs en renom.

Méthode et appareils de l'auteur. — Après une longue et patiente étude des méthodes et des appareils usités en alcolisation et en distillerie, nous avons cherché à profiter de l'expérience acquise pour constituer une méthode qui fût exempte des défauts les plus saillants dont les procédés suivis sont entachés et pour créer des appareils simples, dont les effets s'approcheraient le plus possible du maximum théorique.

Voici à quoi nous avons été conduit.

A l'égard de la méthode d'alcoolisation proprement

dite, nous voulons, avant tout, des pulpes saines et nutritives, représentant la plus grande portion possible des principes alibiles de la betterave; nous ne voulons pas de pulpes acidulées par les acides minéraux et, notamment, par l'acide sulfurique, et nous regardons comme avantageuse l'élimination complète du sucre de ces résidus.

Bien que le travail de l'alcoolisation en ferme doive se faire à mesure des besoins de l'étable, nous pensons encore que les pulpes doivent être susceptibles de conservation.

On doit tendre à obtenir le maximum de produit alcoolique, pour diminuer d'autant le prix de revient de ces produits ainsi que celui de la nourriture du bétail et de la production de la viande, et l'alcool produit doit être aussi pur que possible.

En ce qui concerne les appareils, il faut que la distillation se forme d'une manière continue, que la réfrigération soit facile, qu'elle demande peu d'eau; il faut que l'on tende à obtenir de hauts degrés, soit directement, soit par une rectification aisée et complète, que les appareils soient assez simples pour être conduits par les personnes les plus étrangères à la distillation, que leur entretien soit facile, que les réparations puissent être exécutées par le premier chaudronnier venu, ou même, au besoin, par le maréchal.

Pour accomplir cet ensemble, indispensable à la distillerie agricole, il convient d'adopter une marche précise et bien calculée. Après le lavage des racines dans un laveur ordinaire, nous les divisons, par le coupe-racines, en cossettes minces, pour lesquelles nous n'exigeons pas, comme M. Leplay, des formes ou des dimensions particulières.

Ces cossettes sont soumises à la macération, dans un système de cuviers qui se chargent par le haut, et se déchargent par le bas. Les liquides sont dirigés dans la cuve où le besoin s'en fait sentir, à l'aide de tubes conducteurs et de monte-jus. Ceux-ci sont commandés par la vapeur ou par l'air chaud.

Afin de supprimer l'acide sulfurique de MM. Champonnois et autres, dont l'emploi est la plus grande faute que puisse commettre un agriculteur, les liquides macérateurs sont additionnés de quelques millièmes d'infusion de tan. Cette addition offre encore d'autres avantages que celui de favoriser l'action du ferment : elle aide à la coagulation de l'albumine, rend les pulpes moins laxatives et les rend plus conservables.

Pour faire que les pulpes gardent toute leur valeur nutritive, il importe de coaguler les substances albuminoïdes. Le tan conduit partiellement à ce résultat et nous le complétons en élevant à 100 degrés toutes les charges de *pulpe nouvelle*. Cette élévation de température est produite à volonté dans les cuviers macérateurs à l'aide de la vapeur ou de l'air chaud; elle donne aux pulpes une demi-cuisson qui favorise l'épuisement de la matière sucrée. Nous arrivons à un épuisement tellement radical que les pulpes ne renferment plus que des traces de sucre, et que toutes ces circonstances réunies, supprimant les causes de fermentation, permettent de résoudre entièrement le problème si intéressant de la conservation des nourritures du bétail. Dans tous les cas, la conservation des pulpes se trouve plus assurée que dans toutes les autres méthodes et, surtout, que dans les procédés qui emploient l'acide sulfurique, dont nous exigeons la suppression complète et absolue.

La fermentation se fait bien toutes les fois qu'on est fidèle à l'observation des règles qui dérivent de la connaissance du ferment.

Notre outillage se compose d'un laveur, d'un coupe-racines, d'un appareil macérateur, de cuves à fermentation et d'un appareil distillatoire.

Ce dernier appareil est fort simple. Les dispositions du bouilleur lui permettent de faire, à volume égal, trois fois plus de travail que tous les autres appareils connus n'en peuvent produire. La colonne est construite sur les principes de physique les plus certains, relatifs à l'action du calorique. Elle ne comporte pas plus de $1^m,50$ à 2 mètres de hauteur, et sa puissance analytique est telle, que les grandes colonnes ne peuvent supporter la comparaison avec elle. Nous citons un fait. On sait que des vins ou des phlegmes à $12°$-$13°$ de richesse ne donnent que des $65°$ avec les meilleures colonnes. Or, il a été constaté officiellement, en 1861, que notre colonne fournit dans ces conditions de l'alcool à $80°$-$82°$ d'une manière régulière. La colonne qui avait servi aux expériences n'avait que 80 centimètres de hauteur.

En somme, les vins, même faibles, peuvent, avec notre colonne, produire de l'alcool au degré commercial, par une seule opération, et les produits sont parfaitement déphlegmés.

L'épuisement des vins est complet et l'appareil fonctionne d'une manière continue, quant au vin et à la vinasse.

En ce qui concerne la réfrigération des vapeurs, notre réfrigérant est une colonne à compartiments mobiles, dans laquelle on peut augmenter à volonté les surfaces réfrigérantes. Dans tous les cas, elle présente une surface de condensation qui est à celle du serpentin comme 5 est à 2 ; l'eau de réfrigération est complétement utilisée et l'appareil fonctionne à la fois comme chauffe-vin et comme réfrigérant.

Nous bornons à cette rapide esquisse ce que nous avons à dire ici sur notre méthode et nos appareils, et nous renvoyons le lecteur, pour plus amples détails, à notre grand ouvrage sur l'alcoolisation [1]. Nous sommes loin de prétendre que cette méthode et ces appareils constituent la perfection ; mais nous pouvons affirmer qu'ils répondent exactement à tous les besoins actuellement connus de l'alcoolisation, sans être entachés d'aucun des défauts qui ont soulevé de si justes critiques.

Nous avons pris les mesures nécessaires pour obtenir la meilleure construction possible, aux conditions les plus accessibles, et nous proposons cet outillage et cette méthode aux alcoolisateurs avec une confiance d'autant plus grande, que chacun des détails a été créé sur l'observation d'un défaut capital constaté sur les procédés et les appareils les plus vantés [2].

---

[1] *Guide th. et pr. du Fabric. d'alcools et du Distillateur*, t. I et II.

[2] Les demandes doivent être adressées à M. N. Basset, 60, rue des Dames, Paris, ou à M. E. Dériveau, constructeur, 10, rue Popincourt.

Engrais artificiel très-favorable à la betterave et aux plantes-racines.

La betterave est une plante très-avide de *potasse*, et ce corps ne nuit pas à sa valeur au point de vue de la fabrication des alcools; l'engrais suivant lui convient beaucoup à tous égards.

On creuse *en aval* des écuries une fosse à compost, de 4 mètres de longueur sur 3 mètres de largeur et 2 mètres et demi de profondeur, soit d'une capacité cube de 30 mètres. La pente des écuries est dirigée de manière à ce que les urines des animaux s'écoulent aisément dans cette fosse, dont les parois et le fond sont rendus imperméables à l'aide d'une couche d'argile fortement battue, ou mieux d'un pavé et de murs peu épais.

On dispose dans cette fosse un mélange *de chaux effritée, de cendres et de plâtre, ou de plâtras,* par couches de 50 centimètres d'épaisseur. Les urines qui s'écoulent à travers la masse la pénètrent, l'imbibent, et, au bout de quinze jours à trois semaines, il se forme une combinaison d'*urate de chaux et de potasse :* on vide alors la fosse et l'on fait sécher les matières à l'air libre. Quand elles sont sèches, on peut les employer; mais il vaut mieux les arroser avec notre solution, étendue au 50me, de sulfure soluble de chaux et de potasse.

On fait sécher de nouveau et l'on emploie cet engrais à l'état pulvérulent pour tous les tubercules et les plantes-racines, dans la proportion de 5 à 6 mètres cubes par hectare.

14.

Vin de betteraves.

On a beaucoup parlé, dans un certain temps, de la fabrication d'un vin de betteraves dont on a dit beaucoup de bien : le procédé indiqué pour le produire nous paraît incomplet ; aussi nous croyons devoir mettre sous les yeux de nos lecteurs les éléments qui peuvent servir à les guider pour la fabrication de ce vin économique.

La betterave contient :

1° Du SUCRE, se dédoublant en *alcool* et *acide carbonique ;*

2° De l'ACIDE MALIQUE ;

3° Des SELS DE POTASSE. Cette potasse est carbonatée ou sulfatée, mais elle n'existe pas dans la betterave à l'état de *tartrate* ou de *bitartrate*, comme dans le raisin. De là la nécessité d'ajouter de l'*acide tartrique* ou du tartrate de potasse au moût dont on veut faire du vin.

Le vin contient aussi une certaine proportion de *chlorure de sodium* ou sel marin ; plus, un peu de *sulfate de potasse* et d'autres principes moins importants.

Pour faire le *vin de betteraves*, on réduira donc la racine en pulpe par la râpe ; après avoir extrait le jus par la pression, on le portera dans la cuve à fermentation, et on y ajoutera par hectolitre :

Tartre de vin rouge dissous dans l'eau. . . .	500	grammes.
Sel marin — —	50	—
Sulfate de potasse —	30	—

Comme le vin contient un principe *tannant* assez énergique, on fera bien de mêler au moût la décoction de 300 grammes d'*écorce de chêne concassée ;* cette décoction doit, au préalable, être passée à travers un linge. On agite en brassant, pour bien mélanger les matières, puis on ajoute un demi-litre de levûre fraîche en brassant avec soin.

Après deux jours de fermentation, on soutire le liquide dans un tonneau, et, après l'avoir laissé *travailler* en cave une quinzaine de jours, on le colle avec quelques blancs d'œufs battus. Cette boisson, ainsi préparée, est saine, rafraîchissante et moins désagréable qu'en la préparant par l'autre procédé.

TABLES ALCOOMÉTRIQUES.

Nous terminons cet opuscule par les tables alcoométriques dont nous avons parlé dans notre chapitre sur l'alcoolisation en général ; mais nous devons prévenir nos lecteurs que, par une raison de pratique, nous avons cru devoir prendre pour base de notre table de concordance des degrés Cartier avec les degrés centésimaux, une appréciation différente celle de M. Gay-Lussac.

Nous avons pris avec M. Regnault le 0° de Cartier pour chiffre de l'eau pure, que M. Gay-Lussac place à 10° C. Cette appréciation est plus commode en pratique, et l'échelle de Cartier a été tant remaniée, que l'on ne sait plus guère quelle en est la base absolue.

Nous conseillons donc de s'en tenir toujours aux tables de M. Gay-Lussac, dont nous transcrivons les plus indispensables.

Première table de concordance

De l'alcoomètre centésimal de M. Gay-Lussac et de l'alcoomètre de Cartier, indiquant la quantité d'eau mélangée pour chaque degré.

Gay-Lussac.	Cartier.	Eau mélangée.	Gay-Lussac.	Cartier.	Eau mélangée.
0°	0°	100 eau pure.	51°	22° 44	49
1°	0° 44	99	52°	22° 88	48
2°	0° 88	98	53°	23° 32	47
3°	1° 32	97	54°	23° 76	46
4°	1° 76	96	55°	24° 20	45
5°	2° 20	95	56°	24° 64	44
6°	2° 64	94	57°	25° 08	43
7°	3° 08	93	58°	25° 52	42

Gay-Lussac.	Cartier.	Eau mélangée.	Gay-Lussac.	Cartier.	Eau mélangée.
8°	3° 52	92	59°	25° 96	41
9°	3° 96	91	60°	26° 40	40
10°	4° 40	90	61°	26° 84	39
11°	4° 84	89	62°	27° 28	38
12°	5° 28	88	63°	27° 72	37
13°	5° 72	87	64°	28° 16	36
14°	6° 16	86	65°	28° 60	35
15°	6° 60	85	66°	29° 04	34
16°	7° 04	84	67°	29° 48	33
17°	7° 48	83	68°	29° 92	32
18°	7° 92	82	79°	30° 36	31
19°	8° 36	81	70°	30° 80	30
20°	8° 80	80	71°	31° 24	29
21°	9° 24	79	72°	31° 68	28
22°	9° 68	78	73°	32° 12	27
23°	10° 12	77	74°	32° 56	26
24°	10° 56	76	75°	33°	25
25°	11°	75	76°	33° 44	24
26°	11° 44	74	77°	33° 88	23
27°	11° 88	73	78°	34° 32	22
28°	12° 32	72	79°	34° 76	21
29°	12° 76	71	80°	35° 20	20
30°	13° 20	70	81°	35° 64	19
31°	13° 64	69	82°	36° 08	18
32°	14° 08	68	83°	36° 52	17
33°	14° 52	67	84°	36° 96	16
34°	14° 96	66	85°	37° 40	15
35°	15° 40	65	86°	37° 84	14
36°	15° 84	64	87°	38° 28	13
37°	16° 28	63	88°	38° 72	12
38°	16° 72	62	89°	39° 16	11
39°	17° 16	61	90°	39° 60	10
40°	17° 60	60	91°	40° 04	9
41°	18° 04	59	92°	40° 48	8
42°	18° 48	58	93°	40° 92	7
43°	18° 92	57	94°	41° 36	6
44°	19° 36	56	95°	41° 80	5
45°	19° 80	55	96°	42° 24	4
46°	20° 24	54	97°	42° 68	3
47°	20° 68	53	98°	43° 12	2
48°	21° 12	52	99°	43° 56	1
49°	21° 56	51	100°	44°	0
50°	22°	50			

Alcool pur, anhydre ou absolu.

Evaluation

Des degrés centésimaux en degrés de Cartier, à la température de 15° centigrades.

DEGRÉS CENTÉSIMAUX.	DEGRÉS DE CARTIER.	DEGRÉS CENTÉSIMAUX.	DEGRÉS DE CARTIER.	DEGRÉS CENTÉSIMAUX.	DEGRÉS DE CARTIER.	DEGRÉS CENTÉSIMAUX.	DEGRÉS DE CARTIER.
0	10.03	25	13.97	50	19.25	75	28.43
1	10.25	26	14.12	51	19.54	76	28.88
2	10.45	27	14.26	52	19.85	77	29.34
3	10.62	28	14.42	53	20.15	78	29.81
4	10.80	29	14.57	54	20.47	79	30.29
5	10.97	30	14.73	55	20.79	80	30.76
6	11.16	31	14.90	56	21.11	81	31.26
7	11.35	32	15.07	57	21.43	82	31.76
8	11.49	33	15.24	58	21.76	83	32.28
9	11.66	34	15.43	59	22.10	84	32.80
10	11.82	35	15.63	60	22.46	85	33.33
11	11.98	36	15.83	61	22.82	86	33.88
12	12.14	37	16.02	62	23.18	87	34.43
13	12.28	38	16.22	63	23.55	88	35.01
14	12.43	39	16.43	64	23.92	89	35.62
15	12.57	40	16.66	65	24.29	90	36.24
16	12.70	41	16.88	66	24.67	91	36.89
17	12.84	42	17.12	67	25.05	92	37.55
18	12.97	43	17.37	68	25.45	93	38.24
19	13.10	44	17.62	69	25.85	94	38.95
20	13.25	45	17.88	70	26.26	95	39.70
21	13.38	46	18.14	71	26.68	96	40.49
22	13.52	47	18.42	72	27.11	97	41.33
23	13.67	48	18.69	73	27.54	98	42.25
24	13.83	49	18.97	74	27.98	99	43.19
25	13.97	50	19.25	75	28.43	100	44.19

Nota. — Ces tables, comparées à celles qui ont été données dans la loi relative à l'alcoomètre centésimal, présentent quelques légères différences dues à un nouveau calcul plus rigoureux. Pour qu'on puisse les apprécier, nous donnons à la page suivante la table de Cartier en degrés centésimaux, rapportée dans la loi.

Evaluation

Des degrés de Cartier en degrés centésimaux, telle qu'elle est donnée dans la loi relative à l'alcoomètre centésimal.

DEGRÉS DE CARTIER.	DEGRÉS CENTÉSIMAUX.	DEGRÉS DE CARTIER.	DEGRÉS CENTÉSIMAUX.	DEGRÉS DE CARTIER.	DEGRÉS CENTÉSIMAUX.	DEGRÉS DE CARTIER.	DEGRÉS CENTÉSIMAUX.	DEGRÉS DE CARTIER.	DEGRÉS CENTÉSIMAUX.	DEGRÉS DE CARTIER.	DEGRÉS CENTÉSIMAUX.
10	0.0	16	37.0	22	58.7	28	74.0	34	86.2	40	95.4
1	1.2	1	38.2	1	59.4	1	74.6	1	86.6	1	95.7
2	2.5	2	39.4	2	60.1	2	75.1	2	87.1	2	96.0
3	3.9	3	40.5	3	60.8	3	75.7	3	87.5	3	96.3
11	5.5	17	41.5	23	61.5	29	76.5	35	88.0	41	96.6
1	6.7	1	42.6	1	62.2	1	76.8	1	88.4	1	96.9
2	8.2	2	43.6	2	62.9	2	77.5	2	88.8	2	97.2
3	9.8	3	44.6	3	63.6	3	77.9	3	89.2	3	97.4
12	11.3	18	45.5	24	64.2	30	78.4	36	89.6	42	97.7
1	13.0	1	46.5	1	64.9	1	78.9	1	90.0	1	98.0
2	14.7	2	47.4	2	65.6	2	79.4	2	90.4	2	98.3
3	16.5	3	48.2	3	66.2	3	79.9	3	90.8	3	98.5
13	18.4	19	49.2	25	66.9	31	80.5	37	91.1	43	98 8
1	20.2	1	50 1	1	67.5	1	81.0	1	91.5	1	99.0
2	22.0	2	50.9	2	68.1	2	81.5	2	91.9	2	99.3
3	23.7	3	51.7	3	68.8	3	82·0	3	92.3	3	99 6
14	25.4	20	52.5	26	69.4	32	82.4	38	92.6	44	99.9
1	27.1	1	53.3	1	70.0	1	82.9	1	93.0		
2	28.7	2	54.1	2	70.6	2	83.4	2	93.3		
3	30.2	3	54.9	3	71.2	3	83.9	3	93.7		
15	31.7	21	55.7	27	71 8	33	84.5	39	94.0		
1	33.1	1	56.5	1	72.3	1	84.8	1	94.4		
2	34.5	2	57.2	2	72 9	2	85.3	2	94.7		
3	35 8	3	58.0	3	73.5	3	85.8	3	95.0		
16	37.0	22	58.7	28	74.0	34	86.2	40	95.4		

Evaluation

*De la force des liquides spiritueux en degrés centésimaux
et en degrés de Cartier d'après M. Gay-Lussac.*

DEGRÉS CENTÉSIMAUX.	DEGRÉS DE CARTIER.	DEGRÉS CENTÉSIMAUX.	DEGRÉS DE CARTIER.	DEGRÉS CENTÉSIMAUX.	DEGRÉS DE CARTIER.	DEGRÉS CENTÉSIMAUX.	DEGRÉS DE CARTIER.
0	10 00	26	13.98	52	19.56	78	29.46
1	10.19	27	14 12	53	19.88	79	29.93
2	10.38	28	14.26	54	20.18	80	30.41
3	10.57	29	14.42	55	20.50	81	30.89
4	10.75	30	14.57	56	20.84	82	31.39
5	10.83	31	14.73	57	21.16	83	31.89
6	11.11	32	14.90	58	21.48	84	32.41
7	11.29	33	15.07	59	21.81	85	32.96
8	11.45	34	15.24	60	22.15	86	33.51
9	11.62	35	15.43	61	22 51	87	34.07
10	11.76	36	15.63	62	22.87	88	34 64
11	11.91	37	15.83	63	23.24	89	35.25
12	12 07	38	16.02	64	23 61	90	35.87
13	12 22	39	16.22	65	23.98	91	36.50
14	12.36	40	16.43	66	24.35	92	37.15
15	12.50	41	16.66	67	24.73	93	37.81
16	12.65	42	16.88	68	25.11	94	38.52
17	12.77	43	17.12	69	25.51	95	39.29
18	12 90	44	17.37	70	25.93	96	40.09
19	13.02	45	17.62	71	26.34	97	40 92
20	13.17	46	17.88	72	26.77	98	41.82
21	13.30	47	18 14	73	27.22	99	42.75
22	13.42	48	18 42	74	27.65	100	43.84
23	13.55	49	18.69	75	28.09		
24	13 70	50	18.97	76	28.54		
25	13.84	51	19.26	77	28 99		
26	13 98	52	19.56	78	29.46		

Tout ce qui suit est extrait du travail de M. Gay-Lussac.

CORRESPONDANCE

*De l'aréomètre de Cartier avec l'alcoomètre centésimal
à la température de 15° centigrades.*

« La correspondance des deux instruments étant utile
pour interpréter les indications de l'une par celles de
l'autre, nous l'avons donnée dans les deux tables suivantes, à la température de 15°. Comme on ne connaît
pas exactement la valeur des degrés Cartier, nous avons
cru ne pouvoir mieux faire pour dresser nos deux
tables, que de comparer l'alcoomètre centésimal à plusieurs aréomètres en argent, que M. le directeur général des contributions indirectes a fait mettre à notre
disposition. Nous avons supposé, ce qui est incontestable, que l'aréomètre de Cartier devait marquer 8° dans
l'eau distillée [1], à la température de 12°,5 centigrades
(10° de Réaumur); et pour la seconde donnée nécessaire à la formation de son échelle, nous avons trouvé
qu'il marquait 28° à la température de 15° centigrades
dans le même liquide où l'alcoomètre marquait 74°;
résultat qui est d'accord avec celui donné par Baumé,
que 29° de Cartier correspondent à 31 des siens. Néanmoins, en comparant l'aréomètre de Cartier, construit
comme il vient d'être dit, avec ceux de la régie, nous
avons trouvé entre eux, au-dessus et au-dessous de
28°, des différences en sens contraire, qui s'élèvent

---

[1] Nous considérons cette évaluation comme faite à 0° de température.   N. B.

jusqu'à un quart de degré. L'aréomètre de Cartier marque même dans l'eau distillée près d'un demi-degré de plus qu'il ne devrait marquer.

« Cet instrument a donc dégénéré dans les mains des artistes, et cela n'a pu se faire autrement, puisqu'il n'avait qu'une base constante qui fût connue, et qu'aujourd'hui il n'en a plus aucune. C'était un inconvénient très-grave pour un instrument de cette importance; mais heureusement il ne pourra plus se présenter.

« Les deux tables suivantes, faites à la température de 15°, mais servant aussi pour une température différente, donnent les indications de chaque instrument plongé dans le même liquide spiritueux. L'aréomètre de Cartier dont il est ici question, est celui dont nous avons donné les bases.

« Nous faisons remarquer que, dans la table suivante, les petits chiffres 1, 2, 3, entre les degrés de Cartier, représentent des quarts de ces degrés. »

Evaluation

Des degrés de Cartier en degrés centésimaux à la température
de 15° centigrades.

DEG. DE CARTIER.	DEGRÉS CENTÉSIMAUX.	DEG. DE CARTIER.	DEGRÉS CENTÉSIMAUX.	DEG. DE CARTIER.	DEGRÉS CENTÉSIMAUX.	DEG. DE CARTIER.	DEGRÉS CENTÉSIMAUX.	DEG. DE CARTIER.	DEGRÉS CENTÉSIMAUX.	DEG. DE CARTIER.	DEGRÉS CENTÉSIMAUX.	DEG. DE CARTIER.	DEGRÉS CENTÉSIMAUX.
10	0.2	15	31.6	20	52.5	25	66.9	30	78.4	35	88	40	95.4
1	1.1	1	33	1	53.3	1	67.5	1	78.9	1	88.4	1	95.7
2	2.4	2	34.4	2	54.1	2	68.1	2	79.4	2	88.8	2	96
3	3.7	3	35.6	3	54.9	3	68.8	3	80	3	89.2	3	96.5
11	5.1	16	36.9	21	55.6	26	69.4	31	80.5	36	89.6	41	96.6
1	6.5	1	38.1	1	56.4	1	70	1	81	1	90	1	96.9
2	8.1	2	39.3	2	57.2	2	70.6	2	81.5	2	90.4	2	97.2
3	9.6	3	40.4	3	58	3	71.2	3	82	3	90.8	3	97.5
12	11.2	17	41.5	22	58.7	27	71.8	32	82.5	37	91.2	42	97.7
1	12.8	1	42.5	1	59.4	1	72.3	1	82.9	1	91.5	1	98
2	14.5	2	43.5	2	60.1	2	72.9	2	83.4	2	91.9	2	98.3
3	16.3	3	44.5	3	60.8	3	73.5	3	83.9	3	92.3	3	98.5
13	18 2	18	45.5	23	61.5	28	74	33	84.4	38	92.7	43	98.8
1	20	1	46.4	1	62.2	1	74.6	1	84 8	1	93	1	99.1
2	21.8	2	47.3	2	62.9	2	75.2	2	85.5	2	93.4	2	99.4
3	23.5	3	48.2	3	63.6	3	75.7	3	85.8	3	93.7	3	99.6
14	25.2	19	49.1	24	64.2	29	76.3	34	86.2	39	94.1	44	99.8
1	26.9	1	50	1	64.9	1	76.8	1	86 7	1	94.4		
2	28.5	2	50.9	2	65.5	2	77.3	2	87.1	2	94.7		
3	30.1	3	51.7	3	66.2	3	77.9	3	87.5	3	95.1		
15	31.6	20	52.5	25	66.9	30	78.4	35	88	40	95.4		

« On voit, par cette table, combien est inégale la valeur des degrés de Cartier : la différence du 12ᵉ au 13ᵉ est de 7° centésimaux, et du 35ᵉ au 36ᵉ seulement de 1°,6. »

Il est aisé de voir l'usage et l'utilité des tables de concordance que nous venons de donner. La première est exacte ; la seconde présente des erreurs en plus ou en moins de 1/2 centième environ, erreurs nécessaires pour l'établissement des chiffres ronds ; mais chacun peut y remédier sur cette donnée, qu'un degré de Gay-Lussac équivaut à 44 centièmes de degré Cartier, et qu'un degré Cartier a la même valeur que 2 degrés 3 onzièmes de Gay-Lussac.

Evaluation

De la force des liquides spiritueux en degrés de Cartier et en degrés centésimaux, suivant M. Gay-Lussac.

DEGRÉS DE CARTIER.	DEGRÉS CENTÉSIMAUX.	DEGRÉS DE CARTIER.	DEGRÉS CENTÉSIMAUX.	DEGRÉS DE CARTIER.	DEGRÉS CENTÉSIMAUX.	DEGRÉS DE CARTIER.	DEGRÉS CENTÉSIMAUX.	DEGRÉS DE CARTIER.	DEGRÉS CENTÉSIMAUX.	DEGRÉS DE CARTIER.	DEGRÉS CENTÉSIMAUX.
10	0.0	16	37.9	22	59.5	28	74.8	34	86.9	40	95.9
1	1.5	1	39.1	1	60.2	1	75.5	1	87.3	1	96.2
2	2.6	2	40.5	2	60.9	2	75.9	2	87.7	2	96.5
3	3.9	3	41.4	3	61.6	3	76.4	3	88.1	3	96.8
11	5 3	17	42.5	23	62.3	29	77	35	88.6	41	97.1
1	6.7	1	43.5	1	63	1	77.5	1	89	1	97.4
2	8.3	2	44.5	2	63.7	2	78	2	89.4	2	97.7
3	9.9	3	45.5	3	64.4	3	78.6	3	89.8	3	98
12	11.6	18	46.5	24	65	30	79.1	36	90.2	42	98.2
1	13.2	1	47.4	1	65.7	1	79.6	1	90.6	1	98.4
2	15	2	48.3	2	66.3	2	80.1	2	91	2	98.7
3	16.8	3	49.2	8	67	3	80.7	3	91.4	3	98.9
13	18.8	19	50.1	25	67.7	31	81.2	37	91.8	43	99 2
1	20.6	1	51	1	68.3	1	81.7	1	92.1	1	99.5
2	22.5	2	51.8	2	68.9	2	82.2	2	92.5	2	99.8
3	24.5	3	52.6	3	69.6	3	82 7	3	92.9	3	100.0
14	26.1	20	53.4	26	70.2	32	83.2	38	93.3	44	
1	27.9	1	54.2	1	70.8	1	83.6	1	93.6		
2	29.5	2	55	2	71.4	2	84.1	2	94		
3	31.1	3	55.8	3	72	3	84.6	3	94.3		
15	32.6	21	56.5	27	72.6	33	85.1	39	94.6		
1	34	1	57.2	1	73.1	1	85.5	1	94.9		
2	33.4	2	58	2	73.7	2	86	2	95.2		
3	36.6	3	58.8	3	74.3	3	86.5	3	95.6		
16	37.9	22	59.5	28	74.8	34	86.9	40	95.9		

Nota. Les petits chiffres 1, 2, 3, indiquent les quarts de degré Cartier. N. B.

Usage de la table précédente.

La table qui précède est simplement une table de concordance; c'est-à-dire que, par son moyen, on peut trouver immédiatement à quel degré de l'alcoomètre *ancien* de Cartier correspond un degré de l'échelle alcoométrique centésimale de M. Gay-Lussac. On peut également savoir immédiatement la quantité d'eau contenue dans un mélange alcoolique dont on a pris le degré.

Ainsi, supposons qu'un mélange alcoolique marque 55° à l'instrument de M. Gay-Lussac, ce chiffre correspond à 24° 2 dixièmes de Cartier, et le mélange est composé de 55 parties d'alcool *pur*, et 45 parties d'eau sur 100.

Cette table n'est exacte qu'à la température moyenne de + 15° du thermomètre centigrade.

La deuxième table de concordance qui suit est l'inverse de celle-ci; elle sert à indiquer à quel degré de Gay-Lussac correspond un degré donné de l'alcoomètre de Cartier. Nous ne donnons cette table que pour ceux de nos lecteurs peu habitués à l'échelle centésimale, qui donnent encore aux ESPRITS les noms de *trois-six*, etc.

Deuxième table de concordance

De l'alcoomètre de Cartier et de l'alcoomètre centésimal de M. Gay-Lussac, indiquant la quantité d'eau mélangée pour chaque degré.

Cartier.	Gay-Lussac.	Eau p. 100.	Cartier.	Gay-Lussac.	Eau p. 100.
0o	0o	100 parties.	23o	52o 27	47,73
1o	2o 27	97,73	24o	54o 54	45,46
2o	4o 54	95,46	25o	56o 81	43,19
3o	6o 81	93,19	26o	59o 09	40,91
4o	9o 09	90,91	27o	61o 56	38,64
5o	11o 36	88,64	28o	63o 63	36,37
6o	13o 63	86,37	29o	65o 91	34,09
7o	15o 91	84,09	30o	68o 18	31,82
8o	18o 18	81,82	31o	70o 45	29,55
9o	20o 45	79,55	32o	72o 72	27,28
10o	22o 72	77,28	33o	75o	25
11o	25o	75	34o	77o 27	22,73
12o	27o 27	72,73	35o	79o 54	20,46
13o	29o 54	70,46	36o	81o 81	18,19
14o	31o 81	68,19	37o	84o 09	15,91
15o	34o 09	65,91	38o	86o 36	12,64
16o	36o 36	63,64	39o	88o 33	11,37
17o	38o 63	61,37	40o	89o 91	9,09
18o	40o 91	59,09	41o	93o 18	6,82
19o	43o 18	56,82	42o	95o 45	4,55
20o	45o 45	54,55	43o	97o 72	2,28
21o	47o 72	52,28	44o	100o	0, alc. pur.
22o	50o	50			

A l'aide de ce tableau, on peut convertir les degrés de Cartier en degrés centésimaux.

Voici les degrés les plus usités dans le commerce des eaux-de-vie et des alcools, avec leurs valeurs réelles.

EAUX-DE-VIE.	18° Cartier donne 40° 9/10 G.-L.	Eau. . . 59,09 / Alcool. . 40,91
	19° — — 43° 18/100 —	Eau. . . 56,82 / Alcool. . 43,18
	20° — — 45° 45/100 —	Eau. . . 54,55 / Alcool. . 45,45
	21° — — 47° 7/10 —	Eau. . . 52,28 / Alcool. . 47,72
	22° — — 50° — —	Eau. . . 50 / Alcool. . 50
EAUX-DE-VIE DOUBLES.	24° — — 54° 54/100 —	Eau. . . 45,46 / Alcool. . 54,54
	25° — — 56° 8/10 —	Eau. . . 43,19 / Alcool. . 56,81
	27° — — 61° 36/100 —	Eau. . . 38,64 / Alcool. . 61,36
	28° — — 63° 63/100 —	Eau. . . 36,37 / Alcool. . 63,63
ESPRITS.	30° — — 68° 18/100 —	Eau. . . 31,82 / Alcool. . 68,18
	31° — — 70° 45/100 —	Eau. . . 29,55 / Alcool. . 70,45
	33° — — 75° — —	Eau. . . 25 / Alcool. . 75
	34° — — 77° 27/100 —	Eau. . . 22,73 / Alcool. . 77,27
	36° — — 81° 8/10 —	Eau. . . 18,19 / Alcool. . 81,81
	40° — — 90° 9/10 —	Eau. . . 9,09 / Alcool. . 90,91
	44° — — 100° — —	Eau. . . 0 / Alcool. . 100

Evaluation

*De la force des liquides spiritueux en degrés de Cartier
et en degrés centésimaux.*

« Les tables précédentes ne font connaître que les indications des deux instruments dans le même liquide spiritueux ; mais, comme ils ont été gradués chacun à une température différente, ces indications, la température étant de 12°,5 centigrades (10° de Réaumur), par exemple, donneront immédiatement la force du liquide spiritueux à l'aréomètre de Cartier, et auront besoin d'une correction pour l'alcoomètre.

« Si, par exemple, vous prenez un liquide spiritueux marquant 33°,5 à l'aréomètre de Cartier, à la température de 12°,5 centigrades (10° de Réaumur), et que vous y plongiez l'alcoomètre, celui-ci s'y enfoncera moins qu'à la température de 15° (qui est celle à laquelle il donne immédiatement la force des liquides spiritueux), de toute la quantité due à l'abaissement de température de 15° à 12°,5. Cette quantité, d'après la table de la force réelle, est de 0°,65. Ainsi le liquide spiritueux dont la force est exprimée, à la température de 12°,5, par 33°, de Cartier, en aurait une équivalente, exprimée en degrés centésimaux, à la température de 15°,

$$
\begin{array}{r}
85°,3 \\
0°,65 \\
\hline
\end{array}
$$

par. . . . .   85°,95 ou à peu près 86.

« Une correction semblable est nécessaire pour chaque liquide spiritueux.

« Si, dans le commerce, on était dans l'usage de faire la correction des variations de volume causées par les différences de température des liquides spiritueux, il y en aurait une semblable à faire, pour la conversion des degrés de Cartier en degrés centésimaux, due à la différence des températures 12°,5 et 15° adoptées pour les deux instruments.

« Par exemple, on a trouvé qu'un esprit de la force de 33°,5 de Cartier est le même qu'un esprit de la force de 86° centésimaux ; mais 1 litre de chacun de ces liquides ne renferme pas la même quantité d'alcool : car 1 litre du premier est mesuré à la température de 12°,5, tandis que 1 litre du deuxième l'est à celle de 15°. La différence de volume due à cette différence de température est, d'après la force réelle de 0$^{\text{lit.}}$,0025 ; en sorte que 1 litre d'esprit de la force de 33°,5 de Cartier équivaut à 1$^{\text{lit.}}$,0025 d'esprit de la force de 86° centésimaux, et sa richesse est de 1$^{\text{lit.}}$,0025 multiplié par 0,86, c'est-à-dire de 0,862. »

TABLE DE DENSITÉ

DE L'ALCOOL PUR DE 0° A 78°,4 DE TEMPÉRATURE.

Observation. — Cette table est basée sur la dilatation des liquides par la chaleur ; or, la dilatation moyenne de l'alcool par degré centigrade est de 0,011 de son volume initial, en sorte que 1,000 litres à 0° acquièrent par chaque degré une augmentation de volume de 0,011,

quand il n'y a pas de compression suffisante qui s'y oppose. Les indications de la table sont applicables de 5°
en 5°.

TEMPÉRATURE.	VOLUME.	DENSITÉ.
0°	1,000	815,10
5°	1,005,55	810,60
10°	1,011,43	805,88
15°	1,017.51	801,07
20°	1,024,54	795,73
25°	1,029,15	792,01
30°	1,034,74	787,79
35°	1,040,28	785,58
40°	1,045,68	779,49
45°	1,050,85	775,64
50°	1,056,02	771,76
55°	1,061,01	768,21
60°	1,065,96	764,66
65°	1,070,74	761,24
70°	1,075,48	757,89
75°	1,080,11	755,81
78°,4	1,083,59	752,56

Vaporisation.

TABLE DE DENSITÉ

DE DIVERS MÉLANGES A + 15° DE TEMPÉRATURE.

DEGRÉS ALCOOLIQUES.		DENSITÉ.	
50°	Gay-Lussac.	895,28	
55°	—	885,86	
60°	—	876,44	
65°	—	867,02	Volume
70°	—	857,60	supposé constant
75°	—	849,07	à 1,000 litres.
80°	—	858,75	
85°	—	829,55	
90°	—	819,91	

TABLE DE CORRESPONDANCE
DES ÉCHELLES THERMOMÉTRIQUES.

Centigrade	ÉCHELLES de Réaumur.	ÉCHELLES de Fahrenheit.	Centigrade	ÉCHELLES de Réaumur.	ÉCHELLES de Fahrenheit.
0	0	32	41	32,8	105,8
1	0,8	33,8	42	33,6	107,6
2	1,6	35,6	43	34,4	109,4
3	2,4	37,4	44	35,2	111,2
4	3,2	39,2	45	36,0	113,0
5	4,0	41,0	46	36,8	114,8
6	4,8	42,8	47	37,6	116,6
7	5,6	44,6	48	38,4	118,4
8	6,4	46,4	49	39,2	120,2
9	7,2	48,2	50	40,0	122,0
10	8,0	50,0	51	40,8	123,8
11	8.8	51,8	52	41,6	125,6
12	9,6	53,6	53	42,4	127,4
13	10,4	55,4	54	43,2	129,2
14	11,2	57,2	55	44,0	131,0
15	12,0	59,0	56	44,8	132,8
16	12.8	60,8	57	45,6	134,6
17	13,6	62,6	58	46,4	136,4
18	14,4	64,4	59	47,2	138,2
19	15,2	66,2	60	48,0	140,0
20	16,0	68,0	61	48,8	141,8
21	16,8	69,8	62	49,6	143,6
22	17,6	71,6	63	50,4	145,4
23	18,4	73,4	64	51,2	147,2
24	19,2	75,2	65	52,0	149,0
25	20,0	77,0	66	52,8	150,8
26	20,8	78,8	67	53,6	152,6
27	21,6	80,6	68	54,4	154,4
28	22,4	82,4	69	55,2	156,2
29	23,2	84,2	70	56,0	158,0
30	24,0	86,0	71	56,8	159,8
31	24,8	87,8	72	57,6	161,6
32	25,6	89,6	73	58,4	163,4
33	26,4	91,4	74	59,2	165,2
34	27,2	93,2	75	60,0	167,0
35	28,0	95,0	76	60,8	168,8
36	28,8	96,8	77	61,6	170,6
37	29,6	98,6	78	62,4	172,4
38	30,4	100,4	79	63,2	174,2
39	31,2	102,2	80	64,0	176,0
40	32,0	104,0	81	64,8	177,8

ÉCHELLES			ÉCHELLES		
Centigrade	de Réaumur.	de Fahrenheit.	Centigrade	de Réaumur.	de Fahrenheit.
82	65,6	179,6	92	73,6	197,6
83	66,4	181,4	93	74,4	199,4
84	67,2	183,2	94	75,2	201,2
85	68,0	185,0	95	76,0	203,0
86	68,8	186,8	96	76,8	204,8
87	69,6	188,6	97	77,6	206,6
88	70,4	190,4	98	79,4	208,4
89	71,2	192,2	99	79,2	210,2
90	72,0	194,0	100	80,0	212,0
91	72,8	195,8			

Nota. Les *raisons* de la table précédente sont très-simples. Le thermomètre centigrade et le thermomètre de Réaumur accusent 0° à la congélation : le thermomètre de Fahrenheit marque 32° à ce même point. Le point d'ébullition de l'eau est indiqué par 100° de l'échelle centigrade, 80° de Réaumur, et 212° de Fahrenheit. Il en résulte que 1 degré centigrade égale 4/5 ou 0°,8 de Réaumur et 1°,8 de Fahrenheit.

FIN.

NOTES JUSTIFICATIVES

Note A.

Sur la distillation des mélasses de betteraves.

Pour démontrer que la question de *distillation des mélasses*
de betteraves était connue, ainsi que celle de l'application des
résidus à la nourriture du bétail, longtemps avant les réclames
des chasseurs de brevets actuels, nous reproduirons toutes les
preuves les plus importantes qui seront de nature à tranquil-
liser les cultivateurs et à leur faire voir qu'il s'agit ici d'une
affaire de domaine public *en principe et en fait*. Pourvu donc
qu'ils évitent les faiseurs dans l'application, ils n'ont absolument
rien à craindre.

1. — *Circulaire concernant la fabrication du sucre de betteraves, adressée, en 1815, à MM. les préfets des départements, par M. le directeur général du commerce et des
manufactures* (le comte Chaptal).

« Monsieur le préfet,

« La fabrication du sucre de bétteraves n'est plus un problè-
blème, ni sous le rapport du succès, ni sous celui de l'économie.

« Depuis un an que les ports français sont ouverts et que les
denrées coloniales ne sont assujetties qu'à des droits modiques,
plusieurs établissements de sucre de betteraves se sont main-
tenus et ont donné des bénéfices.

« Les préjugés qui avaient attaqué, dès sa naissance, cette
précieuse branche d'industrie, sont tous dissipés. Ce sucre est
reconnu pour être rigoureusement de la même nature que
celui de canne ; sa fabrication est plus facile et plus éclairée, et
nous touchons au moment de nous affranchir du nouveau
monde pour un de ses produits les plus importants.

« *Indépendamment du grand avantage que présente cette
fabrication pour nous approvisionner d'un objet de première*

nécessité, la culture de la betterave en offre encore de consi-
dérables à l'agriculteur, puisque les résidus fournissent une
nourriture aussi abondante que saine pour les bestiaux, et que
les mélasses fermentées donnent beaucoup d'eau-de-vie pour
la distillation.

« J'appelle donc toute votre attention, Monsieur le préfet, sur ce grand objet d'utilité publique.

« Nous sommes dans la saison de semer les betteraves. On peut les semer à la volée sur les terres déjà préparées pour recevoir les blés en automne ; on sarcle soigneusement dès que la plante a bien levé, et on ne laisse que les individus les plus forts. Par ce moyen, on a toujours une bonne récolte ; on arrache les betteraves dans la première quinzaine d'octobre, et on sème du blé dans le même terrain. Cette méthode, pratiquée sur plusieurs endroits, présente de grands avantages ; elle donne le moyen de produire deux récoltes dans l'année, et le prix des betteraves en diminue d'autant.

« Je me ferai un devoir de vous transmettre des instructions sur le mode le plus parfait de fabrication, de manière à assurer un plein succès dans chaque établissement.

« Vous trouverez facilement de la bonne graine, à raison de 10 sous la livre, tant à Paris que dans les départements où cette culture est connue.

« Sa Majesté m'a déjà entretenu plusieurs fois du désir qu'elle a de voir reprendre avec activité la fabrication du sucre indigène : elle se propose de lui accorder les encouragements généraux les plus propres à en accélérer le développement. Je compte sur votre empressement à seconder ses vues, dont l'accomplissement ne sera pas moins utile à l'intérêt particulier qu'à l'intérêt public.

« Recevez, Monsieur le préfet, l'assurance de ma considération,

« Le directeur général,

« Signé : le comte CHAPTAL. »

II. — Extrait d'un mémoire de M. Drapier, pharmacien à Lille, adressé le 20 février 1811 à la Société d'encouragement, et daté du 24 janvier précédent.

« Voici les principaux résultats des nombreuses expériences que j'ai faites sur les végétaux qui m'ont paru contenir le plus de matière sucrée :

« 100 parties de racines de carotte, desséchées et traitées

par l'alcool, ont donné 14 parties de moscouade très-belle et d'une saveur très-agréable ;

« 100 parties de racines de panais, traitées de la même manière, ont rendu 12 parties et demie de moscouade, moins agréable que la précédente ;

« 100 parties de navets, 9 parties de moscouade très-bonne ;

« 100 parties de chervis, 8 parties de bonnes moscouades ;

« 100 parties de racines de réglisse ont fourni, avec beaucoup de difficulté, 7 parties de moscouade qui a constamment conservé le goût de l'extrait, et il en fut à peu près de même des racines du froment rampant (le chiendent des officines) ;

« 100 parties de ces dernières ont donné 4 parties et demie de moscouade un peu moins désagréable que la précédente ;

« 100 parties de tiges de maïs, traitées comme les racines, n'ont produit que 5 parties de moscouade plus belle, mais non plus agréable que celle de la carotte ;

« 130 parties de suc de bouleau ont donné 1 partie de moscouade peu agréable.

« Toutes ces opérations sont en général beaucoup plus dispendieuses que celle qui a pour but l'extraction du sucre de la betterave ; elles sont aussi moins avantageuses, puisque, toutes circonstances égales, 100 parties de betteraves ont produit 19 parties et demie de moscouade.

« Les betteraves, après avoir été émondées, furent coupées, à l'aide d'un appareil disposé à cet effet, par morceaux de la grosseur du pouce environ ; elles furent portées ensuite au moulin, qui les réduisit en pulpe, ou sorte de bouillie épaisse ; cette pulpe fut enfermée dans des sacs de crin et placée entre deux madriers que serraient les coins enfoncés par un mouton adapté au mécanisme du moulin : soumise à une pression très-considérable, elle laissa écouler toute la partie liquide, qui se rendit dans un réservoir placé sous la presse. Au sortir des sacs, la matière était presque sèche et friable ; elle avait perdu les 0,78 de son poids, et ne contenait plus qu'une infiniment petite portion de sucre, qui n'était point susceptible de couvrir les frais qu'aurait exigés sa séparation ; aussi, me suis-je contenté de déposer cette matière dans de grands réservoirs, et de l'y délayer avec une quantité d'eau suffisante pour lui faire éprouver la fermentation alcoolique.

« Quant aux écumes, elles ont été jetées dans les marcs de betteraves en fermentation, ainsi que le mucoso-sucré et autres matières hétérogènes liquides, dont on avait séparé en premier lieu tous les cristaux de sucre. La distillation de ces matières fermentées a produit beaucoup d'alcool, mais d'un goût extrêmement désagréable : il n'a pu servir qu'à la préparation des vernis. Comme, dans la distillation, l'on n'a point apporté de grandes précautions à recueillir tous les produits, il en résulte que l'on n'a pu en constater exactement la quantité ; néanmoins, elle a suffi pour dédommager des frais et procurer même un léger bénéfice. »

Le procédé que je viens de décrire est loin d'être parfait ; je ne le regarde, au contraire, que comme une ébauche susceptible de grands perfectionnements, que nous devrons à une pratique constante et éclairée ; ils diminueront infailliblement les frais d'opération que, dans mes calculs, j'ai dû exagérer peut-être, ne voulant point induire en erreur ceux que les avantages de cette fabrication détermineraient à l'entreprendre ; dès lors, la valeur des produits baissera, et, en peu de temps, les sucres indigènes pourront avoir un cours fixe.

III. — *Extrait d'une note insérée dans le Bulletin de l'année 1811, par la même Société.*

PROCÉDÉ DE M. LAMPADIUS.

« La Prusse a été le berceau de ce genre de fabrication ; c'est là que Achard, le baron de Coppy et plusieurs autres particuliers ont fait des essais qui ont été couronnés de succès. Depuis quelques années, M. de Granvogl a établi à Augsbourg une fabrique de sucre de betterave qui a fait des progrès remarquables ; elle livre au commerce une cassonade parfaitement semblable à celle du sucre de canne, et dont il a été vendu en 1810 plus de 10,000 kilogrammes ; cette fabrique pourra en produire plus de 50,000 kilogrammes cette année. On sait que l'empereur d'Autriche encourage dans ses États la fabrication du sucre de betterave et d'érable, et qu'on y élève de nombreuses fabriques de ce genre.

« Nous appellerons aujourd'hui l'attention de nos lecteurs sur un établissement fondé à Bottendorf, en Saxe, et dirigé par M. Lampadius, professeur de chimie à Freiberg ; voici les procédés qui y sont suivis :

(Après la description de la méthode employée, on trouve les détails suivants sur la fabrication d'un *rack* de betteraves :)

« On fait passer ce sirop à la fermentation en y mêlant de l'eau chaude et de la levûre de bière ; *mais on pourrait aussi se servir avec avantage des levûres produites par le suc de betteraves.*

« Le sirop fermenté est distillé deux fois, jusqu'à ce qu'il ait acquis la force du rack ; on le met ensuite à digérer dans un tonneau, en ajoutant par pinte une demi-once de riz pulvérisé et autant de poussière de charbon. Après quelques semaines, on soutire cet esprit, on y mêle par pinte un gros de vinaigre distillé, et on le colore avec du caramel. Cette liqueur est parfaitement égale en qualité au rack ; on en a vendu quelques milliers de bouteilles.

« La fabrique de Bottendorf a mis ainsi dans le commerce trois produits très-recherchés, savoir : le sirop, le sucre et le rack de betteraves ; elle en a obtenu les résultats les plus satisfaisants... »

D'où l'on peut conclure que l'idée de transformer la mélasse de betterave en alcool n'est pas nouvelle, puisqu'elle date de l'origine de l'industrie sucrière, et ensuite, que ni M. Champonnois ni quelques autres n'ont *inventé* la possibilité de se passer de levûre de bière pour la fermentation, puisque M. Lampadius l'émet formellement, et ce, avant 1811, quand MM. Champonnois, Dubrunfaut, etc., n'avaient encore rien produit.

Note B.

Culture de la betterave dans les terres fortes.

De la Betterave, *considérée sous le rapport de la nourriture qu'elle peut offrir aux bestiaux en hiver.*

« Tel est le titre d'un petit opuscule, dont la 2e édition a été publiée à Londres, en 1814, par M. Pinder Simpson, et que M. le général de Grave a adressé à la Société d'encouragement, avec invitation de la faire connaître en France.

« M. le comte Chaptal, qui a bien voulu se charger de l'examiner, en a rendu compte dans l'une des séances du conseil. La méthode recommandée dans cet ouvrage, pour cultiver la betterave dans les terres fortes, lui ayant paru mériter de fixer l'attention des agronomes français, il a proposé d'en faire insérer une traduction abrégée dans le *Bulletin :* nous nous empressons de remplir ce vœu.

(*Bulletin de la Société.*)

« M. John Heaton possède à Bedfords, dans le comté d'Essex, une ferme de 600 acres[1] de terrain, dont il a consacré une partie à la culture de l'espèce de betterave connue sous le nom de *disette*, d'après le système qu'il a adopté.

---

[1] L'acre anglais est égal à 40 ares 50 centiares.

« Pour s'assurer du mode de culture qui paraîtrait le plus avantageux sous le rapport des produits, il a commencé par faire des essais en petit.

« Il choisit d'abord, dans un jardin, 60 mètres carrés de terre, sur lesquels il sema des betteraves en rayons ; lorsqu'elles furent de la grosseur environ d'une rave, il les éclaircit avec une houe ordinaire à turneps, de manière à les espacer de quinze pouces dans tous les sens. La quantité obtenue fut de 360 racines, ce qui ferait à peu près 29,040 par acre ; elles pèsent chacune, terme moyen, 4 livres ; ainsi le produit d'un acre sera de 50 tonneaux (le tonneau est un poids de 2,000 livres). Un quintal de betteraves, coupées par tranches pour être données au bétail, forme deux bushels [1] ; le produit d'un acre est par conséquent de 2,000 bushels. On donne à chaque bœuf deux bushels de racines par jour : on peut donc nourrir un bœuf pendant quatorze semaines avec le produit d'un dixième d'acre.

« Le deuxième essai eut lieu dans un champ, à Mason-Field, et sur une même étendue. Les betteraves, après avoir été retirées du jardin, ayant la grosseur d'une rave, furent plantées en rayons distants entre eux de trois pieds, et à dix-huit pouces dans la ligne. Le produit fut de 126 racines, ce qui donne 10,114 par acre ; leur poids moyen était de 5 livres ; ainsi, un acre en aurait fourni 22 tonneaux ; comme chaque bœuf en mange un quintal par jour, la récolte d'un acre suffira pour nourrir quatre bœufs pendant cent dix jours.

« Enfin, on essaya sur le même terrain un troisième mode de culture, qui consiste à semer la graine au plantoir, en rayons distants de deux pieds, et en laissant les plantes à un pied dans la ligne ; 60 mètres carrés de terrain cultivés de cette manière ont fourni 270 racines, ce qui fait 21,780 par acre ; leur poids s'est trouvé de 5 livres chacune ; ainsi, un acre produit 48 tonneaux, qui suffisent pour la nourriture de dix bœufs pendant quatre-vingt-dix-sept jours, chaque animal en mangeant un quintal par jour.

« Ces essais, dont nous venons de parler, ont été continués pendant trois ans ; le dernier ayant offert les résultats les plus avantageux sous le rapport des produits, M. Heaton lui a donné la préférence, que l'expérience a justifiée.

« Ceux qui cultivent les turneps de Suède (rutabaga) désireront peut-être connaître les avantages comparatifs de cette racine avec la betterave. M. Heaton en a une des plus belles plantations qui existent en Angleterre.

[1] Le bushel est une mesure de capacité de 36 litres et demi.

« Il cultive des turneps au plantoir, en rayons distants de deux pieds, en laissant les plantes à neuf pouces dans la ligne. La récolte, sur 60 mètres carrés, a été de 252 racines, ce qui fait 20,356 par acre ; leur poids moyen est de 2 livres ; ainsi, un acre en donne 18 tonneaux, ce qui fait 30 tonneaux de moins qu'un acre de betteraves cultivé au plantoir, en rayons distants de deux pieds, et en laissant les plantes à un pied dans la ligne.

« La betterave a d'autres avantages marquants sur le turneps : le produit en est plus certain, parce que les jeunes racines ne sont pas attaquées par les insectes, et qu'elles ne sont pas exposées aux effets de la gelée, la récolte se faisant à temps pour permettre de semer du blé sur le même champ, avant l'hiver. La culture en est aussi moins difficile et moins dispendieuse que celle des turneps, qu'on ne peut souvent pas arracher et rentrer avant la mauvaise saison.

« Un bushel de betteraves coupées pèse 6 livres de plus qu'une pareille mesure de turneps hachés ; on nourrit mieux un bœuf avec 2 bushels de betteraves par jour qu'avec 2 bushels et demi de turneps de Suède, qui sont cependant préférables aux turneps ordinaires, dont il faudrait 3 bushels. En hiver, les brebis, les jeunes porcs et les vaches sont très-avides de betteraves ; on peut les donner aux jeunes chevaux avec du foin et de la paille, ce qui formera une excellente nourriture. Ces racines ont un avantage décidé sur les turneps pour les vaches laitières, dont elles améliorent le lait par leur douceur particulière.

« Il est donc de l'intérêt des fermiers de cultiver cette précieuse racine, et de celui des nourrisseurs de la consommer ; ils y trouveront un bénéfice assuré.

« Nous passons maintenant à la description du mode de culture des betteraves que l'auteur pratique dans les terres fortes de son exploitation. Ces terres sont en général marneuses à la profondeur de quatre à douze pouces, et reposent sur un lit de glaise mêlée de gravier ; elles sont trop compactes et trop humides en hiver, même pour que les moutons puissent y pâturer des turneps, qu'on est obligé d'arracher pour les donner à l'étable.

« Le terrain est préparé de la même manière qu'on le fait avec les turneps de Suède, ce qui est bien connu de tous les cultivateurs. Vers le milieu ou la fin d'avril, on donne un fort coup de charrue et on trace des sillons distants de deux pieds ; mais, ce travail ne pouvant pas se faire d'un seul coup, on fait revenir la charrue dans le même sillon au point d'où elle est partie.

« Il vaut mieux répéter le labour avec une charrue ordinaire que de labourer une seule fois avec une charrue à double soc, parce qu'on peut remuer la terre à une plus grande profondeur.

« On dépose le fumier, qui doit être bien consommé, dans les rigoles formées par les sillons, à raison de six mètres cubes par acre.

« Ensuite on renverse les sillons sur leur longueur, au moyen de la charrue, afin d'enfouir le fumier, qui se trouvera ainsi recouvert par les nouveaux sillons ; on passe un léger rouleau et on sème la graine au plantoir sur le sommet des rayons, pour qu'elle puisse profiter de tout le fumier qui se trouve immédiatement au-dessous.

« La graine est déposée à environ un pouce de profondeur, tandis que la terre est encore humide, et recouverte en passant sur les rayons une herse légère ou un râteau de jardin.

« Finalement, on fait passer le rouleau sur les sillons, et la culture est achevée.

« Lorsque les plantes ont acquis environ la grosseur d'une rave, elles sont binées avec une houe à turneps, de manière à les espacer de un pied dans la ligne.

« Si quelque graine venait à manquer et que la plantation ne se trouvât pas suffisamment garnie, on arrache, avant le binage, les plantes dans les endroits où elles sont trop serrées, et on les transplante dans les espaces vides, afin d'assurer le succès de la plantation, en ayant soin que le pivot des racines ne soit pas tourné à la surface. On a remarqué que 99 plantes réussissent sur 100.

« Lorsque les plantes sont encore jeunes, on sarcle les mauvaises herbes qui ne pourront plus prospérer dès que le feuillage commence à s'étendre ; les frais du sarclage sont peu considérables.

Les racines sont arrachées, au mois de novembre, par un temps sec. On coupe les feuilles près du collet, et lorsque les betteraves sont entièrement sèches, on les met en un tas, sous un hangar, en les recouvrant de paille pour les préserver des effets de la gelée. Elles se conservent ordinairement jusqu'au mois de mars de l'année suivante, et pourraient être gardées plus longtemps.

« La quantité de graine nécessaire pour ensemencer un acre est de trois à quatre livres.

Explication de la méthode de culture ci-contre décrite.

« *Forme des sillons avant la fumure.*

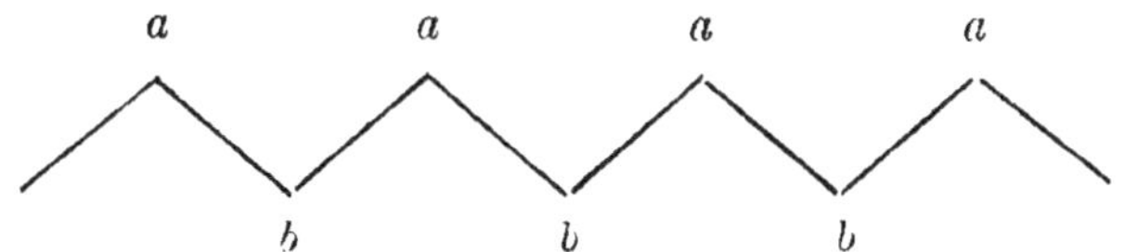

aaaa. Sommets des sillons, d'environ 2 pouces de large; la distance d'un sillon à
l'autre est de 2 pieds.
bbb. Rigoles dans lesquelles le fumier est déposé.; leur profondeur est de **1 pied.**

« *Forme des sillons après la fumure et lorsqu'ils ont été
renversés par la charrue et passés au rouleau.*

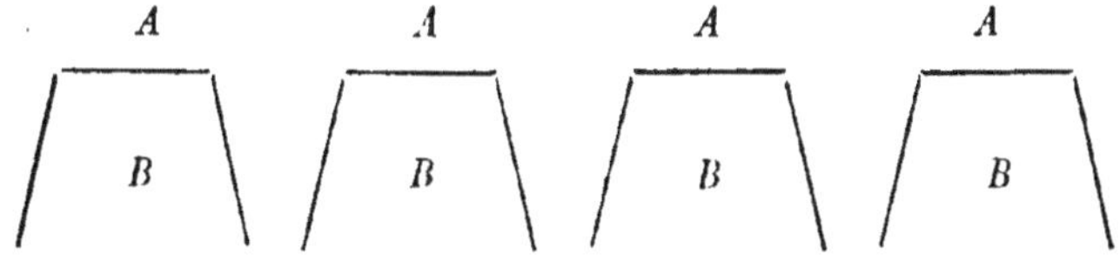

AAAA. Sommets des sillons de 9 pouces de large.
BBBB. Place qu'occupe l'engrais.

« On conçoit que, lorsque la quantité de betteraves que l'on
donne chaque jour à un bœuf est déterminée, il faut y ajouter
quelque peu de fourrage sec. Cependant il n'est pas nécessaire
d'en donner plus qu'on ne le fait ordinairement en nourris-
sant avec des turneps. M. Heaton ne donne généralement que
de la paille d'avoine, et ses bestiaux s'en trouvent très-bien ;
néanmoins, ils auraient été engraissés plus promptement si on
leur avait donné du foin. Au surplus, l'expérience a prouvé que
des bœufs nourris uniquement avec des betteraves et de la
paille d'avoine seront, au bout de trois mois, assez gros pour
être vendus au boucher.

« Ce qui vient d'être dit au sujet des terres fortes n'est nullement applicable aux terres légères à turneps, sur lesquelles
les moutons pâturent sans nuire au sol : comme il n'en existe
point de pareilles dans la ferme de M. Heaton, il n'a pu faire
aucun essai à cet égard.

« Lorsqu'un champ destiné à recevoir des betteraves ne se
trouve pas suffisamment sarclé, il vaut mieux semer les graines
dans un jardin, et transplanter les jeunes racines quand elles

ont acquis la grosseur d'une rave. On aura ainsi le temps de faire les sarclages nécessaires et de préparer la terre à recevoir les plantations ; car, quoique les betteraves détruisent les mauvaises herbes, il n'est pas prudent de les semer dans un terrain qui en serait couvert.

« L'emploi de l'engrais n'est pas indispensable dans cette culture ; cependant, lorsqu'on s'en sert, il faut qu'il soit bien consommé. On a obtenu de bonnes plantations à Bedfords, sans engrais, ce qui n'a point été préjudiciable à la récolte en blé qui a succédé. Les racines prenant leur nourriture à une profondeur plus considérable que celle où peut atteindre la charrue, elles n'épuisent point la surface du sol sur lequel on sème le blé.

« Le mode de culture que nous venons d'indiquer est le même que celui qu'on pratique dans le nord de l'Angleterre pour la culture des turneps, avec cette différence que là les rayons sont à vingt-sept pouces de distance ; mais le produit est moindre, car au lieu de 48 tonneaux par acre, on n'en obtient que 43 ; l'expérience a prouvé, d'ailleurs, que les racines n'acquièrent pas un plus grand volume dans les rayons distants de trois pieds que dans ceux espacés de deux pieds ; par conséquent, la récolte doit être moins productive, puisque le nombre des plantes décroît à mesure que la distance entre les rayons augmente.

« Les avantages qui résulteront de la culture des betteraves sur une petite portion de terre des fermes à terres fortes, sont évidents. On pourrait établir ici des calculs qui paraîtraient surprenants ; mais on croit en avoir dit assez sur ce sujet pour convaincre les cultivateurs intelligents. Quant au système suivi par M. Heaton depuis trois ans avec un grand succès, c'est le moins dispendieux et celui qui, en dernier résultat, présente les avantages les plus certains, puisque le produit d'un acre suffit pour engraisser dix bœufs, dont la vente procurera un bénéfice considérable, outre une quantité d'excellent fumier dont ils auront enrichi la ferme. Le cultivateur qui vend sa paille ne peut pas participer à ces avantages.

« Un seul fait suffira pour prouver cette assertion.

« M. Heaton acheta, le 9 septembre, deux bœufs maigres, au prix de 34 livres sterling (850 francs). On les fit pâturer jusqu'au 20 novembre, époque à laquelle on les rentra à l'étable, où ils furent nourris avec de la betterave et de la paille d'avoine jusqu'au 9 février de l'année suivante. Ils furent ensuite vendus 50 livres sterling (1 250 francs), et donnèrent ainsi, en cinq mois et demi, un bénéfice de 16 livres sterling, ce qui fait 7 shillings 5 deniers (8 fr. 50 c.) par semaine pour chaque bœuf.

« Les bœufs, nourris à l'étable pendant trois mois, consom-
mèrent 8 tonneaux et **2** quintaux (18 milliers) de betteraves,
quantité produite par un sixième d'acre. »   D.

Note C.

Sur l'asphodèle.

En 1853, nous avions fait une analyse sérieuse de l'*asphodèle
rameux*, et cette opération nous avait démontré que l'asphodèle ne contient *ni sucre cristallisable, ni glucose, ni fécule, ni
gomme, ni mannite, ni inuline en quantité appréciable.* Grande
fut notre surprise quand, sur la foi de MM. Lucet et Griseri,
les journaux scientifiques annoncèrent que l'asphodèle donnait
des quantités considérables d'alcool. Ne sachant à quoi attribuer
ce résultat vrai ou prétendu, nous gardâmes le silence et nous
reprîmes notre analyse, en modifiant nos opérations de dix
manières différentes.

Voici ce que nous avons constaté :

On doit admettre, en principe, que la *glucose* seule fournit
les éléments de l'alcool, mais ce principe dérive de la *cellulose*
de la façon la plus absolue. Pour que la cellulose se transforme
en glucose, il n'est pas nécessaire qu'elle soit à l'état parfait,
ni même transformée en *sucre, gomme, inuline,* etc. ; il suffit
qu'elle soit à l'état rudimentaire ou mucilagineux.

Il y a une forme particulière de la *cellulose* que nous avons
nommée volontiers *pectosine*, laquelle ne démontre aucun principe sucré à son état normal, mais qui se change facilement en
glucose sous l'influence des acides minéraux affaiblis. C'est ce
principe, cette *pectosine*, qui a fait prendre le change à propos
de l'asphodèle, et nous sommes convaincu de l'exactitude de
nos résultats.

La *pectosine* existe abondamment dans un très-grand nombre
de plantes sur lesquelles nous avons fait de nombreuses expériences d'alcoolisation, et dont nous citons les principales :

Topinambour, contient : *pectosine, glucose, sucre, fécule.*
Asphodèle,   —   *pectosine.*
Lis blanc,   —   *pectosine, glucose, fécule.*
Dahlia,   —   *pectosine, glucose, un peu de fécule.*

On peut juger par ces quatre exemples de la grande quantité
de plantes dont on peut extraire de l'alcool.

Mais *la pectosine ne devient fermentescible que sous l'influence des acides,* nous le répétons, parce que c'est là la base
vraie des recherches que l'on serait tenté de faire.

La *pectosine*, ou ce que nous nommons ainsi, n'est que la *cellulose à l'état rudimentaire ou mucilagineux* et, dans ses qualités physiques ou chimiques, elle ne diffère de la pectose que par la propriété de devenir fermentescible par l'acidulation.

Nous terminons cette observation par la transcription d'une note relative à l'asphodèle, au sujet d'une de nos expériences.

28 *novembre* 1853. — Expérience d'alcoolisation sur l'asphodèle rameux (*asphodelus ramosus*).

Nous avons pris 500 grammes de tubercules à l'état frais et nous les avons réduits en pulpe par l'action de la râpe.

Macération de la pulpe dans un litre d'eau ordinaire.

29 *novembre*. — Nous exprimons le produit à travers un linge serré, et nous le partageons en deux parties égales placées dans deux ballons à fond plat.

Ballon n° 1. — Addition de levûre de bière, quantité suffisante.

Ballon n° 2. — Addition d'acide sulfurique, environ 1 et demi pour 100. Ebullition pendant une heure. Neutralisation de l'acide par la craie, filtration. — Addition de levûre.

30 *novembre*. — Ballon n° 1. — Passe franchement à la pourriture.

Ballon n° 2. — Fermentation alcoolique bien nette ; une *allume* en papier s'éteint avant d'avoir franchi le col.

2 *décembre*. — Ballon n° 1. — Nous jetons le liquide, devenu complétement infect.

Ballon n° 2. — Distillation. — Nous donne pour résultat de l'eau-de-vie faible, que le calcul nous démontre dans des conditions de bonne application industrielle.

Si nous avons cru devoir rapporter cette expérience, c'est que nous désirons vivement que les expérimentateurs ne se fourvoient pas en s'empressant de proclamer *comme acquis* des faits *mal observés*, dont une expérience ultérieure doit démontrer la fausseté.

NOTE D.

Sur la fabrication des sels de potasse.

Extrait d'un mémoire de M. Mathieu de Dombasle sur la fabrication de la potasse par l'incinération de diverses espèces de plantes (Bulletin de la Société d'encouragement) [1].

« L'auteur entreprit, dans le courant de l'été de l'année

[1] L'auteur de ce mémoire a été jugé digne d'une médaille d'argent, qui lui a été décernée dans la séance générale du 6 novembre 1815.

1810, une série d'expériences tendant à rechercher quelles sont les plantes qui fournissent le plus de potasse par leur combustion. La betterave en fournit beaucoup ; mais il reconnut que le mode de culture propre à développer dans la betterave une grande quantité de sucre est tout opposé à celui qui convient pour la rendre riche en potasse ; que l'effeuillement diminue considérablement la qualité sucrée des racines, et qu'à l'époque de l'arrachage des betteraves, la saison est trop pluvieuse pour la dessiccation des feuilles.

« M. Mathieu de Dombasle a employé, dans ses premières expériences, une tige ou un fragment desséché de la plante, ayant quelques pouces de longueur et de la grosseur d'un petit tuyau de plume, l'a fait brûler à la flamme d'une bougie, sans le secours du chalumeau, sur un longueur d'environ un pouce et demi : la plupart des plantes, après la combustion, laissent une cendre blanche ou grise plus ou moins sapide. Les plantes très-riches en sels solubles se fondent plus ou moins aisément, par cette opération, en un globule dont la saveur indique la présence du sous-carbonate de soude, et souvent du sulfate ou du muriate de la même base. La fusion est plus facile lorsque les sels neutres sont mêlés en grande proportion au sous-carbonate.

« L'auteur a essayé de cette manière trente-deux espèces de plantes diverses, parmi lesquelles l'épinard, l'arroche, la rhubarbe et surtout la betterave champêtre lui ont donné les meilleurs résultats. Ces plantes, fondues, ont laissé une cendre dont la saveur est extrêmement alcaline et piquante. Voulant rechercher la richesse alcaline de chacune d'elles, il les a cueillies après la floraison, à l'exception de la betterave, qui a été arrachée dans la première année de sa croissance. La feuille, son pétiole et les racines elles-mêmes sont riches en alcali ; les diverses variétés de cette plante n'ont pas présenté de différences.

« Le tableau suivant indique les expériences que l'auteur a faites.

« Le lessivage employé est celui des saliniers. Le degré est marqué à l'alcalimètre de Descroizilles. »

NOMS DES PLANTES.	POIDS		DEGRÉS alcalimétriques.
	des cendres pour 100 kilogr. de plantes sèches.	de salin.	
	kil. hect.	kil. hect.	
Grand raifort.....................	10 »	2 3	11
Grand trèfle.....................	15 »	2 2	63
Paille de navette..................	6 2	1 3	59
Tiges de pois....................	8 1	» 8	63
Grande chicorée..................	5 7	1 9	60
Betterave.......................	10 4	5 1	62
Epinard........................	11 6	6 2	64
Arroche........................	15 »	4 5	59
Rhubarbe.......................	10 5	4 9	59
Pivoine........................	12 5	5 »	46
Topinambour....................	6 4	1 9	44
Tournesol.......................	6 2	1 8	44
Absinthe	10 3	2 4	51
Fumeterre......................	9 8	1 5	54
Potasse d'Amérique essayée pour point de comparaison............	» »	» »	53
Salin provenant de cendres de bois de chêne....................	» »	» »	41
Cendres gravelées provenant de la combustion de la lie de vin......	» »	» »	24
Cendres entières de betteraves.....	» »	» »	30

On voit, par ce tableau, que les plantes les plus riches en alcali sont l'épinard, la rhubarbe, la betterave et l'arroche. Dans ces deux dernières principalement, la potasse est combinée à l'acide nitrique. La betterave contient une si grande quantité de nitrate de potasse que, si l'on fait sécher à l'ombre et très-lentement le pétiole d'une de ses feuilles, sa surface se couvre souvent d'une grande quantité de cristaux de ce sel, assez gros pour en reconnaître la figure à l'œil nu ; elle prend feu aisément, elle fuse avec vivacité. L'arroche présente les mêmes phénomènes. Dans la rhubarbe, la potasse est à l'état de suroxalate, de même que dans l'oseille, sa congénère [1].

[1] La betterave et la rhubarbe étant déjà cultivées avec avantage pour le produit seul de leurs racines, semblent être les plantes dont il serait le plus convenable de chercher à utiliser les feuilles pour en tirer de la potasse. La seule difficulté qu'on éprouve à recueillir cette substance consiste dans la difficulté de dessécher les feuilles,

« Le mode de combustion des plantes, ainsi que le lessivage, apportent des différences plus considérables dans le résultat des expériences qu'on ne serait tenté de le croire. M. de Saussure n'a fait éprouver aux plantes qu'il desséchait que le degré de chaleur convenable pour la combustion. Pour enlever les sels solubles, il faisait bouillir les cendres, préalablement pulvérisées, avec vingt fois leur poids d'eau distillée. De cette manière, il tirait plus de potasse que par le procédé en grand. En effet, de 100 parties de cendres de bois de chêne, 58,6 de sels sont solubles dans l'eau, sans compter 20,65 restés insolubles par leur combinaison avec la terre. Les cendres de chêne brûlé dans nos foyers, par le procédé ordinaire, donnent à peine le dixième de leur poids de substance soluble. Cette différence est due au degré de chaleur plus intense qu'éprouvent les cendres, lorsque le combustible est brûlé en masse un peu considérable, ainsi qu'à l'imperfection du lessivage tel que le pratiquent les saliniers. Si, dans le lessivage, on employait l'eau dans une proportion plus forte que huit ou dix fois le poids des cendres, les frais d'évaporation seraient trop considérables. Les terres fortement fumées sont celles qui donnent les plantes les plus riches en potasse.

« Afin de s'assurer de la quantité de potasse que peut produire une étendue donnée de terrain cultivé en betteraves, l'auteur en destina un contenant 3 hectares, qu'il sema en betteraves au printemps de 1815 [1].

« Ce terrain argileux avait été cultivé en trèfle depuis deux ans ; il a été coupé en automne 1814, après avoir reçu une fumure de fumier de cheval, dans la proportion de dix-huit voitures par hectare. Il a reçu un deuxième labour au printemps de

parce que leurs pétioles sont très-charnus et exigent un temps très-sec pour pouvoir être mis en état d'être brûlés. La pluie qui survient pendant la dessiccation, et surtout lorsqu'elle est déjà avancée, en lavant les sels contenus dans la plante, diminue considérablement la quantité de potasse qu'on obtient. L'arroche et la phytolacca brûlent plus facilement et perdent beaucoup moins de leur poids par la dessiccation. Quant à l'épinard, quoique cette plante soit la plus riche en potasse de toutes celles connues, comme elle exige d'excellents terrains et qu'elle est d'une culture difficile, elle ne présente pas autant d'avantages que les autres. »

[1] « L'auteur estime qu'un hectare de terrain cultivé en betteraves produit 57,500 kilogrammes de feuilles fraîches, qui donnent 1,322 kilogrammes et demi de cendres, qu'on pourrait employer dans presque tous les cas où l'on fait usage de cendres gravelées, et qui sont beaucoup plus riches en alcali que la potasse du commerce. En lessivant ces cendres, on obtient 632 kilogrammes et demi de potasse d'excellente qualité. »

1815; ensuite il a été hersé et ensemencé en betteraves, du 5 au
10 avril, à raison de 25 kilogrammes de graines par hectare,
en rayons distants de dix pouces l'un de l'autre. Le semis, qui
s'est fait à la main, a été recouvert légèrement par la herse et
le rouleau.

« Les betteraves ont levé assez régulièrement quinze jours
après, mais n'ont été sarclées que du 10 au 15 mai. Le 10 juin,
on a commencé à prendre du replant qui était fort bon, et qui
a servi à repiquer d'autres terrains ; par cette opération, on a
supprimé une ligne entre deux, de manière que la pièce est
restée garnie de plants à vingt pouces en tous sens.

« Les cultures subséquentes ont été faites avec la houe à
cheval. Il en a été donné deux : une immédiatement après que
les plantes repiquées eurent repris, et l'autre dans la mi-juil-
let. Dès le mois d'août, les feuilles couvraient le terrain.

« On arracha les betteraves le 2 septembre ; les feuilles lais-
sées sur le terrain furent brûlées trois ou quatre jours après.

« Pour cet effet, on les ramassa avec le râteau, on les transporta sur le pâtural voisin, on alluma le feu. L'opération dura
quatre jours. On alluma un deuxième feu, on transporta les
cendres du premier, qui pesaient 185 kilogrammes. La combustion fut continuée pendant quatre autres jours. Les cendres
du deuxième feu, enlevées, pesaient 1,012 kilogrammes, ce qui
forma, pour le produit total, 1,206 kilogrammes.

« La cendre qui résulte de cette combustion éprouve une
demi-fusion lorsque la masse des substances brûlées est assez
considérable pour produire une forte chaleur. C'est une fritte
poreuse, assez dure, de saveur alcaline, ayant beaucoup d'analogie avec les soudes brutes du commerce, très-riches en alcali.

« M. de Dombasle a fait lessiver, au mois de février 1816,
400 kilogrammes de potasse brute, provenant de la combustion des feuilles de betteraves ; il en a obtenu 180 kilogrammes
de potasse calcinée, dont il a vendu 160 kilogrammes à un fabricant de bleu de Prusse, de Nancy, qui l'a trouvée de bonne
qualité [1].

« M. d'Arcet a trouvé que 238 grammes de tiges de betteraves
desséchées donnent 22 grammes de cendres qui ont produit
15 grammes et demi de belle potasse, au titre alcalimétrique
de 64 degrés et demi.

« M. Vauquelin a trouvé que les cendres des feuilles don-
naient 40 et demi pour 100 d'alcali, contenant 88 à 90 cen-

---

[1] « Depuis l'envoi de son mémoire, l'auteur a fait fabriquer de la
potasse avec une partie des cendres qui lui restaient et en a fourni
108 kilogrammes à la raffinerie de salpêtre de Nancy ; cette potasse
a été trouvée de qualité supérieure. »

tièmes de sous-carbonate de potasse pur et sec[1]. Elle marque 34 degrés alcalimétriques, qui est le titre moyen des soudes factices et des bonnes soudes naturelles.

« La potasse purifiée, qui a été aussi analysée par M. Vauquelin, contient 77 centièmes de sous-carbonate pur et sec, de l'eau, du sulfate et du muriate de potasse, et 2,5 de sable par quintal. En purifiant cette potasse, M. Vauquelin l'a amenée à contenir jusqu'à 59 degrés alcalimétriques. »

Nous pourrions nous étendre bien davantage et faire voir, par des témoignages historiques irrécusables, que la plupart des choses dites *nouvelles* ont une origine beaucoup plus respectable que celle qu'on leur attribue de nos jours; mais cela serait de toute inutilité et ne concourrait pas à notre objet.

Qu'il nous suffise d'avoir cherché à réunir dans cet ouvrage les documents indispensables à l'homme laborieux des champs qui veut annexer l'industrie à l'agriculture, afin de parvenir à améliorer sa condition, tout en contribuant au bien-être national : ce n'est pas un travail de polémique, une œuvre de discussion que nous avons voulu faire.

Notre *Guide théorique et pratique du fabricant d'alcools et du distillateur* contenant, d'ailleurs, tous les renseignements les plus complets, ce serait tomber dans la redite que de nous égarer ici en vaines recherches. Nous y renvoyons donc le lecteur qui désirerait s'éclairer sur les objets les plus sérieux de l'alcoolisation et les principes qui s'y rattachent.

Note E.

Observations de M. F. Knauer, de Groebers, près de Halle (Prusse), sur la culture future de la betterave à sucre.

Lors de l'Exposition de 1867, M. Knauer cherchait à attirer l'attention du public, des fabricants de sucre principalement, sur deux variétés de betteraves, qu'il nomme *Impériale* et *Electorale*.

[1] « Suivant M. Vauquelin, 1 200 kilogrammes de ces cendres auraient fourni 540 kilogrammes d'alcali, qui, à raison de 1 franc le degré, ont fait une somme de 830 francs.

« La fabrication de ces cendres et de l'alcali qu'on en retire ne coûte pas beaucoup de frais, puisqu'il ne s'agit que de rassembler et de faire brûler les feuilles de betteraves et recueillir les cendres qui en proviennent.

« En admettant que l'alcali obtenu de ces cendres coûtât 4 sous la livre, c'est-à-dire le cinquième de leur valeur, il resterait une somme de 675 fr. pour 3 hectares de terre, ce qui fait 228 fr. par hectare. »

Cet observateur prétend que la betterave ne peut être arrivée à son *point culminant*, par la raison que, selon lui, une chose quelconque est toujours susceptible d'améliorations.

Or, il croît dans le même champ plusieurs espèces de betteraves d'une valeur différente les unes des autres, et les fabricants doivent tendre à acquérir la connaissance des qualités de chaque espèce.

M. Knauer affirme que le fabricant a plus d'intérêt à récolter de ses propres champs 120 quintaux de betteraves moins sucrées à 15 pour 100 de sucre que 100 quintaux à 16 pour 100, et il le démontre par des chiffres. Il tire de ce premier point cette conclusion que la betterave doit non-seulement contenir une abondance de sucre, mais encore fournir une quantité suffisante de quintaux par arpent, ce qui nous semble parfaitement juste, puisque le rendement vrai dérive de la richesse des racines et du poids de la récolte ; mais la contre-partie de cette conséquence nous paraît digne de toute l'attention des vrais cultivateurs, que M. Knauer engage à s'adonner particulièrement à la *culture des semences de betterave*.

De quelques considérations sérieuses qui nous entraîneraient trop loin, M. Knauer déduit que les *plus grandes* et les *plus petites* récoltes de betteraves sont les plus dépourvues de sucre, en sorte que, dans tous les cas, c'est *l'espèce* qui désigne principalement et presque toujours la *valeur* de la betterave. L'auteur de la note que nous analysons attribue aux betteraves à *forme allongée* un rendement moins élevé en quantité, mais une plus grande richesse saccharine, tandis que les betteraves à *forme orbiculaire* donneraient plus de quantité et moins de sucre. Il ajoute que les plus mauvaises semences des betteraves *sans nom* sont celles dans lesquelles se trouvent amassés les deux extrêmes de chaque espèce ; mais que, malheureusement, les fabricants récoltent leurs semences *de betteraves communes* et qu'il se passera bien du temps encore avant qu'ils se décident à ne travailler que des betteraves d'une espèce estimée et invariable.

Le but du fabricant qui achète les betteraves est d'acheter les racines les plus riches en sucre... Pour parvenir à un résultat certain, il devra toujours fournir lui-même la semence et imposer la condition de ne cultiver les betteraves que sur vieille fumure.

Enfin, M. Knauer s'occupe de la question du sol et des espèces de racines qui peuvent y prospérer. Il divise la terre en terre de fond ou *diluvium* et terre ordinaire superficielle de champ ou de jardin, plus humifère, qu'il nomme *alluvium*. Le diluvium est jaune, rougeâtre ou gris clair ; il est formé de terre grasse, de marne ou de sable. L'alluvium, au contraire, est d'une teinte plus foncée, à cause de sa grande richesse en humus ; il est ordinairement d'un gris très-foncé, noir ou brunâtre, et rarement d'une teinte plus claire ; alors il tient moins d'humus. Presque tous les terrains à betteraves présentent ces deux espèces de sol, mais le diluvium apparaît surtout dans les pentes, tandis que l'alluvium domine dans les terrains plats et les vallées.

D'après ses expériences, M. Knauer a reconnu que la betterave impériale n'est propre que pour les terrains plats, riches en alluvium fertile, tandis que la betterave blectorale est propre à être cultivée dans un terrain diluvial sec, sablonneux, de terre grasse ou de marne, ou même pierreux ; c'est la seule qui sera profitable dans ce cas...

Le lecteur peut, ce nous semble, tirer un parti utile de ces observations, dont nous venons de donner un extrait, et il est facile, en tout cas, d'expérimenter avec des graines de ces espèces, que l'on confierait aux terrains spéciaux que M. Knauer dit leur être propres.

Note F.

Observation sur le procédé dit de M. Leplay.

Dans l'intérêt du lecteur et pour le mettre en garde contre les prétentions de notre temps, il est bon que l'on connaisse la vérité des faits relatifs à ces prétentions.

M. Leplay se proclamait l'inventeur de la distillation directe et des appareils qui portent son nom ; M. Villard lui contesta la priorité et obtint contre lui un arrêt de la Cour de Dijon, en date du 18 juillet 1856. Sur l'appel interjeté, la Cour suprême, par un arrêt motivé, daté du 30 mars 1857, a déclaré que la Cour de Dijon avait parfaitement reconnu et précisé les éléments d'où résultait le *délit de contrefaçon* et a rejeté le pourvoi.

De ce fait, il résulte un grave enseignement pour les cultivateurs, lesquels sont très-souvent exposés à être en butte aux exploitations de tout genre qui pullulent en matière de brevets, et nous nous contentons de le signaler sans commentaires.

FIN DES NOTES JUSTIFICATIVES.

TABLE DES CHAPITRES.

Paris. — Typographie Hennuyer et fils, rue du Boulevard, 7

BIBLIOTHÈQUE LACROIX

(BIBLIOTHÈQUE DES PROFESSIONS INDUSTRIELLES ET AGRICOLES)

Depuis quarante-deux ans que notre maison est fondée, nos prédécesseurs ont publié et nous continuons à publier des ouvrages sur les sciences appliquées à l'industrie, aux arts et métiers, à l'agriculture. L'ensemble de ces publications forme une collection très-variée : donc, nous avions créé par le fait une *Bibliothèque des professions industrielles et agricoles*. Mais l'étendue de quelques-uns de ces ouvrages, l'enseignement plus ou moins scientifique ou plus particulièrement pratique qu'ils contiennent, la forme typographique, différente pour le plus grand nombre, et enfin le prix élevé de quelques-uns ne permettaient pas de les comprendre par séries dans une encyclopédie accessible, par la forme, par le fond et par le prix, aux personnes qui ont le plus souvent besoin d'indications pratiques sur la profession dont elles font l'apprentissage, ou dans laquelle elles veulent devenir plus intelligemment habiles.

A ces personnes, dont le nombre est très-grand, il faut des *guides pratiques* exacts, d'un format commode, d'un prix modéré, rédigés avec clarté et méthode, comme est clair et méthodique l'enseignement direct du professeur à l'élève ou celui du maître à l'apprenti. Telle a été notre pensée en commençant, en 1863, la publication de la *Bibliothèque des professions industrielles et agricoles*.

Nous atteindrons le but que nous nous sommes proposé, nous en avons aujourd'hui l'assurance par la vente soutenue des séries déjà publiées, par le nombre et le mérite, soit comme savants, soit comme praticiens, des collaborateurs acquis à l'œuvre, et par les adhésions qui nous arrivent de tous côtés et sous toutes les formes.

Notre publication s'adresse à l'ingénieur, à l'industriel, à l'ouvrier mécanicien dans chacune des professions spéciales, à l'artisan de tous les métiers, à l'instituteur, à l'agriculteur ; certaines séries conviennent à l'homme du monde qui désire satisfaire utilement sa curiosité, ou qui veut augmenter les notions déjà acquises, par des connais-

1

sances particulières sur les professions qui procurent à la société entière les éléments du bien-être matériel, base indispensable du progrès moral.

C'est donc à un très-grand nombre de lecteurs ou plutôt de travailleurs que nous offrons un concours efficace pour l'étude et les applications des questions d'utilité privée ou publique. Nous leur faisons un appel direct, en leur rappelant qu'il n'y a possibilité d'abaisser le prix de vente d'un livre qu'à condition de pouvoir imprimer ce livre à un très-grand nombre d'exemplaires, en prévision d'un grand nombre d'acheteurs : en effet, les premières dépenses, c'est-à-dire la gravure des bois et des planches, la composition typographique du texte et le travail de l'auteur sont les mêmes pour un exemplaire que pour mille... dix mille, etc. Dans l'espoir que le nombre des adhérents à notre œuvre ne cessera pas d'augmenter, — que rédacteurs et souscripteurs nous prêteront leur appui, de plus en plus efficace,—nous continuerons à publier les volumes annoncés, le plus promptement qu'il nous sera possible.

Le prix de vente de chacun d'eux sera fixé d'après le chiffre des frais occasionnés par sa fabrication.

Cette Bibliothèque est composée de **Neuf Séries,** qui se subdivisent comme suit :

SÉRIE A.	— Sciences exactes................	9	vol.
» B.	— Sciences d'observation...........	21	»
» C.	— Constructions civiles.............	29	»
» D.	— Mines et Métallurgie.............	20	»
» E.	— Machines motrices...............	6	»
» F.	— Professions militaires et maritimes.	9	»
» G.	— Professions industrielles..........	67	»
» H.	— Agriculture, Jardinage, etc.......	57	»
» I.	— Economie domestique, Comptabilité, Législation, Mélanges......	26	»

Les volumes et les atlas de cette collection sont publiés dans le format grand in-18.

CATALOGUE DE LA BIBLIOTHÈQUE

PAR ORDRE ALPHABÉTIQUE

DES NOMS D'AUTEURS

POUR LES VOLUMES DÉJA PUBLIÉS.

CATALOGUE

PAR ORDRE ALPHABÉTIQUE DES MATIÈRES
POUR LES VOLUMES PUBLIÉS.

Acclimatation des animaux domestiques, par le D. B. LUNEL. 1 vol., 185 p. 2 fr.

Acier (son emploi et ses propriétés), par G. B. J. DESSOYE, avec Introduction et Notes, par E. GRATEAU. 1 vol., 306 p. 3 fr.

Agent voyer. V. *Ponts et chaussées.*

Agriculture (Traité élémentaire d'), par Hervé de LAVAUR. 1 vol., 259 p., avec tableaux. 2 fr.
(Voir aussi *Constructions rurales.*)

Alliages métalliques, par A. GUETTIER, directeur de fonderie. 1 vol., 343 p. 3 fr.

Aluminium et métaux alcalins (Recherche, extraction et fabrication), par C. H. et A. TISSIER. 1 vol., 228 p. avec 1 pl. et de nombreuses figures dans le texte. 3 fr.

Analyse des vins. V. *Vins.*

Analyse des sucres. V. *Sucres.*

Analyse qualitative, par H. WILL, traduit par W. BICHON. 1 vol., 259 p., avec tableaux dans le texte. 1 fr. 50

Animaux nuisibles; leur destruction, par H. GOBIN.

Appareils économiques de chauffage pour les combustibles solides et gazeux, par P. FLAMM. 1 v., 157 p., 4 pl. 3 fr.

Artifices (Feux d'). V. *Poudres et salpêtres.*

Asphaltes, bitumes, par MALO. 1 vol., in-319 p., 7 pl. 4 fr.

Bijoutier. Application de l'harmonie des couleurs, par L. MOREAU. 1 vol. in-12, 108 p., 2 pl. 1 fr.

Botanique appliquée à la culture des plantes, par Léon LEROLLE, 1 vol., 464 p., avec nombreuses figures dans le texte. 3 fr.

Brevets. Droits des inventeurs, par H. DUFRENÉ. 2 fr. 50

Café. Culture du caféier, par BOURGOIN D'ORLI. 1 vol., 100 p. 2 fr.

Canards, par MARIOT-DIDIEUX. 1 vol. 1 fr. 50

Canne à sucre. V. *Sucre.*

Chaleur (Théorie mécanique de la chaleur), par CLAUSIUS, traduit par FOLIE. 1 vol., 441 p. 8 fr.

Charpentier (Livre de poche du). Collection de 150 épures, avec texte explicatif en regard, par M. J.-F. MERLY. 1 vol., 287 p. 3 fr.

Chasseur médecin (Traité complet sur les maladies du chien, par Francis CLATER), traduit par MARIOT-DIDIEUX. 1 vol., 195 p. 2 fr.

Chemins de fer (Construction des), par J. MALLVILLE. 1 vol., 119 p., avec un tableau et deux planches. 3 fr.

Électricité. Principes généraux, applications, par Snow Harris, traduit par E. Garnault. 1 vol. de 264 p., avec nombreuses figures dans le texte. 2 fr. 50

Engrais humain. V. *Vidange.*

Engrenages (Traité pratique du tracé et de la construction des), par F.-G. Dinée. 1 vol., 80 p. et 17 pl. 3 fr. 50

Entomologie agricole. Destruction des insectes nuisibles, par H. Gobin. 1 vol., 285 p., avec figures et tableaux dans le texte. 3 fr.

Épiceries, ou dictionnaire des denrées indigènes et exotiques, par le doct. B. Lunel. 1 vol., 262 p. 2 fr.

Ethnographie (Description des races humaines), par d'Omalius d'Halloy. 1 vol., avec une planche coloriée, 130 p. 3 fr.

Expropriation. Manuel des expropriés, par Victor Emion. 1 vol., 125 p. 1 fr.

Fécules et amidons (Fabrication des), par Dubief. 1 vol., 267 p. 6 fr.

Géomètre arpenteur (Arpentages, nivellements, levés des plans, partage des propriétés agricoles), par M. P. Guy. 1 vol., 272 p., avec 5 pl. 3 fr.

Géométrie élémentaire (Leçons de), par Ch. Rozan. 1 vol. 270 p., avec 1 atlas de 31 pl. 5 fr.

Habitations des animaux (Bon aménagement des). Écuries et étables, par Gayot. 1 vol., 203 p. 3 fr.

Habitations des animaux. Bergeries, porcheries, etc., par le même. 1 vol., 355 p. et 91 fig. 3 fr.

Huiles (Essai et dosage des) employées dans le commerce ou servant à l'alimentation, des savons et de la farine de blé, par Cailletet. 1 vol., 107 p. 3 fr.

Hydraulique urbaine et agricole, par J. Laffineur. 1 vol., 129 p., 2 pl. 2 fr.

Hydrauliques (Roues), par J. Laffineur. 1 vol. de 142 pages et 8 planches. 2 fr. 50

Hygiène et médecine usuelle, par le doct. B. Lunel. 1 vol., 212 p. 1 fr. 50

Ingénieur agricole (Hydraulique, desséchement, drainage, irrigation, etc.), par Laffineur. 1 vol., 269 p., 3 pl. 3 fr.

Insectes nuisibles (Destruction des). V. *Entomologie.*

Jardinage (Manière de cultiver son jardin), par Courtois-Gérard. 1 vol., 403 p., avec 1 planche et figures dans le texte. 3 fr. 50

Jardins d'agrément (Tracé et ornementation), par T. Bona. 1 vol., 304 p., 4ᵉ éd. 2 fr. 50

Joaillier. Traité complet des pierres précieuses, par Ch. Barbot. 1 vol., 567 p. et 178 figures gravées. 5 fr.

Lapins (Éducation lucrative des), par Mariot-Didieux. 1 vol.,
   163 p.   2 fr.
Liqueurs (Fabrication des) sans distillation, par Dubief. 1 vol.,
   288 p. avec figures et 1 pl.   4 fr.
Literie, par Jean de Laterrière. 1 vol., 180 p., avec 13 pl. 2 fr.
Machines agricoles en général et machines à vapeur rurales
   (Construction, emploi et conduites), par Gaudry. 1 volume,
   107 p.   1 fr.
Maçonnerie (Constructeur), par A. Demanet. 1 vol., texte
   252 p. et atlas de 20 pl.   5 fr.
Maitre de forges (Exploitation du fer et applications), par
   M. Pelouze. 2 vol., 839 p., avec 10 pl.   5 fr.
Matières résineuses (Provenance et travail), par E. Dromart.
   1 vol., 101 p., avec 3 pl.   3 fr.
Mécanique. V. *Chaleur.*
Métallurgie (Essai, préparation et traitement des minerais),
   par MM. L. et D. 1 vol., 334 p., avec 8 pl.   2 fr.
Métallurgie (le Fer, son histoire, ses propriétés), par William
   Fairbairn; traduit par G. Maurice. 1 vol., 531 pages, avec
   5 pl.   5 fr.
Minéralogie usuelle (Exposition succincte et méthodique des
   minéraux), par M. Drapiez. 1 vol., 507 p.   2 fr.
Mouvement industriel et commercial, 1864-1865, par
   A. Sébillot. 1 vol., 252 p.   2 fr.
Oies et canards (Éducation lucrative des), par Mariot-Didieux.
   1 vol., 187 p., avec de nombreuses fig. dans le texte.   1 fr. 50
Olivier (sa culture, son fruit et son huile), par J. Raynaud.
   1 vol., 330 p.   3 fr.
Ostréiculture (Élevage et multiplication des races marines co-
   mestibles), par Fraiche. 1 vol., 178 p., avec de nombreuses
   figures dans le texte.   3 fr.
Papiers et cartons (Fabrication), par A. Prouteaux. 1 vol.,
   277 p., avec atlas, 7 pl.   4 fr.
Parfumeur. Dictionnaire des cosmétiques et parfums, par le
   doct. B. Lunel. 1 vol., 215 p.   5 fr.
Pétrole (Gisements, exploitation et traitement industriels), par
   E. Soulié et H. Haudoüin. 1 vol., 236 p.   3 fr.
Photographie (l'Étudiant photographe), par A. Chevalier.
   1 vol.   3 fr.
Pisciculteur, par P. Carbonnier. 1 vol., 208 p.   2 fr.
Plantes fourragères, par M. H. Gobin.
— 1re partie. Prairies naturelles, irrigations, pâturages, 1 vol.,
   284 p.   3 fr.
— 2e partie. Prairies artificielles, plantes-racines. 1 vol., 388 p.
   et 87 fig.   3 fr. 50

Ponts et chaussées et agent voyer (conducteur), 1re partie. Plans et nivellements, par F. BIROT. 1 vol., 129 p., 6 pl. 2 fr.
— 2e partie. Routes et chemins. 1 vol., avec pl. 2 fr.
— 3e partie. Ponts et viaducs. 1 vol. 2 fr.
— 4e partie. Constructions en général. 1 vol. 2 fr.
Ponts et chaussées. Tracé des courbes sur le terrain, par PÉRONNE. 2 fr.
Potasses, soudes, cendres, acides et **manganèses**, par FRÉSÉNIUS et le doct. H. WILL; traduit par G. W. BICHON. 1 vol., 176 p. 2 fr.
Poudres et salpêtres, par le major STEERK, avec un appendice sur **les feux d'artifice.** 1 vol., 360 p. 5 fr.
Poules (Éducation lucrative des), ou Traité raisonné de gallinoculture, par MARIOT-DIDIEUX. 1 vol., 456 p. 3 fr. 50
Prairies naturelles et artificielles. V. *Plantes fourragères.*
Roches, simples et composées (Classification et caractères minéralogiques), par MARCEL DE SERRES. 1 vol., 291 p. 3 fr.
Rosier (Taille du), sa culture, par E. FORNEY. 1 vol., 216 p. 2 fr.
Roues hydrauliques (voir LAFFINEUR, p. 4). 2 fr. 50
Science populaire (La), par J. RAMBOSSON. 4 vol., avec de nombreuses figures dans le texte. 14 fr.
Sciences physiques appliquées à l'agriculture. V. *Chimie.*
Sténographie, par Ch. TONDEUR. 1 vol., 18 p. 1 fr.
Sucres. Essai et analyse des sucres, par E. MONIER, avec fig. et tableaux. 2 fr.
— La canne à sucre, par BOURGOIN D'ORLI. 1 vol. 156 p. 2 fr.
Télégraphie électrique, par B. MIÉGE. 1 vol., 158 p., avec de nombreuses figures dans le texte. 2 fr.
Tissus imprimés (Leur fabrication). Impression des étoffes de soie, par D. KÆPPELIN. 1 vol., 151 p, avec 4 pl. et de nombreux échantillons. 10 fr.
Vaches. Choix des vaches laitières, par E. DUBOS. 1 vol., 132 p. et planches. 2 fr.
Vernis (Fabrication des), par Henry VIOLETTE, 1 vol., avec figures dans le texte. 5 fr.
Vétérinaire maréchal, par J. GOODWIN. 1 vol., 274 p., avec 3 pl. 2 fr.
Vidange agricole. Engrais humain, par J.-H. TOUCHET. 1 vol., 88 p. 1 fr.
Vigneron, par FLEURY-LACOSTE, 1 vol., 144 p., avec fig. 2 fr.
Vins. Falsifications et maladies du vin, par J. BRUN. 1 vol., avec de nombreux tableaux. 2e éd., 1 vol., 191 p. 2 fr. 50
Vins factices et boissons vineuses. par DUBIEF. 1 vol., 67 p. 1 fr. 50

CATALOGUE

DES OUVRAGES PUBLIÉS OU EN PRÉPARATION

PAR ORDRE DE SÉRIES.

TABLE DES MATIÈRES [1].

—

SÉRIE A.

SCIENCES EXACTES.

3. Leçons de **Géométrie élémentaire**, par M. Ch. Rozan, professeur de mathématiques. 1 vol., 262 pages et un atlas de 31 planches doubles gravées.   5 fr.

Ces leçons sont conçues sur un plan tout nouveau. M. Rozan s'est surtout attaché à faire sentir la liaison qui existe entre les principes essentiels de la géométrie élémentaire et la manière dont ils découlent les uns des autres par un enchaînement continuel de déductions et de conséquences.

6. Guide pratique pour l'étude du **Dessin linéaire** et de son application aux professions industrielles, par MM. A. Ortolan et J. Mesta. 1 vol., LXXVI-204 pages et un atlas de 41 planches doubles, gravées par Ehrard.   5 fr.

Excellent manuel élémentaire, précédé d'une introduction dans laquelle les auteurs donnent, sous forme de dictionnaire, l'explication de tous les termes techniques et la description des divers instruments spéciaux.

En préparation [2].

1. Arithmétique.	7. Perspective.
2. Algèbre.	8. Connaissance et pratique des
4. Trigonométrie.	Logarithmes [3].
5. Géométrie descriptive.	9. Emploi de la Règle à calcul.

[1] Cette table est loin d'être complète comme matières à publier, puisque la collection doit former une technologie complète ; beaucoup d'autres volumes, traitant de sujets non mentionnés ici, viendront en leur temps en élargir le cadre, mais nous avons l'intention, pour le moment, de ne nous occuper que de ces premiers, parce que nous pensons que ce sont ceux dont la publication est le plus promptement désirée.

[2] Plusieurs ouvrages indiqués comme étant en préparation seront mis sous presse dans le courant de la présente année.

[3] Nous croyons devoir recommander spécialement un travail sur les logarithmes qui a paru récemment, intitulé : *Table des logarithmes* à sept décimales, par Jean Luvini, très-complète, comprenant plusieurs autres tables usuelles. Prix : 4 francs (librairie scientifique-industrielle Lacroix).

SÉRIE B.

SCIENCES D'OBSERVATION, CHIMIE, PHYSIQUE, ÉLECTRICITÉ, ETC.

2. **Théorie mécanique de la chaleur**, par R. Claudius, professeur à l'Université de Wurzbourg, traduit de l'allemand par F. Folie, professeur à l'École industrielle et répétiteur à l'École des mines de Liége. 1 vol., xxiv-441 pages.   8 fr.

4. **Télégraphie électrique**, ou *Vade mecum* pratique à l'usage des employés des lignes télégraphiques, suivi du programme des connaissances exigées pour être admis au surnumérariat dans l'administration des lignes télégraphiques, par M. B. Miége, directeur de station de ligne télégraphique. 1 vol., xi-148 pages, avec 45 figures dans le texte.   2 fr.

M. Miége n'a pas voulu faire seulement un livre utile, mais bien un guide indispensable. Aux notions préliminaires sur le magnétisme, les différentes sources d'électricité et les propriétés des courants, succède la description de tous les appareils usités, avec l'indication des signaux généralement adoptés. Des formules d'une grande simplicité permettent de se rendre compte de l'intensité des courants et de rechercher la cause des dérangements.

5. **L'Étudiant photographe**, par A. Chevalier, avec les procédés de MM. Civiale, Bacot, Cavelier, Robert. 1 vol. de 216 pages, avec figures.   3 fr.

7. Guide pratique de **Chimie élémentaire** ; ouvrage mis à la portée des gens du monde, des lycées et des institutions, contenant les principes de cette science et leur application aux arts et aux questions usuelles de la vie, par M. J. Garnier jeune, professeur à l'École de commerce et d'industrie de Paris et à l'École vétérinaire d'Alfort. 1 vol., 504 pages et 3 pl.   2 fr.

Ce guide réunit le triple mérite d'être complet, sous un petit volume à bas prix. L'auteur a emprunté aux recueils scientifiques tout ce qu'ils renferment de nouveau et d'utile pour mettre son ouvrage au niveau des découvertes les plus récentes.

9. **Analyse qualitative**, instruction pratique à l'usage des laboratoires de chimie, par M. le docteur H. Will, professeur agrégé de l'université de Giessen ; traduit de l'allemand par M. le docteur G.-W. Bichon, traducteur des Lettres de M. Justus Liebig sur la chimie, et auteur de plusieurs travaux sur cette science. 1 vol., 248 pages.   1 fr. 50

Les traités spéciaux sur la chimie analytique sont ou trop volumineux ou incomplets, en ce sens que, dans ces derniers, manquent les indications indispensables pour que l'élève puisse se conduire lui-même. M. le docteur Will a su éviter ces deux défauts : son guide enseigne d'une manière simple, substantielle et méthodique, tout ce qu'il faut savoir pour devenir capable de découvrir et de séparer les parties constituantes des corps composés.

11. **Introduction à l'étude de la chimie**, contenant les principes généraux de cette science, les proportions chi-

miques, la théorie atomique, le rapport des poids atomiques avec le volume des corps, l'isomorphisme, les usages des poids atomiques et des formules chimiques, les combinaisons isomériques des corps catalyptiques, etc., accompagné de considérations détaillées sur les acides, les bases et les sels, par M. J. Liebig, traduit de l'allemand par Ch. Ghérard, augmenté d'une table alphabétique des matières présentant les définitions techniques et les relations des corps. 1 vol., 248 pages.   2 fr. 50

L'accueil favorable que cette traduction a rencontré en France rappelle le succès obtenu en Allemagne par l'édition originale de l'illustre chimiste.

Dans cette *Introduction* sont exposés d'une manière succincte et claire les principes généraux de la chimie, les proportions chimiques, la théorie atomique, en un mot toutes les notions élémentaires indispensables à celui qui veut aborder la chimie analytique.

12. Guide pratique pour reconnaître et corriger les **Fraudes et maladies du vin**, suivi d'un Traité d'**Analyse chimique** de tous les vins, par M. Jacques Brun, vice-président de la Société suisse des pharmaciens. 2ᵉ éd., 1 vol., 191 p., avec de nombreux tableaux.   2 fr. 50

L'art de falsifier les vins a fait ces dernières années de rapides progrès. La chimie ne doit pas se laisser devancer par la fraude : elle doit lui tenir tête et pouvoir toujours montrer du doigt la substance ajoutée. Cette tâche, dit M. Brun, incombe surtout aux pharmaciens. Son livre est le résumé des différents traitements qu'il a cru être réellement utiles dans la pratique et qui ont le mieux réussi pour l'examen chimique des vins suspects.

13. Traité pratique et élémentaire de **Botanique** appliquée à la culture des plantes, par M. Léon Lerolle. (Voir série II, nº 56, p. 33.)

17. Leçons élémentaires d'**Électricité** ou exposition concise des principes généraux de **l'électricité et de ses applications**, par Snow Harris, de la Société royale de Londres, etc. ; annotées et traduites par E. Garnault, ancien élève de l'Ecole normale, professeur de physique à l'Ecole navale impériale. 1 vol., 264 pages, avec 72 figures dans le texte.   2 fr. 50

Les leçons de M. Snow Harris ont eu un grand succès en Angleterre. L'auteur s'est surtout attaché à donner des idées saines, pratiques et théoriques sur les principes généraux de l'électricité et les faits les plus simples, qu'il démontre à l'aide d'expériences faciles à répéter.

Son élégant traducteur, M. Garnault, a ajouté à l'ouvrage anglais des notes dans lesquelles il donne surtout des aperçus sur les principales applications de l'électricité qui ont passé dans l'industrie.

18. Guide pratique pour reconnaître et pour déterminer le titre véritable et la valeur commerciale des **Potasses**, des **Soudes**, des **Cendres**, des **Acides** et des **Manganèses**, avec neuf tables de déterminations, par MM. les docteurs R. Frésénius et H. Will, assistants préparateurs au laboratoire de chimie de Giessen ; traduit de l'allemand par M. le docteur W. Bichon, 1 vol., xvi-163 pages.   2 fr.

En rédigeant ce guide, les auteurs ont considéré qu'ils écrivaient non-seulement pour les chimistes, mais aussi pour des personnes qui sont moins avancées dans la science. Ils ont donc combiné leurs efforts de manière à réunir aux notions scientifiques nécessaires une exécution qui pût être généralement comprise de tous.

En présence du rôle important que jouent dans la technologie et dans les arts industriels les substances auxquelles ce livre est principalement consacré, nous croyons superflu d'insister sur l'utilité de la méthode qui y est enseignée et des neuf tables qui en font le complément.

En préparation.

1. Physique.
3. Galvanoplastie.
6. Astronomie.
8. Chimie générale.
10. Chimie industrielle.

14. Minéralogie.
15. Géologie.
16. Vinaigrier et Moutardier.
19. Météorologie.
20. Anatomie.
21. Zoologie.

Nous prions les lecteurs de voir aussi la série II, n°s 6 et 7, *Chimie inorganique* et *Chimie organique* de M. Pouriau.

SÉRIE C.

ART DE L'INGÉNIEUR, PONTS & CHAUSSÉES, CONSTRUCTIONS CIVILES.

1. Guide pratique du **Géomètre arpenteur,** comprenant l'arpentage, le nivellement, la levée des plans, le partage des propriétés agricoles, par M. P.-G. Guy, ancien élève de l'École polytechnique, officier d'artillerie. Nouv. édition. 1 vol. de 272 pages avec 5 planches. 3 fr.

Les deux premières éditions de ce guide étaient épuisées. Celle que nous annonçons a été complètement revue et quelques additions importantes y ont trouvé place. Les planches, gravées à nouveau, sont d'une grande netteté.

2. Guide pratique du **Conducteur** des **ponts et chaussées** et de l'**Agent voyer.** Principes de l'art de l'ingénieur, par M. F. Brior, ingénieur civil, ancien conducteur des ponts et chaussées. 5e édition, revue et augmentée. 1 vol. de 545 pages, avec un atlas de 19 planches doubles, contenant 144 figures. Prix du volume et de l'atlas. 8 fr.

Chaque partie se vend séparément :

Première partie : Plans et nivellements, 1 vol., viii-124 pages et 6 planches. 2 fr.

Deuxième partie : Routes et chemins. 1 vol. de 155 pages et 5 planches. 2 fr.

Troisième partie : Ponts et ponceaux. 1 vol. de 124 pages et 8 planches. 2 fr.

*

Quatrième partie : Travaux de construction en général. 1 vol.
de 145 p. et 1 pl.   **2 fr.**

Un premier ouvrage de M. Birot, qui avait pour titre *Routes et ponts*, s'est
épuisé avec une très-grande rapidité, et est demandé tous les jours. — La
série des 4 volumes publiés dans la Bibliothèque Lacroix, représente la nouvelle édition complètement refondue et augmentée de cet excellent ouvrage.

**10. Guide pratique du Constructeur. — Maçonnerie, par
A. Demanet, lieutenant-colonel honoraire du génie, membre
de l'Académie royale de Belgique, etc. 1 vol., 252 pages, avec
tableau et 1 atlas in-18 de 20 planches doubles, gravées sur
acier, par Chaumont.**   **5 fr.**

Ce guide, écrit par M. Demanet, qui a professé un cours de construction à
l'Ecole militaire de Bruxelles, emprunte une grande autorité à l'expérience et
à la position qu'occupait l'auteur.

Les 20 planches de l'atlas qui accompagnent ce guide comprennent 137 figures que Chaumont a gravées avec cette exactitude et cette élégance qui ont
fondé sa réputation.

Nous rappellerons que M. le lieutenant-colonel Demanet est auteur d'un
Cours de construction qui a eu très-rapidement deux éditions et qui embrasse
la connaissance des matériaux et leur emploi, la théorie des constructions,
l'établissement des fondations, l'économie des travaux, leur entretien, etc., etc.
Cet ouvrage, édité par la Librairie scientifique, industrielle et agricole, coûte
avec l'atlas 70 francs et ne pouvait par conséquent entrer dans le cadre de la
Bibliothèque des professions industrielles et agricoles.

**16. Nouvelles tables pour le tracé des Courbes de raccor-
dement (chemins de fer, routes et chemins), calculées par
M. Chauvac de la Place, chef de section aux chemins de fer
de l'Est. 1 vol., 120 pages, 1 planche.**   **3 fr. 50**

Ces tables, calculées pour 82 rayons les plus fréquemment employés, et
prenant pour base un petit arc exprimé en nombre rond et s'ajoutant successivement à lui-même, offrent une grande facilité. Leur mérite a été promptement apprécié par tous ceux qui ont eu l'occasion de s'en servir.

**17. Guide pratique pour le tracé des Courbes sur le ter-
rain, par Eug. Peronne. 66 pages ou tableaux, avec figures
dans le texte.**   **2 fr.**

Les ouvrages spéciaux destinés à faciliter les opérations des ingénieurs sur
les terrains sont généralement volumineux ou incomplets, M. Péronne a su
éviter ce double écueil, et il a réuni dans un format commode les tables
concernant les tangentes, les cercles, les flèches, les conversions de la gra-
duation et le lever des plans.

Chaque table est précédée d'une explication et d'une figure géométrique,
et l'auteur a indiqué soigneusement la manière de se servir de ces diverses
tables.

**18. Construction des chemins de fer, par M. J. Male-
ville. 1 vol. 119 pages, tableaux et 2 planches.**   **3 fr.**

Cet ouvrage, très-abrégé, ainsi qu'on peut en juger par le nombre de
pages qu'il compte, a résumé, condensé les principes essentiels utiles aux
agents voyers : aussi a-t-il promptement été adopté par eux.

**20. Études et notions sur les Constructions à la mer, par
M. Bouniceau, ingénieur en chef des ponts et chaussées, 1 vol.,**

viii-421 pages et Atlas de 44 planches in-4°, dont plusieurs doubles, gravées par Ehrard. 15 fr.

Cet ouvrage est le résumé d'études longues et consciencieuses d'un des ingénieurs en chef les plus distingués du corps impérial des ponts et chaussées. M. Bouniceau a attaché son nom à des travaux d'une haute importance. Son travail devra être médité par tous ceux qu'intéressent les nouveaux développements que doivent prendre les constructions conçues en vue d'améliorer les ports de mer et les ouvrages nécessaires à la préservation des côtes.

21. Traité de l'**Exploitation des chemins de fer.** *Première partie :* **Voyageurs et bagages,** par M. Victor Emion, précédé d'une préface par M. Jules Favre. 1 vol., xvi-305 p. 2 fr. 50

Deuxième partie : **Marchandises.** 1 vol., vii-459 p. 3 fr. 50

Aujourd'hui tout le monde voyage. Le manuel de M. V. Emion est donc le guide obligé de tout le monde. Il fait connaître à chacun ses droits et ses devoirs vis-à-vis des compagnies : il prend le voyageur chez lui, il le mène à la gare, le suit à son départ, pendant sa route, à son arrivée, et le ramène à son domicile : il prévoit toutes les difficultés, toutes les contestations et en donne la solution fondée sur la loi, les règlements, la jurisprudence et l'équité.

Dans la seconde partie, **M.** Emion traite avec beaucoup de détails l'organisation du service des marchandises, les tarifs, les formalités exigées pour la remise des marchandises en gare, l'expédition, la livraison, enfin tout ce qui concerne les actions à intenter aux Compagnies, soit pour avaries, soit pour retard, perte, négligence, etc.

27. **Notions générales sur les Chemins de fer,** statistique, histoire, exploitation, accidents, organisation des compagnies, administration, tarifs, service médical, institutions de prévoyance, construction de la voie, voitures, machines fixes, locomotives, nouveaux systèmes ; suivi des Biographies de Cugnot, Seguin et George Stephenson, d'un Mémoire sur les avantages respectifs des différentes voies de communication, d'un Mémoire sur les chemins de fer considérés comme moyens de défense d'un pays, et d'une bibliographie raisonnée ; par M. Auguste Perdonnet, ancien élève de l'Ecole polytechnique, ancien ingénieur en chef de plusieurs chemins de fer, directeur de l'Ecole centrale des arts et manufactures, président honoraire de la Société des ingénieurs civils, président de l'Association polytechnique, etc. 1 vol., 452 pages, avec de nombreuses figures dans le texte. 5 fr.

Après avoir publié deux ouvrages techniques sur les chemins de fer, qui s'adressaient directement aux hommes spéciaux, M. A. Perdonnet a voulu dans ses *Notions générales* se rendre intelligible pour tout le monde. Outre les questions techniques et économiques, il traite dans ces *Notions* des questions d'organisation des compagnies et d'exploitation dont il n'avait pas à parler dans ses deux grands ouvrages. Nous signalerons l'importance des renseignements historiques et statistiques dont il a enrichi notre publication.

En préparation.

3. Métreur vérificateur. 5. Architecte.
4. Fabrication des briques. 6. Tailleur de pierre.

SÉRIE D.

MINES ET MÉTALLURGIE, MINÉRALOGIE, GÉOLOGIE, HISTOIRE NATURELLE.

3. **Métallurgie,** ou Exposition détaillée des divers procédés employés pour obtenir les *métaux utiles*, précédé de l'essai et de la préparation des minerais, par MM. D... et L... 1 vol., 347 pages et 8 planches.   2 fr.

Cet ouvrage réunit, sous un petit volume, un corps d'instructions suffisant pour guider les personnes qui désirent connaître les principes de la métallurgie et ses applications journalières.

Les dessins qui accompagnent ce guide pratique sont d'une grande exactitude.

4. Guide pratique du métallurgiste. **Le Fer,** son histoire, ses propriétés et ses différents procédés de fabrication, par M. William Fairbairn, ingénieur civil, membre de la Société royale de Londres, correspondant de l'Institut de France, etc., traduit de l'anglais avec l'approbation de l'auteur, et augmenté de notes et d'appendices, par M. Gustave Maurice, ingénieur civil des mines, secrétaire de la rédaction du Bulletin de la Société d'encouragement. 1 vol., 331 pages et 68 figures dans le texte.   5 fr.

Le nom de M. Fairbairn fait autorité dans l'industrie du fer. Après avoir tracé l'histoire des progrès de la fabrication du fer, l'auteur donne les analyses des minerais et des combustibles dans leurs rapports avec les résultats des différents procédés de fabrication ; il saisit cette occasion pour donner la description des fourneaux, machines, etc., employés dans la métallurgie du fer.

M. Maurice, l'élégant traducteur du livre de M. Fairbairn, a complété par des notes et des appendices tout ce que le texte original pouvait présenter de trop laconique ou de trop exclusivement rédigé en vue de la métallurgie anglaise. Parmi ces appendices on remarquera ceux concernant les procédés Bessemer, et sur la résistance des tubes à l'écrasement.

5. **Emploi de l'acier,** ses propriétés, par J.-B.-J. Dessoye, ancien manufacturier, avec une introduction et des notes par Ed. Grateau, ingénieur civil des mines. 1 vol. de 503 p.   3 fr.

Ce livre constitue une véritable monographie de l'acier. M. Dessoye prend l'art de fabriquer l'acier à son origine et nous montre ses progrès. Il signale la nature et les propriétés natives de l'acier, en indique les différents modes d'élaboration et termine son guide par une étude sur l'emploi de l'acier dans les manipulations qu'on lui fait subir. Comme le fait remarquer M. Grateau dans sa savante introduction, ce livre s'adresse à tous ceux qui sont appelés à acheter et à consommer de l'acier d'une qualité quelconque sous toute forme, et il sera lu avec fruit par tous les praticiens.

Cet ouvrage est en quelque sorte complété par un volume de M. Landrin fils, intitulé *Traité de l'acier*. Quoique nous ayons publié cet ouvrage en dehors de la Bibliothèque, nous devons le citer ici. Il forme 1 volume, format de la Bibliothèque, de 315 pages avec figures dans le texte. 5 fr.

11. Guide pratique de la **recherche**, de l'**extraction** et de la **fabrication** de l'**Aluminium** et des **Métaux alcalins**. Recherches techniques sur leurs propriétés, leurs procédés d'extraction et leurs usages, par MM. Charles et Alexandre Tissier, chimistes-manufacturiers. 1 vol., 226 pages, 1 planche et figures dans le texte. 3 fr.

Les notions sur l'aluminium se trouvaient disséminées dans des recueils nombreux publiés en France et à l'étranger. Les auteurs de ce guide ont eu l'idée de faire de ces notions éparses un tout homogène dans lequel, après avoir retracé l'historique de la préparation des métaux alcalins, ils esquissent à grands traits l'histoire de la préparation de l'aluminium. Des chapitres spéciaux sont consacrés à la fabrication industrielle et aux propriétés physiques et chimiques du nouveau métal.

13. Guide pratique de l'**Alliage des métaux**, par M. A. Guettier. 1 vol., viii-342 pages. 3 fr.

Après avoir donné quelques explications préliminaires sur les propriétés physiques et chimiques des métaux et des alliages, l'auteur examine au point de vue des alliages entre eux les métaux spécialement industriels, c'est-à-dire d'un usage vulgaire très-répandu (cuivre, étain, zinc, plomb, fer, fonte, acier). Il donne ensuite quelques indications générales sur les métaux appartenant aux autres industries, mais n'occupant qu'une place secondaire (bismuth, antimoine, nickel, arsenic, mercure), et sur des métaux riches appartenant aux arts ou aux industries de luxe (or, argent, aluminium, platine); enfin, il envisage les métaux d'un usage industriel restreint, au point de vue possible de leur association avec les alliages présentant quelque intérêt dans les arts industriels.

14. L'Art du **Maître de forges**. Traité théorique et pratique de l'exploitation du fer et de ses applications aux différents agents de la mécanique et des arts, par M. Pelouze. 2 vol., ensemble 800 pages, et 10 planches. 5 fr.

Ce traité est toujours consulté avec fruit : c'est le résumé d'une longue expérience. L'art du maître de forges a fait des progrès notables depuis les dernières années, mais c'est toujours dans le livre substantiel de M. Pelouze qu'on va retrouver les notions théoriques et pratiques qui renfermaient en germe les améliorations qui se sont succédé.

15. **Minéralogie usuelle.** Exposition succincte et méthodique des minéraux, de leurs caractères, de leur composition chimique, de leurs gisements, de leurs applications aux arts et à l'économie, par M. Drapiez. 1 vol., 504 pages. 2 fr.

A la lucidité des définitions et à la simplicité de la méthode d'exposition, ce guide joint un autre mérite qui n'échappera pas aux hommes pratiques : il

contient la description de 1,500 espèces minérales dont il analyse les caractères distinctifs, la forme régulière et la forme irrégulière, les propriétés particulières, les compositions chimiques et les synonymies, les gisements, les
applications dans les arts, dans l'industrie, etc.

17. Traité des **Roches** simples et composées ou de la classification géognostique des Roches d'après leurs caractères minéralogiques et l'époque de leur apparition, par M. Marcel
DE SERRES, professeur à la Faculté des sciences de Montpellier,
conseiller honoraire à la Cour impériale de la même ville, officier de la Légion d'honneur. 1 vol., 288 pages.   3 fr.

Une analyse de la table des matières de ce traité sera la meilleure recommandation que nous puissions en faire. De la composition du globe; — de la
classification minéralogique des roches composées; — des roches plutoniques, ou des roches cristallines; — des roches plutoniques composées à
deux éléments dérivés des granites (six sous-familles); — roches plutoniques
composées à trois éléments dont l'un est l'amphibole; — *idem*, dont l'un est
le talc, la stéatite ou le chlorate; — *idem*, dont l'un est le pyroxène; — de
quelques roches simples; — des divers degrés d'ancienneté des roches composées. — L'ouvrage est complété par divers tableaux et par les coupes idéales
des terrains de gneiss de l'Ecosse.

18. Guide pratique pour la fabrication et l'application de
l'**Asphalte** et des **Bitumes,** par M. Léon MALO, ingénieur
civil, ancien élève de l'École centrale, 1 vol., iii-319 pages,
7 planches.   4 fr.

L'usage de l'asphalte et des bitumes se généralise, et cependant il n'exis-
tait pas de traité pratique sur la fabrication et l'emploi de ces substances.
Le livre de M. Malo comble cette lacune. Il abonde en renseignements fort
intéressants non-seulement pour les ingénieurs, mais aussi pour les autorités municipales. Ce guide pratique est accompagné de sept planches, dont
quelques-unes de très-grand format.

19. Pétrole (le), ses gisements, son exploitation, son traitement
industriel, ses produits dérivés, ses applications à l'éclairage
et au chauffage, par MM. Emile SOULIÉ et Hipp. HAUDOÜIN, anciens élèves de l'Ecole des mines. 1 vol., 232 pages, avec figures
dans le texte.   3 fr.

A l'étude chimique du pétrole naturel les auteurs ont joint l'étude industrielle qui a pour but d'indiquer les moyens d'appliquer les données de la
science. Les fabricants trouveront dans ce livre des renseignements véritablement pratiques, non-seulement sur le traitement chimique en lui-même,
mais aussi sur les appareils qui serviront à l'effectuer.

En préparation.

1. Recherche et exploitation   9. L'argent.
   des mines métalliques.   10. L'or.
2. Sondeur.   12. Essayeur.
6. Le zinc.   16. Extraction de la tourbe.
7. Le cuivre.   20. Exploitation des houillères.
8. Le plomb et l'étain.

SÉRIE E.

MACHINES MOTRICES.

1. Traité de la construction des **Roues hydrauliques**, contenant tous les systèmes de roues en usage, les renseignements pratiques sur les dimensions à adopter pour les arbres tournants, les tourillons, les bras de roues hydrauliques, etc. 1 vol. de 142 pages, avec de nombreux tableaux et 8 planches, par Jules Laffineur, ingénieur civil, membre de plusieurs Sociétés savantes.   2 fr. 50

L'auteur démontre, dans sa préface, que le perfectionnement des machines motrices des usines est à la fois une nécessité d'intérêt général et privé. Dans son ouvrage il recherche et il définit les principales conditions à remplir sous ce rapport, et il donne ensuite tous les détails relatifs à la construction des roues hydrauliques dans les meilleures conditions possibles.

Fidèle à la méthode qui lui est propre, M. Laffineur s'est surtout attaché à se faire comprendre par la simplicité des termes employés et par les nombreux exemples qu'il donne.

Les planches sont d'une grande netteté.

6. Traité pratique du tracé et de la construction des **Engrenages**, de la vis sans fin et des cames, par M. F.-G. Dinée, mécanicien de la marine impériale, ex-élève de l'École d'arts et métiers de Châlons-sur-Marne, 1 vol., 80 p. et 17 pl. 3 fr. 50

Ce livre répond à un besoin, car depuis longtemps il manquait à toute bibliothèque industrielle ; c'est une œuvre de mécanique véritablement pratique.

Il se divise en trois chapitres :

1º Des courbes en usage dans la construction des engrenages ; 2º dimensions des détails et de l'ensemble des engrenages ; 3º tracé des engrenages, des vis sans fin, des cames.

En préparation.

2. Conduite, chauffage et entretien des machines fixes et locomobiles.

3. Construction des machines locomotives.

4. Des machines à vapeur marines.

5. Construction des moulins à vent.

SÉRIE F.

PROFESSIONS MILITAIRES ET MARITIMES.

1¹. *Aide-mémoire de l'officier de marine* (marine militaire et marine marchande). Notions pratiques de **Droit maritime** **international et commercial**, par Alp. Doneaud, professeur à l'École navale, 1 vol., 155 pages.   2 fr.

Les derniers traités de commerce ont augmenté dans des proportions considérables les relations internationales. Cet ouvrage de M. Doneaud devient donc d'une grande utilité pratique.

Nous ajouterons que ce livre commence une série de volumes dont l'ensemble formera, dans notre bibliothèque, l'*Aide-mémoire* de l'officier de marine.

4. Guide pratique de la fabrication des **Poudres et Salpêtres**, par M. le major STEERK, avec un appendice sur les feux d'artifice. 1 vol., 360 pages, avec de nombreuses figures dans le texte. 5 fr.

Dès les premières lignes de ce livre, on s'aperçoit que l'auteur est un homme compétent dans la matière qu'il traite, et qu'à l'étude dans le laboratoire, le major Steerk a joint l'expérience de la fabrication en grand. Dans ses données, tout est rigoureusement exact, et on peut accepter l'auteur comme guide, sans craindre de se tromper.

L'appendice sur les feux d'artifice résume en quelques pages les notions pratiques nécessaires pour la confection des feux d'artifice.

En préparation.

2. Topographie militaire.	8. Topographie marine, le lever du plan d'une côte ou baie.
3. Pontonnier.	
5. Coustructions navales.	
6. Capitaine au long cours.	9. Instruments et calculs nautiques.
7. Maître au cabotage.	

SÉRIE G.

ARTS, — PROFESSIONS INDUSTRIELLES.

3. **Fabrication des Tissus imprimés**, impression des **étoffes de soie**. Ouvrage accompagné de planches et enrichi de nombreux échantillons, par M. Dᵉ KÆPPELIN, chimiste, directeur de fabriques d'impression sur étoffes. Deuxième édition augmentée d'un appendice. 1 vol., 142 p., 1 pl. et nombreux échantillons. 10 fr.

M. Kæppelin, avec l'autorité qui s'attache à une longue expérience, décrit successivement toutes les opérations de l'impression proprement dite, en commençant par celles qui les précèdent (blanchiment et mordançage); puis vient l'impression à la main, à la perrotine, au rouleau à l'aide de pierres lithographiques. Des chapitres spéciaux sont consacrés au fixage, au lavage, à l'apprêt, à la fabrication des foulards, aux différents genres de dérivés, etc.

4. **Manuel de la Literie**, par M. Jean DE LATERRIÈRE, manufacturier. 1 vol., 180 pages, avec 14 planches. 2 fr.

Ce manuel contient : 1º la description analytique, le genre de fabrication et le mode de traitement des meubles et objets mobiliers usités dans la literie ; 2º une série d'observations pratiques sur la composition et l'installation des lits dans les hôpitaux.

Quelque aride que puisse paraître le sujet traité par M. de Laterrière, abstraction faite de son incontestable utilité, l'auteur a su le parsemer de réflexions humoristiques qui font du *Manuel de la Literie* une lecture attrayante.

5. Traité théorique et pratique de la recherche, du travail et de l'exploitation commerciale des **Matières résineuses** provenant du pin maritime, par M. E. DROMART, ingénieur civil à Bordeaux. 1 vol., VIII-96 pages, 3 planches. 3 fr.

Après quelques mots sur le pin en général, M. Dromart donne les caractères chimiques de la gemme qui en découle, ainsi que ceux des essences de térébenthine et de la colophane qui en dérivent. Il compare les deux systèmes de gemmage usités dans les Landes et décrit tous les appareils nécessaires à la fabrication des produits résineux, avec les perfectionnements qu'on y a apportés. Le livre se termine par un aperçu de l'emploi des essences et des colophanes dans les principales industries.

8. Guide pratique de la **Fabrication des vernis**, par M. Henry Violette, ancien élève de l'Ecole polytechnique, commissaire des poudres et salpêtres, membre de plusieurs sociétés savantes. 1 vol., 401 p., avec de nombreuses figures dans le texte. 5 fr.

Nous avons cherché à faire connaître, dit M. Violette, les causes et les effets des réactions, les conditions du succès ; nous nous sommes efforcé de faire sortir l'art du vernisseur des obscurités de l'empirisme, pour le faire entrer dans le domaine de la science. — Faire connaître les conditions nécessaires et suffisantes à remplir, en écartant les faits accessoires et inutiles, simplifier les recettes, faciliter et assurer les opérations, — tel est le but que nous avons cherché à atteindre.

Ce plan, largement conçu, a été ponctuellement réalisé, et M. Violette a passé successivement en revue les vernis à l'éther, à l'alcool, à l'essence et les vernis gras.

9. **Connaissance** et **Exploitation** des **Corps gras industriels**, contenant l'histoire des provenances, des modes d'extraction, des propriétés physiques et chimiques, du commerce des corps gras ; des altérations et des falsifications dont ils sont l'objet, et des moyens anciens et nouveaux de reconnaître ces sophistications, par M. Théodore Chateau, chimiste, ex-préparateur au Muséum d'histoire naturelle ; ouvrage à l'usage des chimistes, des pharmaciens, des parfumeurs, des fabricants d'huiles, etc., des épurateurs, des fondeurs de suif, des fabricants de savon, de bougie, de chandelle, d'huiles et de graisses pour machines, des entrepositaires de graines oléagineuses et de corps gras, etc. 2ᵉ édition, revue et augmentée. 1 volume, 386 pages ou tableaux, suivi d'un appendice nouveau. 4 fr.

M. Chateau, en publiant la première édition de cet ouvrage, avait eu pour but de donner aux chimistes et aux manufacturiers une histoire aussi complète que possible des corps gras industriels employés tant en France qu'à l'étranger, et considérés au point de vue de leur provenance, de leur extraction, de leur composition, de leurs propriétés physiques et chimiques, de leur commerce et de leurs altérations spontanées ou frauduleuses.

Dans la nouvelle édition publiée dans notre *Bibliothèque*, M. Chateau a ajouté à sa monographie des corps gras un appendice renfermant quelques corrections indispensables et d'importantes additions.

12. Trois sources d'économie de combustibles. Guide pratique du **Constructeur d'appareils économiques de chauffage** pour les combustibles solides et gazeux, traitant des générateurs à gaz fixes et locomobiles, de l'application de la chaleur concentrée et du calorique perdu aux chaudières à vapeur et aux fours de toute espèce, à l'usage des ingénieurs, architectes,

fumistes, verriers, briquetiers; des forges, fabriques de zinc, de porcelaine, de faïence, d'acier, de produits chimiques ; des raffineries de sucre, de sel ; des industries métallurgiques et autres employant la chaleur ; par M. Pierre FLAMM, manufacturier, auteur d'un ouvrage qui a pour titre *le Verrier au dix-neuvième siècle.* 157 pages et 4 planches.   3 fr.

M. Flamm a pris pour épigraphe de son livre *Non multa sed multum.* Jamais devise n'a été plus fidèlement respectée. Dans ce traité tout est substantiel, rien n'est inutile. Les constructeurs y trouveront des données pratiques et les grands industriels pourront, après l'avoir lu, se rendre compte des qualités que doivent posséder les appareils qu'ils font établir dans leurs usines ou dans leurs fabriques.

Le même auteur a publié dans le même format une excellente petite brochure qui a pour titre : Un chapitre sur la *verrerie* ou transformation complète de la *fabrication* actuelle du *verre,* donnant les méthodes du chauffage aux gaz combustibles, les modes nouveaux de *couler les glaces,* le *cristal,* le *flint* et le *crown-glass* ; de travailler le *verre à vitres,* la *gobeletterie* et les *bouteilles,* de supprimer les creusets et le cueillage du *verre* sur les *pots.* 1 volume, 44 pages et 1 planche.   1 fr. 50

13. Le **Livre de poche du Charpentier,** application pratique à l'usage des **chantiers,** des **élèves des Écoles professionnelles,** etc. Collection de **140 épures,** avec texte explicatif en regard, par J.-F. MERLY, charpentier, entrepreneur de travaux publics, membre de la Société industrielle d'Angers et de l'Académie nationale de Paris, auteur de l'album du Trait théorique et pratique, etc., 1 vol., 287 pages.   5 fr.

A propos du *Livre de poche du charpentier,* nous répéterons ce qui a été dit d'un autre livre de M. Merly. Les deux ouvrages méritent les mêmes éloges.

« M. Merly n'est pas un savant qui doit s'efforcer d'oublier la technologie de l'Ecole pour parler le langage ordinaire de la plupart de ses auditeurs, M. Merly est, au contraire, un ouvrier, un homme pratique, qui a cherché d'abord à se faire comprendre par les compagnons de travail auxquels il s'adressait, et qui est arrivé à des démonstrations si claires, à des explications si naturelles, que les théoriciens eux-mêmes ont bientôt eu à s'inspirer de ses travaux. Rien de plus net que ses dessins, rien de plus simple que ses préceptes ; c'est en quelque sorte en se jouant qu'il arrive aux épures les plus compliquées. L'*Album du trait théorique et pratique* restera comme une preuve des résultats que peuvent donner l'intelligence, la persévérance et l'amour du travail. »

25. Guide pratique du **Bijoutier.** Application de l'harmonie des couleurs dans la juxtaposition des pierres précieuses, des émaux et de l'or de couleur, par M. L. MOREAU, bijoutier et dessinateur. 1 vol., 108 pages, avec 2 planches.   1 fr.

Ce petit livre est une protestation hardie contre l'esprit de routine. L'auteur a réuni les données fournies par la science sur l'harmonie et le contraste des couleurs, et, comparant ces données aux observations faites dans la pratique du métier, il a formé une théorie applicable à la bijouterie.

26. Guide pratique du **Joaillier,** ou Traité complet des pierres précieuses, leur étude chimique et minéralogique, les moyens de les reconnaître sûrement, leur valeur approximative et rai-

sonnée, leur emploi, la description des plus extraordinaires et des chefs-d'œuvre anciens et modernes auxquels elles ont concouru, par M. Ch. BARBOT, ancien joaillier, inventeur du procédé de décoloration du diamant brut, membre de plusieurs Sociétés savantes. 1 vol., 567 pages, 3 planches renfermant 178 figures représentant les diamants les plus célèbres de l'Inde, du Brésil et de l'Europe, bruts et taillés, et les dimensions exactes des brillants et roses en rapport avec leur poids, depuis un carat jusqu'à cent carats.　　5 fr.

Écrit tout à la fois pour les praticiens et les gens du monde, ce guide donne, par ordre alphabétique, la description de toutes les pierres précieuses, en en indiquant l'aspect, la couleur, la dureté, l'éclat, la pesanteur spécifique, la composition chimique, la forme géométrique, le gisement, l'abondance et la rareté, l'emploi et le prix. — Un article spécial a été consacré au diamant, la pierre de prédilection de nos jours.

31. Guide pratique d'**Hydraulique** urbaine et agricole, ou Traité complet de l'établissement des conduites d'eau pour l'alimentation des villes, des bourgs, châteaux, fermes, usines, etc., comprenant les moyens de créer partout des sources abondantes d'eau potable, par M. Jules LAFFINEUR, ingénieur civil, etc. Ouvrage formant le complément du *Guide pratique de l'Ingénieur agricole* (voir p. 26, n° 3). 2e tirage, augmenté d'un supplément. 1 vol., 130 pages et 2 planches.　　2 fr.

En publiant cet ouvrage, M. Laffineur a eu pour but de réunir en un faisceau les principales données de la science hydraulique expérimentale. On y trouvera réunis tous les renseignements, toutes les formules, toutes les applications pour la conduite des eaux.

35. **Fabrication du papier et du carton**, par M. A. PROUTEAUX, ingénieur civil, ancien élève de l'École centrale des arts et manufactures, directeur de la papeterie de Thiers (Puy-de-Dôme). 1 vol., 273 p. et atlas de VII planches doubles gravées sur acier, avec leurs légendes en regard.　　4 fr.

Après avoir énuméré et classé méthodiquement les diverses matières premières, l'auteur nous initie aux détails de fabrication et nous décrit les nombreuses transformations que subit le chiffon avant de sortir de la cuve ou de la machine sous forme de papier. Il nous apprend à connaître et à distinguer les différentes espèces de papier, leurs formats, leur poids, leurs dimensions, et décrit les diverses machines qui constituent le matériel d'une papeterie. — Un éditeur américain s'est empressé de faire traduire en anglais l'ouvrage de M. Prouteaux.

43. Guide pratique du **Parfumeur**, Dictionnaire raisonné des **Cosmétiques** et **Parfums**, contenant la description des substances employées en parfumerie, les altérations ou falsifications qui peuvent les dénaturer, etc., les formules de plus de 500 préparations cosmétiques, huiles parfumées, poudres dentifrices, épilatoires ; eaux diverses, extraits, eaux distillées, essences, teintures, infusions, esprits aromatiques, vinaigres et savons de toilette, pastilles, crèmes, etc. Ouvrage entière-

ment nouveau présentant des considérations hygiéniques sur les préparations cosmétiques qui peuvent offrir des dangers dans leur emploi, par M. le docteur Adolphe-Benestor LUNEL, chimiste, membre des Académies impériales des sciences de Caen, Chambéry, etc., ancien professeur de chimie et d'histoire naturelle, etc. 1 vol., 215 pages.   5 fr.

44. Guide pratique de l'**Épicerie**, ou Dictionnaire des denrées indigènes et exotiques en usage dans l'économie domestique, comprenant : l'étude, la description des objets consommables ; les moyens de constater leurs qualités, leur nature, leur valeur réelle ; les procédés de préparation, d'amélioration et de conservation des denrées, etc., contenant en outre la fabrication des liqueurs, le collage des vins, etc.; enfin les procédés de fabrication d'une foule de produits que l'on peut ajouter au commerce de l'épicerie, par le docteur Benestor LUNEL, membre de plusieurs sociétés savantes. 1 vol. de 256 pages.   2 fr.

Nous n'avons rien à ajouter aux titres de ces deux ouvrages qui indiqueront leur utilité. Nous devons seulement constater que le docteur Lunel a consciencieusement rempli le cadre qu'il s'était tracé.

48. Guide pour l'essai et l'analyse des **Sucres** indigènes et exotiques, à l'usage des fabricants de sucre. Résultats de 200 analyses de sucres classés d'après leur nuance, par M. Émile MONIER, ingénieur chimiste, ancien élève de l'École centrale des arts et manufactures, membre de la Société de chimie de Paris. 1 vol., 96 p., avec figures dans le texte et tableaux.   2 fr.

L'auteur, après avoir rappelé les propriétés générales des substances saccharifères, donne les méthodes les plus simples qui permettent de doser avec précision ces mêmes substances. Quelques notes sur l'altération et le rendement des sucres soumis au raffinage terminent le travail de M. Monier, dont M. Payen a fait un éloge mérité devant l'Académie des sciences.

(Pour *la Canne à sucre*, voir série II, n° 50.)

48 *bis*. Guide pratique du **Féculier** et de l'**Amidonnier**, suivi de la conversion de la fécule et de l'amidon en dextrine sèche et liquide ; en sirop de glucose, sirop de froment, sirop impondérable ; en sucre de raisin, sucre massé, sucre granulé et cassonade ; en vin, bière, cidre, alcool et vinaigre, ainsi que leur application dans beaucoup d'autres industries, par L.-F. DUBIEF, chimiste, 1 vol. de 267 pages.   6 fr.

50. Traité de la fabrication des **Liqueurs** françaises et étrangères sans distillation. 5ᵉ édition, augmentée de développements plus étendus, de nouvelles recettes pour la fabrication des liqueurs, du kirsch, du rhum, du bitter, la préparation et la bonification des eaux-de-vie et l'imitation de celles de Cognac, de différentes provenances, de la fabrication des sirops, etc., etc., par M. L.-F. DUBIEF, chimiste œnologue. 1 vol., 288 pages.   4 fr.

Ce traité est formulé en termes clairs et familiers ; la personne la moins expérimentée dans l'art du distillateur, qui en lira attentivement les préceptes. pourra sans autre guide devenir un bon fabricant après quelques essais.

60. Essai et dosage des huiles employées dans le commerce ou servant à l'alimentation, des savons et de la farine de blé ; manuel pratique à l'usage des commerçants et des manufacturiers, par Cyrille CAILLETET, pharmacien de première classe, etc. 1 vol., 104 pages.   3 fr.

Ce guide décrit avec clarté des procédés nouveaux et pratiques pour découvrir la sophistication des huiles, pour l'analyse prompte des savons, et pour l'essai commercial de la farine de blé. Les procédés de M. Cailletet ont à leur tour subi la pierre de touche de l'expérience ; la Société industrielle de Mulhouse a couronné, en 1857 et en 1859, le dosage des huiles mélangées et celui des savons. La Société des arts, sciences et belles-lettres de Paris a couronné, en 1855, l'essai de la farine de blé.

En préparation.

1. Tissage.
2. Composition des tissus.
6. Teinturier et préparation des matières tinctoriales.
7. Fabrication des couleurs.
10. L'Ouvrier mécanicien, ou Mécanique de l'atelier.
11. Le Forgeron et l'Ouvrier forgeron.
14. Menuisier modeleur.
15. Ebéniste.
16. Tourneur en bois.
17. Sculpteur.
18. Tapissier, ameublement, etc.
19. Serrurier.
20. Ajusteur et tourneur en métaux.
21. Fondeur et mouleur.
22. Ferblantier.
24. Marqueteur.
25. Chaudronnier.
27. Horloger-mécanicien.
28. Graveur.
29. Luthier.
30. Brocheur, relieur et cartonnier.
32. Vitrification et fabrication des glaces.
33. Porcelaine (Fabrication des).
34. Faïencier.
36. Peinture sur verre et sur porcelaine.
37. Imprimeur-typographe.
38. Imprimeur - lithographe et en taille-douce.
39. Charbonnage, coke, tourbe.
40. Fabrication du gaz.
41. Huiles.
42. Bougies et chandelles.
43. Fabrication des savons.
46. Meunerie et Boulangerie.
47. Saunier.
49. Cuisinier.
51. Sommelier.
52. Pâtissier.
53. Distillation.
54. Fabrication des bières.
55. Pharmacien.
56. Fabrication du sucre.
57. Raffinage.
58. Chocolatier, confiseur, etc.
59. Pharmacien-droguiste.
61. Instruments de précision.
62. Préparation et filature du chanvre et du lin.
63. Blanchiment.
64. Blanchissage et buanderie.
65. Naturaliste préparateur.
66. Herboriste.
67. Conservation des bois.

SÉRIE H.

AGRICULTURE, JARDINAGE, HORTICULTURE, EAUX ET FORÊTS, — CULTURES INDUSTRIELLES, ANIMAUX DOMESTIQUES, APICULTURE, PISCICULTURE, ETC.

2. Guide pratique d'**Agriculture**. Traité élémentaire avec tableaux, par M. H. Hervé de Lavaur, propriétaire-agriculteur, membre de plusieurs Sociétés savantes. 1 vol., 236 p.   2 fr.

3. **Ingénieur agricole** (L'), hydraulique, desséchement, drainage, irrigations, etc.; suivi d'un appendice, contenant les lois, décrets, règlements et instructions ministérielles qui régissent ces matières, par Jules Laffineur, ingénieur civil et agronome, membre de plusieurs Sociétés savantes, etc. 1 vol., 266 pages et 3 planches.   3 fr.

Le *Guide pratique d'hydraulique* (p. 23, n° 31), du même auteur, s'adresse plus particulièrement aux habitants des villes, aux grands propriétaires, à ceux qui ont mission d'étudier ou d'établir des conduites d'eau. L'*Ingénieur agricole* s'occupe plus spécialement des travaux de la campagne. Les agriculteurs y trouveront des notions précises sur les travaux qu'il est de leur intérêt de faire exécuter, et des renseignements exacts sur leurs droits et leurs devoirs.

4. Guide pratique pour le bon aménagement des **habitations des animaux** : les Bergeries, les Porcheries, les habitations des animaux de la basse-cour, Clapiers, Oisellerie et Colombiers, par Eug. Gayot, membre de la Société impériale et centrale d'Agriculture de France, 1 volume de 355 pages et 51 figures dans le texte.   3 fr.

5. Guide pratique pour le bon aménagement des **habitations des animaux** : les Écuries et les Étables, par le même, 1 vol., 208 pages et 65 figures dans le texte.   3 fr.

Aucun animal ne saurait être développé dans ses facultés natives, dans ses aptitudes propres, et produire activement dans le sens de ces dernières, si on ne le place dans les meilleures conditions d'alimentation, de logement, de multiplication. M. Gayot, avec l'autorité d'une longue expérience, a réuni dans ces deux volumes les conditions générales d'établissement et les dispositions particulières aux diverses espèces d'animaux.

6 et 7. Éléments des **Sciences physiques** appliquées à l'agriculture, par M. A.-F. Pouriau, docteur ès sciences, ancien élève de l'École centrale, etc., en deux volumes, savoir :

6. 1° *Chimie inorganique*, suivie de l'étude des marnes, des eaux et d'une méthode générale pour reconnaître la nature d'un des composés *minéraux* intéressant l'agriculture ou la médecine vétérinaire. 1 vol., 512 p., 155 figures dans le texte et tableaux   6 fr.

7. 2° *Chimie organique*, comprenant l'étude des éléments constitutifs des végétaux et des animaux, des notions de physiologie végétale et animale, l'alimentation du bétail, la production du fumier, etc., par le même. 1 vol., 541 p., 66 figures dans le texte et tableaux. 6 fr.

On ne fait plus l'éloge des livres de M. Pouriau. M. Pouriau est professeur et sous-directeur à l'Ecole impériale d'agriculture de Grignon ; l'élection l'a fait secrétaire général de la Société impériale d'agriculture de Lyon ; voilà quelques-uns des titres de l'homme ; quant à ses ouvrages, ils sont promptement devenus classiques, et ils sont en même temps consultés avec fruit par les gens du monde.
(Voir aussi plus loin n° 55.)

7 *bis*. Guide pratique de la construction, de l'emploi et de la conduite des **Machines agricoles** en général et des machines à vapeur en particulier, par M. Jules GAUDRY, ingénieur au chemin de fer de l'Est, etc. 1 vol., 100 pages. 1 fr.

8. Drainage, résultats d'observations et d'expériences pratiques faites par M. C.-E. KIELMANN, directeur de l'Ecole agricole de Haasenfeld (Prusse), et publiées à l'usage des agriculteurs français, par C. HOMBOURG. 1 vol., 104 pages avec figures dans le texte. 1 fr.

La plupart des ouvrages publiés sur le drainage sont le résultat d'études théoriques que l'expérience n'a pas encore sanctionnées. M. Kielmann est entré dans une autre voie : il n'a eu recours à la théorie qu'autant que cela était nécessaire pour expliquer certains phénomènes. Comme il le dit dans sa préface, il voulait offrir à ceux qui commencent à s'occuper du drainage et même au simple paysan, un manuel tel que le lecteur pût dire, après l'avoir parcouru : C'est facile à comprendre, désormais je pourrai travailler. — Ce but, le succès du *Guide pratique du drainage* le prouve, a été largement atteint.

9. Chimie agricole. Leçons familières sur les notions de chimie élémentaire utiles au cultivateur, et sur les opérations chimiques les plus nécessaires à la pratique agricole, par M. N. BASSET, auteur de plusieurs ouvrages d'agriculture et de chimie appliquée. 1 vol., 336 p. avec fig. dans le texte. 3 fr.

L'auteur, laissant de côté les grands mots et les formules scientifiques, a cherché, avant tout, à se rendre intelligible à tous. Dans une série de leçons familières, après avoir prouvé la nécessité de la chimie pour l'agriculture, il a successivement traité de l'analyse des sols, des amendements, de la composition des plantes, de celle des animaux, de quelques industries agricoles, etc. Des observations succinctes et des notions intéressantes sur divers sujets complètent cette *Chimie agricole*.

11. Guide pratique des **Conférences agricoles**, par M. Louis GOSSIN, cultivateur, professeur d'agriculture dans l'Oise, etc. 1 vol., XII-112 pages. 1 fr.

(Ouvrage recommandé officiellement pour les écoles normales, etc.)

14. Guide pratique pour le choix de la **Vache laitière**, par M. ERNEST DUBOS, vétérinaire de l'arrondissement de Beauvais, professeur de zootechnie à l'Institut agricole de la même ville. In-18, 132 pages et planches. 2 fr.

Les diverses méthodes pour le choix des vaches laitières sont résumées dans ce livre. Les agriculteurs et les éleveurs y trouveront l'indication des signes qui peuvent les guider pour la conservation et l'acquisition des animaux qui conviennent le mieux à leurs exploitations. — Les figures représentant les diverses races de vaches laitières sont remarquables.

17. **Éducation lucrative des Lapins,** ou Traité de la race cuniculine, suivi de l'Art de mégisser leurs peaux et d'en confectionner des fourrures, par M. MARIOT-DIDIEUX, vétérinaire en premier attaché aux remontes de l'armée, membre de plusieurs sociétés savantes. 1 vol., 156 p. 2 fr.

L'industrie de l'éducation de la race cuniculine est créée et elle marche vers le progrès. C'est dans le but de la voir se propager dans les campagnes comme une des industries peut-être les plus propres à tarir les sources du paupérisme et de la misère que l'auteur a publié cette nouvelle édition de son *Guide pratique*, en l'enrichissant d'un grand nombre de données nouvelles. En résumé, l'auteur démontre qu'aucune viande ne peut être produite aussi bon marché que celle du lapin.

18. **Éducation lucrative des Poules,** ou Traité raisonné de Gallinoculture, par le même. 1 vol., 444 pages. 3 fr. 50

L'éducation, la multiplication et l'amélioration des animaux qui peuplent les basses-cours ont fait depuis une quinzaine d'années de notables progrès. Répondant à un besoin de l'économie domestique, l'auteur de ce guide pratique a voulu faire un traité complet de gallinoculture dans lequel, après des considérations historiques, anatomiques et physiologiques sur les poules, il décrit les caractères physiques et moraux de quarante-deux races, apprend à faire un choix parmi ces races si diverses, et indique les moyens de conservation et de multiplication des individus. Des chapitres spéciaux sont consacrés aux maladies, à la pharmacie gallinée, à la statistique des poules et des œufs de la France, etc.

19. **Éducation lucrative des Oies et des Canards,** par le même. 1 vol., 180 pages, avec de nombreuses figures dans le texte. 1 fr. 50

Ces deux monographies sont à la fois utiles, instructives et amusantes. L'auteur décrit les mœurs particulières de chaque espèce et indique le genre de nourriture favorable à leur multiplication, et propre à donner des bénéfices aux éleveurs. Toutes ces notions, parsemées de données historiques, d'anecdotes, de réflexions philosophiques, offrent une lecture des plus attrayantes.

20. Guide pratique du **Pisciculteur,** par M. Pierre CARBONNIER, pisciculteur, fabricant d'appareils à éclosion, membre de la section des poissons de la Société impériale d'acclimatation et de plusieurs Sociétés savantes, etc. 1 vol., 200 pages, avec de nombreuses figures dans le texte. 2 fr.

Ce n'est pas comme un théoricien ou un savant systématique que M. Carbonnier se présente à ses lecteurs : ce sont les résultats pratiques qu'il a obtenus dans la *piscifacture* construite et exploitée par lui à Champigny, qui lui donnent le droit d'indiquer les méthodes et les systèmes qui lui ont le mieux réussi, c'est-à-dire qui lui ont donné les résultats les plus profitables. Le *Traité de pisciculture* est suivi d'une notice sur les poissons d'eau douce qui vivent dans nos climats, leurs formes, leurs habitudes, enfin les particularités relatives à la culture artificielle de chacun d'eux. Un appendice est consacré aux *aquariums* d'appartement.

21. Guide pratique du **Chasseur médecin**, ou Traité complet sur les maladies du chien, par M. Francis CLATER, vétérinaire anglais; traduit de l'anglais sur la 27ᵉ édition. 3ᵉ édition française, corrigée et augmentée, par M. MARIOT-DIDIEUX, vétérinaire en premier attaché aux remontes de l'armée, etc. 1 vol., 189 pages. 2 fr.

La mention que ce livre a eu en Angleterre vingt-sept éditions dispense de tout commentaire. Le guide que nous avons placé dans notre Bibliothèque en est la troisième édition française. M. Mariot-Didieux, le savant vétérinaire, en acceptant la révision de cette édition, s'est attaché à supprimer dans le texte original des formules trop compliquées, à en simplifier d'autres et à en ajouter de nouvelles. Ainsi entièrement refondu, l'ouvrage est véritablement un traité complet sur les maladies du chien, traité auquel un chapitre sur l'art de mégisser les peaux pour en faire des tapis, sert de complément.

23. Guide pratique du **Vétérinaire** et du **Maréchal** pour le ferrage des chevaux et le traitement des pieds malades, par M. Joseph GOODWIN, médecin vétérinaire des écuries de Sa Majesté Britannique. Traduit de l'anglais. 1 vol., 244 pages et 3 planches. 2 fr.

La première édition anglaise de ce guide remonte déjà à quelques années, mais les conseils de M. Goodwin ont le mérite de ne pas vieillir, parce qu'ils reposent sur une connaissance approfondie du cheval et sur une longue expérience pratique. Nous n'hésitons pas à recommander cet ouvrage.

28. Manuel pratique de **Culture maraîchère**, par M. COURTOIS-GÉRARD, marchand grainier, horticulteur. 4ᵉ édition, augmentée d'un grand nombre de figures et de plusieurs articles nouveaux. Ouvrage couronné d'une médaille d'or par la Société impériale et centrale d'agriculture, d'une grande médaille de vermeil par la Société impériale et centrale d'horticulture. 1 vol., 396 pages, 88 figures dans le texte. 3 fr. 50

Outre les récompenses honorifiques qui viennent d'être mentionnées, l'auteur de ce manuel a obtenu une attestation qui garantit la valeur de son travail aux yeux du public, en même temps qu'elle constate l'exactitude de ses recherches et l'utilité des notions renfermées dans son ouvrage. Cette attestation émane de vingt-cinq jardiniers-maraîchers de la ville de Paris qui, après avoir entendu la lecture du travail de M. Courtois-Gérard, déclarent qu'ils lui donnent toute leur approbation, comme étant conforme aux bonnes méthodes de culture en usage parmi eux, et autorisent l'auteur à le publier sous leur patronage. (Cet ouvrage est officiellement recommandé pour les écoles normales, etc.)

Cette nouvelle édition a été augmentée d'un chapitre sur la culture des porte-graines et d'un vocabulaire maraîcher.

32. Guide pratique pour la **Culture des plantes fourragères**, par A. GOBIN, ancien élève de l'École impériale de Grand-Jouan, directeur de la colonie pénitentiaire du Val-d'Yèvres (Cher).

1° *Première partie* : **Prairies naturelles**, irrigations, pâturages, avec un appendice reproduisant les lois du 21 juin 1866

sur les associations agricoles. 1 vol., 284 pages, avec nombreuses figures.   3 fr.

33. 2° **Plantes fourragères**, *deuxième partie*, par le même
auteur : *Prairies artificielles, Plantes-racines.* 1 vol. de 388 p.
et 87 figures.   3 fr. 50

Les fourrages sont la base de toute culture, et il est admis aujourd'hui,
par tous les agriculteurs intelligents, que pour avoir du blé il faut faire des
prés. M. Gobin a voulu rédiger un guide tout pratique, indiquant tout ce
qui doit être observé pour obtenir les meilleurs résultats et éviter les dépenses inutiles ; mais, comme il le dit dans sa préface, si le titre même de
son livre lui a fait une loi de se restreindre à la culture des plantes fourragères, et de s'abstenir de considérations scientifiques inutiles au but qu'il
poursuit, il ne s'est pas interdit les applications pratiques des sciences en
tant qu'elles se rapportent à l'explication des phénomènes ou à l'amélioration des méthodes de culture.« C'est là, en effet, dit-il, ce que nous entendons
par la pratique, et non point la seule routine manuelle, qui consiste à savoir
tenir les mancherons de la charrue, charger une voiture de gerbes ou ma-
nier la faux ; celle-ci suffit à un ouvrier, celle-là est nécessaire au moindre
cultivateur intelligent. »
C'est donc la *pratique intelligente* qui a dicté ce guide qui a obtenu
promptement le succès qu'il mérite.

38. Culture de l'Olivier, son fruit et son huile, par M. Joseph
REYNAUD (de Nîmes), négociant et manufacturier. 1 vol., 300
pages.   3 fr.

Ce livre est le fruit de trente-cinq années de durs travaux, de longues
veilles, de nombreux voyages, de recherches patientes, de minutieuses expériences : aussi a-t-il été l'objet de nombreuses distinctions, et les procédés de M. J. Reynaud n'ont pas tardé à être pratiqués chez un grand nombre
d'extracteurs d'huile.

40. Guide pratique du **Vigneron**, culture, vendange et vinifi-
cation, par FLEURY-LACOSTE, président de la Société centrale
d'agriculture du département de la Savoie, membre de plusieurs
sociétés savantes, 1 vol., 137 pages.   2 fr.

Il existe un grand nombre de livres sur l'art de faire le vin. Malheureusement, il en est beaucoup qui ne sont que des reproductions presque ser-
viles d'ouvrages antérieurs, tandis que d'autres ne présentent que le résultat
d'expériences personnelles, de systèmes individuels.

M. Fleury-Lacoste est à la fois un homme instruit et un homme pratique.
Dans son *Guide du vigneron*, il a su éviter ces deux écueils ; son livre sera
consulté avec fruit, et l'on peut avec confiance en adopter les préceptes.
Au surplus, S. Exc. M. le ministre de l'agriculture, certes plus compétent
que nous, vient d'engager M. Fleury-Lacoste à poursuivre ses études en
souscrivant à son excellent petit Traité. — C'est bien là le meilleur éloge que
l'on puisse faire de cet ouvrage.

41. Manuel pratique de **Jardinage**, contenant la manière de
cultiver soi-même un jardin ou d'en diriger la culture, par
M. COURTOIS-GÉRARD, marchand grainier, horticulteur. 6ᵉ édition. 1 vol., 396 pages, 1 planche et de nombreuses figures
dans le texte.   3 fr. 50

Nous renvoyons à la note accompagnant le n° 28 (*Manuel de culture maraîchère*) pour les titres de M. Courtois-Gérard à la confiance publique. Dans

le *Manuel du jardinier*, les jardiniers de profession trouveront des conseils, des détails nouveaux et des renseignements pratiques qu'ils peuvent ignorer ; le propriétaire et l'amateur de jardin y puiseront des instructions précises et claires, qui leur éviteront toute espèce de méprises et d'erreurs.

42. Guide pratique de la culture du **Saule** et de son emploi en agriculture, notamment dans la création des oseraies et des saussaies, avec un appendice sur la culture du **Roseau**, par M. M.-J. KOLTZ, chevalier de l'ordre R. G. D. de la Couronne de chêne, agent des eaux et forêts, etc., etc. Vol. in-18, 144 pages et 35 figures dans le texte. 2 fr.

Ce travail a pour objet de faire ressortir les avantages que procure la culture du saule dans les terrains qui lui conviennent, et qui, le plus souvent, ne peuvent être rendus productifs qu'à l'aide de cette essence. M. Koltz donne donc le moyen de mettre en produit des terrains vagues, et, à ce point de vue, son traité est un véritable service rendu à l'agriculture.

Dans certains parages, le roseau commun forme le complément obligé de l'osier : l'appendice que M. Koltz a consacré à cette plante renferme des détails fort intéressants, surtout pour les propriétaires de terrains aujourd'hui tout à fait improductifs.

43. Guide pratique de la **Culture du coton**, par le docteur Adrien SICARD, secrétaire général de la Société d'horticulture et du comité d'aquiculture pratique de Marseille, etc. 1 vol., 143 pages, avec figures dans le texte. 2 fr.

Ce guide, écrit par un homme compétent, est le fruit de longues études pratiques. Lorsque M. Sicard fait une affirmation, c'est qu'il parle *de visu*, et d'après ses propres expériences. Ainsi, les figures intercalées dans le texte, et qui donnent une idée exacte du cotonnier et des détails du coton, ont été photographiées d'après nature par lui-même et par l'un de ses fils.

45. Guide pratique du tracé et de l'ornementation des **Jardins d'agrément**, par M. T. BONA, ancien architecte, directeur de l'École de dessin industriel de Verviers. 1 vol., 304 pages. 4e édition, complétement refondue et ornée de 238 figures dans le texte. 2 fr. 50

Il existe quelques ouvrages spéciaux sur la composition et l'ornementation des jardins : malheureusement ils sont généralement d'un prix élevé, et puis la plupart des auteurs arborent des prétentions qui se traduisent par la classification qu'ils ont adoptée : ils ont, en fait de jardins, des genres *graves*, *terribles*, *mélancoliques*, *riants*, *lugubres*, etc.; M. Bona pense qu'il faut étudier le terrain dont on dispose et l'embellir par des créations conformes à sa situation.

46. Guide pratique de la **Culture du caféier** et du **cacaoyer**, suivi de la fabrication du chocolat, par M. P.-H.-F. BOURGOIN D'ORLI. 1 vol., 100 pages. 2 fr.

Ce livre est le fruit d'une longue expérience acquise par l'auteur dans une pratique de plusieurs années et par ses propres observations en Asie et en Amérique.

47. Guide pratique de la **Taille du rosier**, sa culture, ses belles variétés, par Eugène FORNEY, professeur d'arboriculture à l'amphithéâtre de l'École de médecine, membre professeur

de l'Association philotechnique, etc. 1 vol., 208 pages et figures
dans le texte. 2 fr.

Ce guide est le résumé des leçons faites par l'auteur sur la taille du rosier à l'amphithéâtre de l'Ecole de médecine, suivi d'un traité sur la culture de
ce bel arbrisseau. Cet ouvrage, comme le dit M. Forney, est une œuvre de
bonne foi, c'est-à-dire la recherche autant que possible du bon, du vrai et
du simple. Comme tout amateur qui n'a pas possédé, aux débuts de l'étude
sur la taille, cette routine qui trop souvent tient lieu de savoir-faire, il lui
a suffi de se rappeler les difficultés des commencements pour chercher à les
aplanir aux personnes étrangères à l'arboriculture. C'est le fruit des efforts
de M. Forney pour arriver à la vulgarisation des bons procédés de taille que
nous offrons au public.

48. Acclimatation des animaux domestiques. Etude
des animaux destinés à l'acclimatation, la naturalisation et la
domestication : Animaux domestiques, méthodes de perfectionnement, mammifères, oiseaux, poissons, insectes, vers à soie;
précédée de Considérations générales sur les climats, de l'Exposé des diverses classifications d'histoire naturelle, etc., pouvant servir de *Guide au Jardin d'acclimatation;* par M. le
docteur B. LUNEL, ancien professeur d'histoire naturelle, 1 vol.,
188 pages, avec figures dans le texte. 2 fr.

M. le docteur Lunel a résumé d'une manière concise dans ce guide les notions concernant l'acclimatation, disséminées dans un grand nombre d'ouvrages
volumineux. Ce livre sera consulté avec fruit par toutes les personnes qu'intéresse la grande question de l'acclimatation.

49. Guide pratique d'**Entomologie agricole**, et petit traité
de la destruction des insectes nuisibles, par M. H. GOBIN.
1 vol., 279 pages, avec figures dans le texte. 3 fr.

Ce traité, d'une lecture attrayante, dissimule un grand fonds de science sous
des apparences légères. Le volume se compose de lettres familières adressées
à un nouveau propriétaire rural. Tous les insectes qui s'attaquent aux champs
et à leurs produits et aux animaux y sont passés en revue, et ce qui est mieux
encore, l'auteur a indiqué le moyen de se débarrasser de cette engeance en-
vahissante. Le livre est terminé par des nomenclatures scientifiques avec les
noms français.

50. Guide pratique de la **Culture de la canne à sucre** et
Traité de la sucrerie exotique, par M. P.-H.-F. BOURGOIN D'ORLI,
1 vol. de 156 pages. 2 fr.

Ce guide n'est pas, comme beaucoup de manuels, un livre fait avec d'autres
livres. M. Bourgoin d'Orli s'est, pendant de longues années, livré à une étude
toute spéciale de la canne à sucre et de sa culture dans plusieurs contrées
équatoriales et tropicales. Il a réuni dans ce volume, comme il l'a fait pour le
caféier, le résultat de son expérience et de ses observations personnelles.

La manipulation du sucre est complétement traitée dans cet ouvrage indispensable aux propriétaires et aux cultivateurs qui veulent mettre en sucreries
tout ou partie de leurs possessions dans les colonies.

52. Guide pratique de l'**Ostréiculteur** ou Culture des huîtres
et procédés d'élevage et de multiplication des races marines
comestibles, par M. Félix FRAICHE, professeur de sciences
mathématiques et naturelles. 1 vol., 175 pages, avec figures
dans le texte. 3 fr.

Les chemins de fer et la navigation, en diminuant les distances, ont créé pour les races marines comestibles des débouchés qui leur avaient manqué jusqu'alors. De là, et d'autres causes que M. Fraiche indique, l'appauvrissement des bancs d'huîtres. L'auteur, qui s'est inspiré des travaux de M. Coste, démontre que l'ostréiculture est une industrie facile à créer et à développer, et qui donne des résultats rémunérateurs à ceux qui savent l'exploiter.

52 *bis*. Richesse de l'agriculture. — Guide pratique de la **Vidange agricole**, à l'usage des agronomes, propriétaires et fermiers. Description de moyens faciles, économiques, salubres et pratiques, de recueillir, de désinfecter et d'employer utilement en agriculture l'engrais humain, par M. J.-H. Touchet, ancien chef de service à la Comp. Richer. 2e édition. 1 vol. de 88 pages avec figures.   1 fr.

Les pages de M. Touchet sont riches en enseignements : son guide, en ce qui concerne les vidanges et les différentes manières d'employer l'engrais humain, est le résumé des meilleures méthodes pratiquées actuellement. Les constructeurs, les entrepreneurs, les propriétaires, les fermiers y trouveront tous des indications utiles.

55. Manuel du **chimiste-agriculteur**, par A.-F. Pouriau, docteur ès sciences, ancien élève de l'École centrale, etc., 1 vol., 460 pages, 148 figures et de nombreux tableaux, suivi d'un appendice.   5 fr.

Ce volume forme en quelque sorte le complément de la *Chimie organique* et de la *Chimie inorganique*. Il fait connaître les diverses manipulations, qui sont décrites avec un très-grand soin. Il contient, en outre, un grand nombre d'indications d'une utilité toute pratique.

(Voir plus haut, série II, n°s 6 et 7.)

56. Guide pratique élémentaire de **Botanique** et Traité de **Physiologie végétale** appliquée à la culture des plantes, par M. Léon Lerolle, ancien élève de l'Ecole impériale d'agriculture du Grand-Jouan, membre de la Société d'horticulture de Marseille. 1 vol., viii-464 pages, avec 108 figures dans le texte.   5 fr.

Dans ce traité, simple dans sa forme, mais rigoureusement exact quant au fond, l'auteur a eu pour but de donner la science en guide à la pratique, et il présente au cultivateur des explications rationnelles sur les phénomènes qui s'accomplissent journellement dans les champs, les forêts et les jardins. M. Lerolle s'est étendu principalement sur les points de la physiologie végétale où les différentes branches de culture trouveront d'utiles applications. Les nombreuses gravures sur bois qui élucident le texte en rendent la lecture attrayante même pour les gens du monde.

57. Manuel des **Constructions rurales**, par T. Bona, avec figures dans le texte. 1 vol. de 296 pages.   3 fr. 50

En préparation.

1. Traité complet d'agriculture.
10. Fabrication, choix et emploi des engrais.
12. Guide pratique de l'éleveur du cheval (production, élevage et utilisation).

13. Elevage des bœufs.
15. — des moutons.
16. — des porcs.
22. Elevage et entretien des oiseaux de volière.
24. Le berger.

SÉRIE I.

ÉCONOMIE DOMESTIQUE, COMPTABILITÉ, LÉGISLATION, MÉLANGES.

1. Guide pratique de la **fabrication des vins factices** et des boissons vineuses en général, ou Manière de fabriquer soi-même les vins, cidres, poirés, bières, hydromels, piquettes et toutes sortes de boissons vineuses, par des procédés faciles, économiques et des plus hygiéniques, par M. L.-F. Dubief, chimiste, auteur de plusieurs ouvrages qui ont mérité les honneurs de la réimpression en France et à l'étranger. 1 v., 72 pages. 1 fr. 50

L'auteur a publié ce petit ouvrage, non-seulement pour venir en aide aux personnes économes, mais encore, et plus, pour celles dont l'économie est une nécessité. Si elles suivent les prescriptions qui y sont indiquées, elles peuvent être assurées de bien fabriquer elles-mêmes et avec facilité toutes sortes de vins, bières, cidres, etc.

2. Guide pratique d'**Economie domestique**, publié sous forme de dictionnaire, contenant des notions d'une application journalière, chauffage, éclairage, blanchissage, dégraissage, préparation et conservation des substances alimentaires, boissons, liqueurs de toutes sortes, cosmétiques, soins hygiéniques, médecine, pharmacie, etc., etc., par M. le docteur B. Lunel, médecin-chimiste, etc. 1 vol., 227 pages. 1 fr.

L'économie domestique, longtemps dédaignée, est élevée aujourd'hui au rang de science. Le guide de M. le docteur Lunel, sous la forme commode de dictionnaire, constitue une véritable encyclopédie de cette science nouvelle.

3. Le **Mouvement** industriel et commercial en 1864-1865 (Chemins de fer, — Navigation intérieure, — Navigation maritime), par M. Amédée Sébillot, ingénieur, ancien élève de l'École centrale des arts et manufactures. 1 v., xvi-216 p. 2 fr.

M. Sébillot ne s'est pas contenté d'être l'historiographe du mouvement industriel de l'année : il indique les voies ouvertes à la grande industrie. Son livre abonde en conseils qui méritent d'être médités.

6. Les droits des Inventeurs en France et à l'étranger.
Conseils généraux, — Brevets d'invention, — Péremption, —
Vente, — Licences, — Exploitation, — Géographie industrielle,
— Marques de fabrique, — Dessins, — Objet d'utilité, par
M. H. Dufrené, ingénieur civil, ancien élève de l'Ecole impé-
riale des arts et manufactures, etc. 1 vol. de 108 pages. 2 fr. 50

Ce livre est un guide indispensable pour les inventeurs qui veulent demander un brevet et pour ceux qui en possèdent déjà soit en France soit à l'étranger. Pour tous M. Dufrené a de bons conseils. D'après ses indications, résultant
d'une longue pratique, on peut prévoir presque avec certitude les résultats
que doivent ou que peuvent produire les inventions ou les perfectionnements,
d'après la nature des brevets et les pays où on veut les exploiter.

7. La liberté et le courtage des marchandises, commentaire pratique de la loi du 18 juillet 1866, par Victor Emion,
avocat à la Cour impériale de Paris. Vol. de 142 pages.   1 fr.

L'application pratique de la nouvelle loi sur le courtage des marchandises
devait donner lieu à de nombreuses difficultés : ce sont ces difficultés que
M. V. Emion s'est étudié à prévoir et à résoudre dans son commentaire suivi
d'un appendice qui renferme de nombreux documents intéressant tous les
conmmerçants.

12. Manuel pratique et juridique des **Expropriés pour cause
d'utilité publique,** suivi de deux tableaux donnant le chiffre
de la valeur du mètre de terrain dans Paris et faisant connaître
les principales indemnités accordées aux industriels négociants
et commerçants expropriés, par M. Victor Emion, avocat à la
Cour impériale de Paris. Vol. de 125 pages.   1 fr.

Ce manuel est le résumé simple et concis des règles pratiques que les
expropriés ont intérêt à connaître pour se diriger dans la défense de leurs
droits. En étudiant ce manuel, les expropriés sauront qu'avant de se présenter
devant le jury, ils n'ont que peu ou point de formalités à remplir et *pas de
frais* à débourser. Ils y apprendront encore qu'en général les traités souscrits
d'avance avec des intermédiaires ne sont *habituellement* avantageux que pour
ceux qui contractent avec l'exproprié.
Les tableaux de la valeur du mètre dans les différents arrondissements de
Paris et des principales indemnités accordées par le jury offrent un très-grand
intérêt pour les propriétaires et les locataires.

14. Guide pratique d'**Hygiène** et de **Médecine usuelle,**
complété par le traitement du choléra épidémique, par le docteur B. Lunel, chimiste, membre des Académies impériales
des sciences de Caen, etc., ancien médecin commissionné pour
les épidémies, etc. 1 vol., 209 pages.   1 fr. 50

Ce livre ne s'adresse à aucune spécialité de lecteurs et convient à tout le
monde. Il se subdivise en hygiène privée et en hygiène publique. Dans la
première partie, l'auteur examine dans quelle mesure l'homme qui veut conserver sa santé doit, selon son âge, sa constitution et les circonstances dans
lesquelles il se trouve, user des choses qui l'environnent et de ses propres
facultés, soit pour ses besoins, soit pour ses plaisirs. Dans le second, il s'occupe de tout ce qui concerne la salubrité publique. Un chapitre spécial est
consacré à la médecine des accidents.

16. Manuel pratique d'**Ethnographie,** ou Description des races humaines; les différents peuples, leurs caractères naturels, leurs caractères sociaux; divisions et subdivisions des différentes races humaines, par M. J. d'Omalius d'Halloy. 5ᵉ édition, 1 vol., 127 pages, avec 1 planche coloriée.   **3 fr.**

Après avoir exposé les principes généraux de l'ethnographie, l'auteur décrit les races, rameaux, familles et peuples que l'on distingue dans le genre humain. Le *Manuel d'ethnographie* est terminé par des tableaux synoptiques présentant les diverses divisions, avec l'indication approximative de la force de chaque peuple et de la distribution des familles dans les cinq parties de la terre. Cet ouvrage est accompagné de nombreuses notes dans lesquelles l'auteur discute les diverses questions sur lesquelles il ne partage pas les opinions de la plupart des ethnographes.

17. Guide pratique de **Sténographie,** par M. Charles Tondeur. 23ᵉ édition. 1 volume.   **1 fr.**

Ce n'est point un système nouveau que M. Tondeur a voulu introduire, c'est une méthode éclectique qui renferme en elle ce qu'il y a plus de simple et de plus heureux dans tous les autres systèmes. La sténographie de M. Tondeur est à sa *vingt-troisième* édition.

En préparation.

4. Comptabilité manufacturière
5.   —   agricole.
8. Législation agricole.
9. Géographie commerciale.
10. Géographie industrielle.
11. Droit usuel.
13. Créancier hypothécaire.
15. Économie industrielle.
18. Maires et adjoints.
19. Electricité médicale.
20. Pêcheur.

21. Conservation des substances alimentaires.
22. Chimie amusante.
23. Physique amusante.
24. Extinction des incendies, ou le Guide du sapeur-pompier. (Nouvelle édition complétement refondue.)
25. Choix d'une profession.
26. Personnel des chemins de fer.

Paris. — Typographie Hannuyer et fils, rue du Boulevard, 7.